高等职业教育网络工程课程群规划教材

路由交换技术项目化教程

主　编　范国娟

副主编　亓　婧　郭玉靖　刘兴义　王　滨　赵新博

中国水利水电出版社
www.waterpub.com.cn
·北京·

内 容 提 要

本书根据网络工程实际工作过程所需要的知识和技能制定20个教学任务，内容上分为5个项目：项目1双机互联，包括双绞线的制作与测试、IP地址与子网掩码、TCP/IP的配置与测试、构建双机互联网络；项目2交换式局域网，包括交换机的基本配置、虚拟局域网的划分、交换机的级联、VLAN间通信配置、交换式局域网的组建；项目3中小型企业网，包括子网划分、路由器的基本配置、路由器静态路由协议配置、路由器动态路由协议配置、中小型企业网的组建；项目4网络安全与管理，包括标准访问控制列表的应用、扩展访问控制列表的应用、防火墙的配置；项目5网络工程项目，包括广域网技术、配置DHCP、网络地址转换、配置IPv6。附录1为"HCL模拟器虚拟实训指导"，供用户模拟仿真实训。附录2为工作单样例。

本书既可以作为大中专院校"计算机网络技术""路由交换技术"课程的教材，也可以作为从事计算机网络管理人员的学习用书或培训教材。

图书在版编目（CIP）数据

路由交换技术项目化教程 / 范国娟主编. -- 北京 : 中国水利水电出版社, 2021.9
高等职业教育网络工程课程群规划教材
ISBN 978-7-5170-9893-5

Ⅰ. ①路… Ⅱ. ①范… Ⅲ. ①计算机网络－路由选择－高等职业教育－教材②计算机网络－信息交换机－高等职业教育－教材 Ⅳ. ①TN915.05

中国版本图书馆CIP数据核字(2021)第172891号

策划编辑：石永峰　责任编辑：石永峰　加工编辑：吕　慧　封面设计：李　佳

书　名	高等职业教育网络工程课程群规划教材 路由交换技术项目化教程 LUYOU JIAOHUAN JISHU XIANGMUHUA JIAOCHENG
作　者	主　编　范国娟 副主编　亓　婧　郭玉靖　刘兴义　王　滨　赵新博
出版发行	中国水利水电出版社 （北京市海淀区玉渊潭南路1号D座 100038） 网址：www.waterpub.com.cn E-mail：mchannel@263.net（万水） sales@waterpub.com.cn 电话：（010）68367658（营销中心）、82562819（万水）
经　售	全国各地新华书店和相关出版物销售网点
排　版	北京万水电子信息有限公司
印　刷	三河市航远印刷有限公司
规　格	184mm×260mm　16开本　14印张　315千字
版　次	2021年9月第1版　2021年9月第1次印刷
印　数	0001—3000册
定　价	42.00元

凡购买我社图书，如有缺页、倒页、脱页的，本社营销中心负责调换

丛书编委会

丛书序

《国务院关于积极推进“互联网 +”行动的指导意见》的发布标志着我国全面开启通往“互联网 +”时代的大门，我国在全功能接入国际互联网 20 年后，各项网络相关技术已达到全球领先水平。目前，我国约 93.5% 的行政村已开通宽带，网民人数超过 6.5 亿，一批互联网和通信设备制造企业进入国际第一阵营。互联网在我国的发展，分别“+”出了网购、电商、O2O、OTT。2015 年，我国全面进入“互联网 +”时代，拉开了融合创新的序幕。纵观全球，德国通过“工业 4.0 战略”让制造业再升级；美国通过“产业互联网”让互联网技术的优势带动产业提升；如今在我国，信息化和工业化的深度融合越发使“互联网 +”被寄予厚望。

“互联网 +”时代的到来，使网络技术成为信息社会发展的推动力。社会发展日新月异，新知识、新标准层出不穷，不断挑战着学校相关专业教学的科学性，这对当前网络专业技术人才的培养提出了极大的挑战。因此，新教材的编写和新技术的更新也显得日益迫切。教育只有顺应时代的需求持续不断地进行革命性的创新，才能走向新的境界。

在这样的背景下，中国水利水电出版社和重庆工程职业技术学院、重庆电子工程职业学院、重庆城市管理职业学院、重庆工业职业技术学院、重庆信息技术职业学院、重庆工商职业学院、浙江金华职业技术学院等示范高职院校，以及中兴通讯股份有限公司、星网锐捷网络有限公司、杭州华三通信技术有限公司等网络产品和方案提供商联合，组织来自企业的专业工程师和部分院校的一线教师协同规划和开发了本系列教材。本系列教材以网络工程实用技术为脉络，依托企业多年积累的工程项目案例，将目前行业发展中最实用、最新的网络专业技术汇集到专业方案和课程方案中，然后编写入专业教材，再传递到教学一线，以期为各高职院校的网络专业教学提供更多的参考与借鉴。

一、整体规划全面系统　紧贴技术发展和应用要求

本系列教材的规划和内容的选择都与传统的网络专业教材有很大的区别，选编知识具有体系化、全面化的特征，能体现和代表当前最新的网络技术的发展方向。为帮助读者建立直观的网络印象，本系列教材引入来自企业的真实网络工程项目，让读者身临其境地了解发生在真实网络工程项目中的场景，了解对应的工程施工中所需要的技术，学习关键网络技术应用对应的技术细节，对传统课程体系进行改革。真正做到以强化实际应用、全面系统培养人才、尽快适应企业工作需求为教学指导思想。

二、鼓励工程项目教学形式　知识领域和工程思想同步培养

倡导教学以工程项目的形式开展，按项目划分小组，以团队的方式组织实施；倡导各团队成员之间进行技术交流和沟通，查询相关技术资料并撰写项目方案等工程资

料，共同解决本组工程方案的技术问题。把企业的工程项目引入到课堂教学中，针对工程中所需要的实际工作技能组织教学，重组理论与实践教学内容，让学生在掌握理论体系的同时，能熟悉网络工程实施中的实际工作技能，缩短学生未来在企业工作岗位上的适应时间。

三、同步开发教学资源　及时有效更新项目资源

为保证本系列教材在学校的有效实施，丛书编委会还投入了巨大的人力和物力，为本系列教材开发了相应的教学资源，以有效支撑专业教学实施过程中备课、授课、项目资源的更新和疑难问题的解决。读者可以访问中国水利水电出版社网站（www.waterpub.com.cn）或万水书苑网站（www.wsbookshow.com）以获得更多的资源支持。

四、培养“互联网+”时代软技能　服务现代职教体系建设

互联网像点石成金的“魔杖”一般，不管“+”上什么，都会发生神奇的变化。互联网与教育的深度“拥抱”带来了教育技术的革新，引起了教育观念、教学方式、人才培养等方面的深刻变化。正是在这样的机遇与挑战面前，教育在尽量保持知识先进性的同时，更要注重培养人的“软技能”，如沟通能力、学习能力、执行力、团队精神和领导力等。为此，在本系列教材规划的过程中，我们一方面注重诠释技术，另一方面融入了“工程”“项目”“实施”和“协作”等环节，把需要掌握的技术元素和工程软技能一并考虑进来，以期达到综合素质培养的目标。

本系列教材是出版社、院校和企业联合策划开发的成果，希望能吸收各方面的经验，集众所长，保证规划课程的科学性。配合专业改革、专业建设的开展，本系列教材的主创人员先后组织数次研讨会进行交流、修订，以保证专业建设和课程建设具有科学的指向性。来自中兴通讯股份有限公司、星网锐捷网络有限公司、杭州华三通信技术有限公司的众多专业工程师，以及产品经理罗荣志、罗脂刚、杨毅等为本系列教材提供了技术和工程项目方案的支持，并承担本系列教材技术资料的整理和企业工程项目的审阅工作。重庆工程职业技术学院的杨智勇、李建华，重庆工业职业技术学院的王璐烽，重庆电子工程职业学院的武春岭、唐继勇，重庆城市管理职业学院的乐明于、罗勇，重庆工商职业学院的胡方霞，重庆信息技术职业学院的曾鹏，浙江金华职业技术学院的宣翠仙等在本系列教材成稿过程中给予了悉心指导及大力支持，在此一并表示衷心的感谢。

本系列教材的规划、编写与出版历经三年的时间，在技术、文字和应用方面历经多次修订，但考虑到前沿技术、新增内容较多，加之作者文字水平有限，书中错漏之处在所难免，敬请广大读者批评指正。

丛书编委会

2021年5月

前　言

本书基于工作过程进行设计，体现“教、学、做”一体化的教学理念。按工作过程要素设计项目，以任务为载体进行教学，注重工作过程与教学过程的有机结合，从“专业教学内容”中深挖“思政元素”，触发学生“思政教育”，引领学生“价值取向”，力求实现“价值引领、能力达成、知识传授”的课程教学目标。

本书中涉及的交换路由配置实例，分别采用国内两大主流网络设备品牌——神州数码和H3C的交换机和路由器进行介绍，目的是让广大读者从思路上全面、系统地掌握交换机和路由器主要功能的配置与管理方法。

本书的编写打破了传统的课程章节，重新序化课程内容，以培养学生“懂网、组网、管网、用网”的能力为主线，融合了双机互联、交换式局域网、中小型企业网、网络安全与管理、网络工程项目5个项目。这些项目从整体上具有一定的前后关联性，每个情境又基本独立，完全可以根据实际情况调整学习次序，也可以自由组合。每个项目由若干个任务组成，任务的选取由易到难，由简到繁。教师可以根据学生的知识和能力水平因材施教。大部分任务均包括任务分析、知识链接、任务实施、任务小结4部分。在附录部分，利用HCL模拟软件，教材编写组精心制作了虚拟仿真项目，同步模拟实训。为引导学生自主学习，课前会下发工作任务单。本书给出了工作任务单样例。

参加本书编写的有刘兴义（项目1）、郭玉靖（项目2）、范国娟（项目3）、赵新博（项目4）、亓婧（项目5）、王滨（附录1）。在撰写的过程中，专业教师何丽丽、宋腾飞、罗东华、董珺等做了大量的辅助性工作，在此，向他们的辛勤工作表示衷心的感谢。全书由范国娟修订并统稿。

尽管经过了反复的修改，但因时间仓促、能力有限，书中难免存在不足之处，望广大读者不吝赐教。

作者

2021年3月

目录

项目 1　双机互联

项目介绍

通过双机互联这一实践活动，让学生全面学习计算机网络的基础知识，在理论和实践相结合的过程中，掌握有关网线制作、网络配置及连通测试等软硬件实训操作。

本项目将通过以下 4 个任务完成教学目标：

- 双绞线的制作与测试。
- 掌握 IP 地址与子网掩码的相关知识。
- TCP/IP 的配置与测试。
- 构建双机互联网络。

学习目标

【思政育人目标】

- 整理双绞线线序时，养成细心认真的实训操作习惯。
- 进行双机互联实训时，因计算机的操作系统版本不同，会出现不同的情况，鼓励学生勇于探索、勤于思考。
- 在进行小组展示汇报时，培养学生表达、交流，沟通的能力。

【知识能力目标】

- 掌握 568A、568B 线序。
- 了解 TCP/IP 体系结构、各层的功能及协议。
- 掌握常用网络测试命令的用法。
- 能够正确配置 TCP/IP 参数并进行测试。
- 能够进行双机互联并互相访问。
- 能够熟练制作直通双绞线和交叉双绞线并对其进行测试。

任务 1.1 双绞线的制作与测试

【任务分析】

本任务要求了解计算机网络及各种网络传输介质的【知识链接】，并能够熟练制作、测试直通双绞线和交叉双绞线。

在计算机局域网中，计算机或网络设备之间连接最常用的线缆是非屏蔽双绞线。双绞线两端须通过 RJ-45 连接器（水晶头）才能插入计算机的网卡或其他网络设备中，如图 1-1 所示。

双绞线与水晶头的连接标准有两种，请分别用不同的标准制作直通双绞线和交叉双绞线，并使用电缆测试仪对其进行测试，确保其接线正确并可使用。

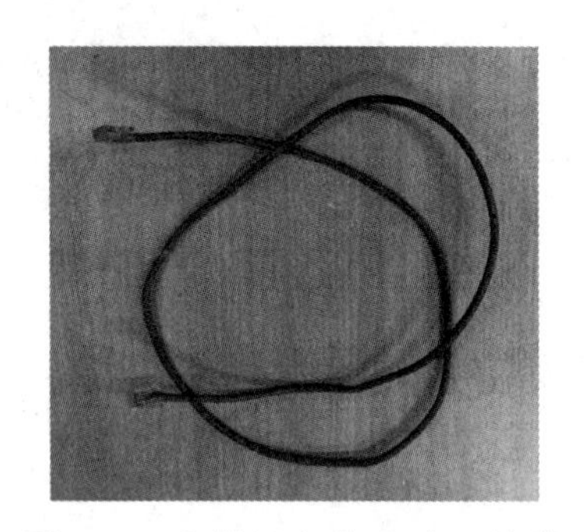

图 1-1　压制好水晶头的双绞线

【知识链接】

1.1.1　计算机网络概述

利用通信设备和线路，将分布在不同地理位置的、功能独立的多个计算机系统连接起来，以功能完善的网络软件（网络通信协议及网络操作系统等）实现网络中资源共享和信息传递的系统，称为计算机网络。

天河二号计算机

1. 计算机网络的组成

计算机网络具有数据处理与数据通信两大基本功能：负责数据处理的计算机与终端称为资源子网；负责数据通信的通信控制处理机 CCP 与通信线路称为通信子网。

（1）资源子网。

1）主机。主机是资源子网的主要组成单元，它通过高速通信线路与通信子网的通信控制处理机相连接。普通用户终端通过主机连入网内。主机要为本地用户访问网络其他主机设备与资源提供服务，同时，也要为网中远程用户共享本地资源提供服务。

2）终端 / 终端控制器。终端控制器连接一组终端，负责这些终端和主计算机的信息通信，或直接作为网络节点。终端是直接面向用户的交互设备，可以是由键盘和显示器组成的简单的终端，也可以是微型计算机系统。

3）连网外设。连网外设指网络中的一些共享设备，如大型的硬盘机、高速打印机、大型绘图仪等。

（2）通信子网。

1）通信控制处理机。通信控制处理机又被称为网络节点。其一方面作为与资源子网的主机、终端进行连接的接口，将主机和终端连入网内；另一方面又作为通信子网中的分组存储转发节点，完成分组的接收、校验、存储、转发等功能，实现将源主机报文准确发送到目的主机的作用。

2）通信线路。计算机网络采用了多种通信线路，如电话线、双绞线、同轴电缆、光纤、无线通信信道、微波与卫星通信信道等。一般在大型网络中，相距较远的两结点之间的通信链路都利用现有的公共数据通信线路。

3）信号变换设备。信号变换设备可对信号进行变换以适应不同传输媒体的要求。比如，将计算机输出的数字信号变换为电话线上传送的模拟信号的调制解调器、无线通信接收和发送器、用于光纤通信的编码解码器等。

2. 计算机网络的分类

（1）按网络的作用范围分类：局域网、城域网、广域网。

（2）按网络的传输技术分类：广播式网络、点到点网络。

（3）按网络的使用范围分类：公用网、专用网。

（4）按通信介质分类：有线网、无线网。

（5）按企业管理方式分类：内联网、外联网、因特网。

1.1.2 网络传输介质

网络传输介质就是网络中发送方与接收方之间的物理通路。常用的传输介质有双绞线、同轴电缆、光纤，另外还有无线传输介质。

光纤通信介质

1. 双绞线（Twisted Pair）

双绞线是局域网综合布线中最常用的一种传输介质。把两根互相绝缘的铜导线并排放在一起，然后按照一定密度相互绞合起来就构成了双绞线，如图 1-2 所示。

图 1-2 双绞线

常见的双绞线有三类线、五类线、超五类线（线径细），以及最新的六类线（线径粗），双绞线的具体型号如下所述。

（1）一类线。该类线主要用于传输语音（主要用于 20 世纪 80 年代初之前的电话线缆），不同于数据传输。

（2）二类线。该类线的传输频率为 1MHz，用于语音传输和最高传输速率 4Mbps 的数据传输，常见于使用 4Mbps 规范令牌传递协议的早期的令牌网。

（3）三类线。该类线指目前在 ANSI 和 EIA/TIA568 标准中指定的电缆。该电缆的传输频率为 16MHz，用于语音传输及最高传输速率为 10Mbps 的数据传输，主要用于 10Base-T 网络。

（4）四类线。该类电缆的传输频率为 20MHz，用于语音传输和最高传输速率 16Mbps 的数据传输，主要用于基于令牌的局域网和 10Base-T/100Base-T 网络。

（5）五类线。该类电缆增加了绕线密度，外套一种高质量的绝缘材料，传输率为 100MHz，用于语音传输和最高传输速率为 10Mbps 的数据传输，主要用于 100Base-T 和 10Base-T 网络，是最常用的以太网电缆。

（6）超五类线。超五类线的衰减小、串扰少，并且具有更高的衰减与串扰的比值（ACR）和信噪比（Structural Return Loss）、更小的时延误差传输性能。超五类线主要用于千兆位以太网（1000Mbps）。

（7）六类线。该类电缆的传输频率为 1 ～ 250MHz。六类布线系统在 200MHz 时的综合衰减串扰比（PS-ACR）有较大的余量，可提供 2 倍于超五类线的带宽。六类布线的传输性能远远高于超五类标准，最适用于传输速率高于 1Gbps 的应用。六类线与超五类线的一个重要的不同点在于其改善了在串扰以及回波损耗方面的性能，对于新一代全双工的高速网络应用而言，优良的回波损耗性能是极重要的。

双绞线分为屏蔽双绞线（Shielded Twisted Pair，STP）和非屏蔽双绞线（Unshielded Twisted Pair，UTP）。屏蔽双绞线是在双绞线的外面包上一层用金属丝编织成的屏蔽层，以减少辐射，其抗噪声和抗干扰的能力较强。非屏蔽双绞线相对于屏蔽双绞线，有抗干扰能力较差、信号衰减较高、容易被窃听等缺点，但其具有的质量轻、体积小、价格便宜、易于安装等优点，使其成为了通信和计算机领域最常用的一种传输介质。

连接 UTP 与 STP 采用的是 RJ-45 连接器（俗称“水晶头”），如图 1-3 所示。RJ-45 连接器之所以被称为“水晶头”，主要是因为它的外表晶莹透亮。

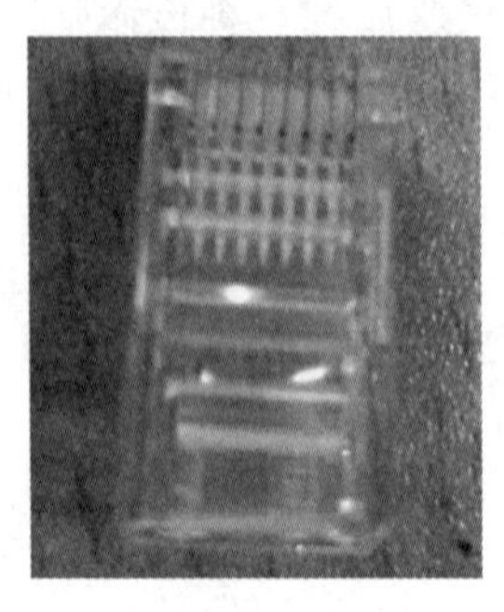

图 1-3　RJ-45 连接器

RJ-45 连接器类似于电话线所使用的连接器。RJ-45 连接器的一端可以连接在计算机的网络接口卡上，另一端可以连接集线器、交换机、路由器等网络设备。

2. 同轴电缆（Coaxial Cable）

同轴电缆以硬铜线为芯，外包一层绝缘材料。这层绝缘材料用密织的网状导体环绕，网外又覆盖一层保护性材料。同轴电缆的结构如图 1-4 所示。有两种广泛使用的同轴电缆：一种是 50Ω 电缆，用于数字传输，由于多用于基带传输，也称为基带同轴电缆；另一种是 75Ω 电缆，用于模拟传输，即宽带同轴电缆。同轴电缆的这种结构，使它具有高带宽和极好的噪声抑制特性。同轴电缆的带宽取决于电缆长度。1km 的电缆可以达到 1 ～ 2Gbps 的数据传输速率。还可以使用更长的电缆，但是传输率会降低或需使用中间放大器。目前，同轴电缆大量被光纤取代，但仍广泛应用于有线电视和某些局域网。

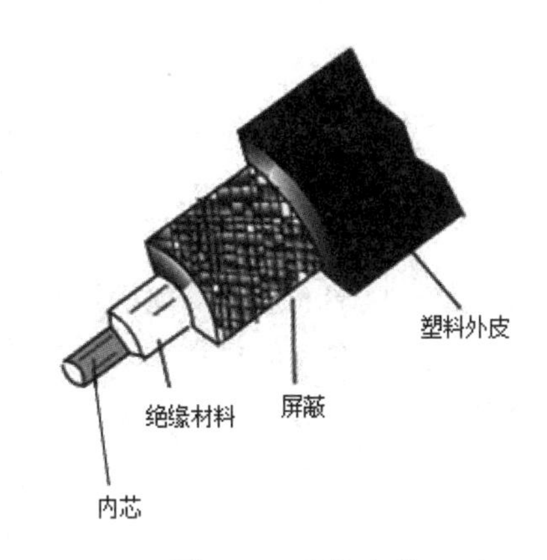

图 1-4　同轴电缆

同轴电缆不可绞接，各部分是通过低损耗的连接器连接的。连接器在物理性能上与电缆相匹配。中间接头和耦合器用线管包住，以防不慎接地。若希望电缆埋在光照射不到的地方，那么最好把电缆埋在冰点以下的地层里。如果不想把电缆埋在地下，则最好采用电杆来架设。同轴电缆每隔 100m 设一个标记，以便于维修。必要时每隔 20m 要对电缆进行支撑。在建筑物内部安装时，要考虑便于维修和扩展，在必要的地方还需提供管道，以保护电缆。

同轴电缆一般安装在设备与设备之间。在每一个用户位置上都装备一个连接器，为用户提供接口。接口的安装方法如下：

（1）细缆。将细缆切断，两头装上 BNC 头，然后接在 T 型连接器两端。

（2）粗缆。粗缆一般采用一种类似夹板的 Tap 装置进行安装，利用 Tap 上的引导针穿透电缆的绝缘层，直接与导体相连。电缆两个端头设有终端器，以削弱信号的反射作用。

3. 光纤（Optical Fiber）

光导纤维简称“光纤”，是一种具有传输速率高、通信容量大、质量轻等优点的新型传输介质。根据使用的光源和传输模式，光纤可以分为单模光纤和多模光纤。光纤需要通过光纤接头连接到设备上，常见的光纤接头有 FC 型、ST 型、FC/APC 型、SC/APC 型、SC 型等，如图 1-5 所示。

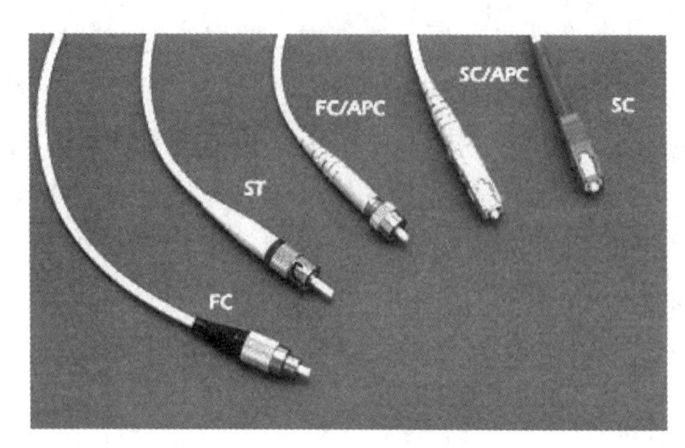

图 1-5　光纤接头

（1）FC 型光纤连接器。FC（Ferrule Connector）型光纤连接器的外部加强采用金属套，紧固方式为螺丝扣。FC 型光纤连接器最早采用的陶瓷插针的对接端面是平面接触方式。此类连接器结构简单，操作方便，制作容易，但光纤端面对微尘较为敏感。后来，该类型连接器有了改进，采用对接端面呈球面的插针（PC），而外部结构没有改变，使得插入损耗和回波损耗性能有了较大幅度的提高。

（2）SC 型光纤连接器。SC 型光纤连接器外壳呈矩形，所采用的插针及耦合套筒的结构尺寸与 FC 型完全相同，其中插针的端面多采用 PC 型或 APC 型研磨方式，紧固方式采用插拔销闩式，不需旋转。此类连接器价格低廉，插拔操作方便，抗压强度较高，安装密度高，多用于网络设备端。

（3）ST 型光纤连接器。ST 型光纤连接器外壳呈圆形，所采用的插针及耦合套筒的结构尺寸与 FC 型完全相同，其中插针的端面多采用 PC 型或 APC 型研磨方式，紧固方式为螺丝扣。此类连接器适用于各种光纤网络，操作简便，且具有良好的互换性，通常用于布线设备端，如光纤配线架、光纤模块等。

（4）LC 型光纤连接器。LC 型光纤连接器是为了满足客户对连接器小型化、高密度连接的使用要求而开发的一种新型连接器。它压缩了整个网络中面板、墙板及配线箱所需要的空间，使其占有的空间只相当传统 ST 型和 SC 型光纤连接器的一半。

由于计算机设备一般处理的是电信号，因此要通过光纤传输信号就需要进行光电转换，计算机设备上的接口称为 GBIC（Giga Bitrate Interface Converter），如图 1-6 所示。GBIC 模块是将千兆位电信号转换为光信号的接口器件。GBIC 可以设计为热插拔使用，是一种符合国际标准的可互换产品。采用 GBIC 接口设计的千兆位交换机由于互换灵活，在市场上占有较大的市场份额。

4. 无线传输介质

无线通信的方法有无线电波、微波和红外线等。

图 1-6　GBIC 光模块

（1）无线电波。无线电波是指在自由空间（包括空气和真空）传播的射频频段的电磁波。无线电技术是通过无线电波传播声音或其他信号的技术。

无线电技术的原理是，导体中电流强弱的改变会产生无线电波。利用这一现象，通过调制可将信息加载于无线电波之上。当电波通过空间传播到达信息接收端，电波引起的电磁场变化又会在导体中产生电流。通过解调将信息从电流变化中提取出来，就达到了信息传递的目的。

（2）微波。微波是指频率为 300MHz ～ 300GHz 的电磁波，是无线电波中一个有限频带的简称，即波长在 1m（不含 1m）到 1mm 之间的电磁波，是分米波、厘米波、毫米波的统称。微波频率比一般的无线电波频率高，通常也称为“频电磁波”。

（3）红外线。红外线是太阳光线中众多不可见光线中的一种，由德国科学家霍胥尔于 1800 年发现，又称为红外热辐射。霍胥尔将太阳光用三棱镜分解开，在各种不同颜色的色带位置上放置了温度计，试图测量各种颜色的光的加热效应，结果发现，位于红光外侧的那支温度计升温最快。因此得到结论：太阳光谱中，红光的外侧必定存在看不见的光线，这就是红外线。红外线也可以当作传输媒介。太阳光谱上红外线的波长（为 0.75 ～ 1000μm）大于可见光线。红外线可分为三部分，即近红外线，波长为 0.75 ～ 1.50μm；中红外线，波长为 1.50 ～ 6.0μm；远红外线，波长为 6.0 ～ 1000μm。

红外线通信有两个最突出的优点：

1）信号不易被人发现和截获，保密性强。

2）几乎不会受到电气、天气、人为干扰，抗干扰性强。此外，红外线通信机体积小，质量轻，结构简单，价格低廉。但是它必须在直视距离内通信，且传播过程易受天气的影响。在不能架设有线线路，而又怕使用无线电暴露自己的情况下，使用红外线通信是比较好的选择。

【任务实施】

1. 实训设备

直通双绞线的制作与测试

本任务需要的实训设备包括五类或超五类非屏蔽双绞线、RJ-45 连接器（水晶头）、压线钳、网线测试仪。

2. 制作网络线缆

双绞线的制作方式有两种国际标准，分别为EIA/TIA568A以及EIA/TIA568B，如图1-7所示。双绞线的连接方法也主要有两种，分别为直通线缆和交叉线缆。简单地说，直通线缆就是水晶头两端都同时采用EIA/TIA568A或者EIA/TIA568B标准的接法，而交叉线缆则是水晶头一端采用EIA/TIA586A的标准制作，另一端则采用EIA/TIA568B的标准制作，即A水晶头的1线、2线分别对应B水晶头的3线、6线，而A水晶头的3线、6线分别对应B水晶头的1线、2线。

TIA568B线序	1	2	3	4	5	6	7	8
	橙白	橙	绿白	蓝	蓝白	绿	棕白	棕
TIA568A线序	1	2	3	4	5	6	7	8
	绿白	绿	橙白	蓝	蓝白	橙	棕白	棕

图1-7　EIA/TIA568A与EIA/TIA568B线序

（1）制作直通双绞线并测试。

如图1-8所示，制作一根线缆通常需要以下几步，分别是剥皮、理线、剪齐、插线、压线、制作另一端、测试。

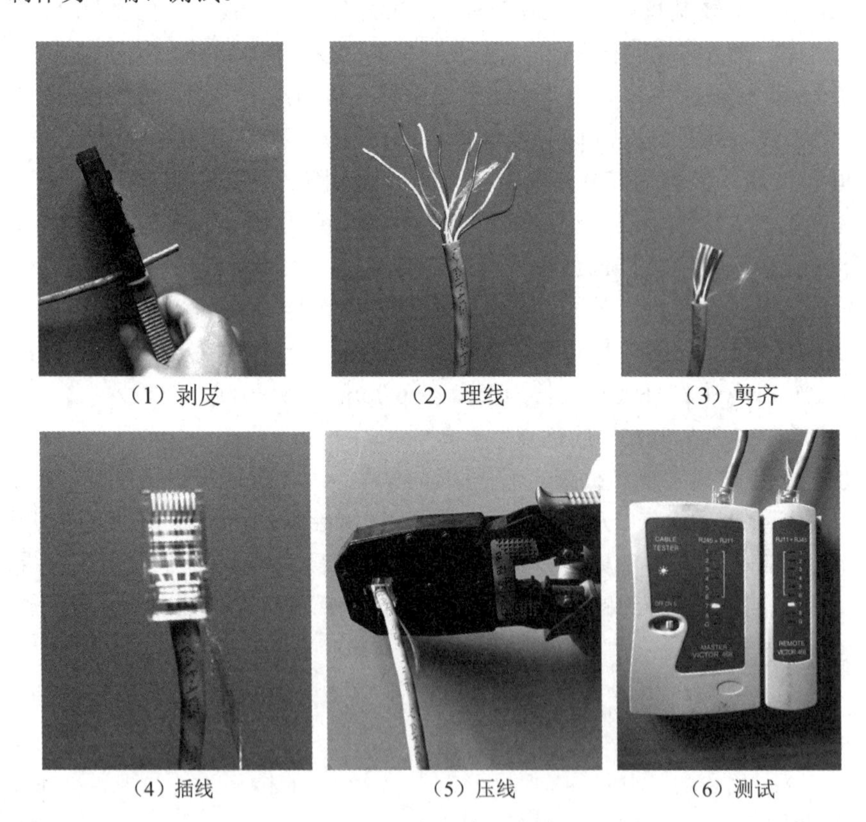

（1）剥皮　（2）理线　（3）剪齐

（4）插线　（5）压线　（6）测试

图1-8　网线制作主要步骤

1）剥皮。首先利用压线钳的剪线刀口剪裁出计划需要使用的双绞线长度，并把双绞线的一端剪齐，然后把剪齐的一端插入到网线钳用于剥线的缺口中。注意网线不能弯，直插进去，直到顶住网线钳后面的挡位。稍微握紧压线钳慢慢旋转一圈，无须担心会损坏网线里面芯线的包皮，因为剥线的两刀片之间留有一定距离，这距离通常是里面4对芯线的直径，让刀口划开双绞线的保护胶皮，拔下胶皮。

剥线应避免过长或过短。剥线过长一方面不美观，另一方面因网线不能被水晶头卡住，容易松动；剥线过短，因有包皮存在，太厚，不能完全插到水晶头底部，造成水晶头插针不能与网线芯线完好接触，导致网线制作失败。

2）理线、剪齐。剥除外包皮后即可见到双绞线网线的4对8条芯线，并且可以看到每对的颜色都不同。每对缠绕的两根芯线是由一种染有相应颜色的芯线加上一条只染有少许相应颜色的白色相间芯线组成。4条全色芯线的颜色分别为棕色、橙色、绿色、蓝色。

先把4对芯线一字并排排列，然后再把每对芯线分开，此时注意不要跨线排列，也就是说每对芯线都相邻排列，并按统一的排列顺序（如左边统一为主颜色芯线，右边统一为相应颜色的花白芯线）排列。注意每条芯线都要拉直，并且要相互分开并列排列，不能重叠。然后用网线钳垂直于芯线排列方向剪齐（不要剪太长，只需剪齐即可）。芯线自左至右编号的顺序定为1、2、3、4、5、6、7、8。

3）插线。左手水平握住水晶头（塑料扣的一面朝下，开口朝右），然后把剪齐、并列排列的8条芯线对准水晶头开口并排插入水晶头中，注意一定要使各条芯线都插到水晶头的底部，不能弯曲（因为水晶头是透明的，所以可以从水晶头有卡位的一面清楚地看到每条芯线所插入的位置）。

4）压线。确认所有芯线都插到水晶头底部后，即可将插入网线的水晶头直接放入网线钳压线缺口中。因缺口结构与水晶头结构一样，一定要正确放入才能使下面压下网线钳手柄时所压位置正确。水晶头放好后即可压下网线钳手柄，一定要使劲，使水晶头的插针都能插入到网线芯线之中，与之接触良好，受力之后听到轻微的“啪”一声即可。然后再用手轻轻拉一下网线与水晶头，看是否压紧，最好多压一次，最重要的是要注意所压位置一定要正确。压线之后水晶头凸出在外面的针脚全部压入水晶并头内，而且水晶头下部的塑料扣位也要压紧在网线的灰色保护层之上。

5）制作另一端。按照相同的方法制作双绞线的另一端水晶头，要注意的是芯线排列顺序一定要与另一端的顺序完全一样，完成后整条网线的制作就完成了。

6）测试。两端都做好水晶头后即可用网线测试仪进行测试，如果测试仪上8个指示灯都依次为绿色闪过，证明网线制作成功。如果出现任何一个灯为红灯或黄灯，则证明存在断路或者接触不良现象，此时最好先对两端水晶头再用网线钳压一次，再测。如果故障依旧，再检查两端芯线的排列顺序是否一样，如果不一样，可剪掉一端的水晶头按另一端芯线排列顺序重新制作水晶头；如果芯线顺序一样，但测试仪在重测后仍显示红色灯或黄色灯，则表明存在对应芯线接触不好，需剪掉一端水晶头然后按另一端芯线顺序重做一个水晶头，再测，如果故障消失，则不必重做另一端水晶头；否则需将原来的另一端水晶头也剪掉重做，直到测试全为绿色指示灯闪过为止。

交叉双绞线的制作与测试

（2）制作交叉双绞线并测试。

在制作交叉双绞线时，一定要注意电缆两端线的连接顺序是不一样的，一端采用 EIA/TIA568B 标准的连接顺序，另一端采用 EIA/TIA568A 标准的连接顺序。

在理线步骤中，将按 EIA/TIA568B 标准连接的线缆的 1 线与 3 线、2 线与 6 线对调，其线序就与 EIA/TIA568A 完全相同，即双绞线 8 根有色导线从左到右的顺序是按绿白、绿、橙白、蓝、蓝白、橙、棕白、棕色顺序平行排列。其他步骤与制作直通双绞线的相同。

测试方法与直通双绞线相同。注意测试交叉线时，测线仪的 1 线与 3 线、2 线与 6 线绿灯是交替亮起的，4 线、5 线、7 线、8 线绿灯是对应亮起的。

【任务小结】

学生分组进行【任务实施】中的各项操作，首先由教师示范，再由学生实践操作。学生制作完线缆后，使用线缆测试仪对双绞线进行测试，确保测试仪指示灯按照正确次序闪烁，然后检查双绞线接头是否整体美观，并符合布线要求。

学生操作过程中应相互讨论，教师给予指导，最后由教师和全体学生参与成果评价。

【思政元素】

介绍网络发展时，引入中国现代“四大发明”，包括高速铁路、扫码支付、共享单车和网络购物，其中三个都与网络息息相关。要鼓励学生勇于探索、勤于思考、勇攀高峰。

任务 1.2 掌握 IP 地址与子网掩码的相关知识

【任务分析】

本任务要求掌握 IPv4 地址的表示方法、分类及子网掩码的相关知识，对于给定的 IP 地址能够正确判断其所在网络的网络 ID。

【知识链接】

1.2.1 IP 地址

分布在世界各地的 Internet 网站必须要有能够唯一标识自己的地址，才能实现用户对其的访问。这个由授权机构分配的能唯一标识计算机在网上的位置的地址被称为 IP（Internet Protocol）地址。

IP 地址与子网掩码

互联网协议版本 4（Internet Protocol version 4，IPv4）是互联网协议开发过程中的第 4 个修订版本，也是此协议第一个被广泛部署的版本。

1. IP 地址的结构

IPv4 地址由 32 位（Bit）的二进制组成，每个 IP 地址被分为两部分：网络 ID（Net ID）和主机 ID（Host ID），如图 1-9 所示。

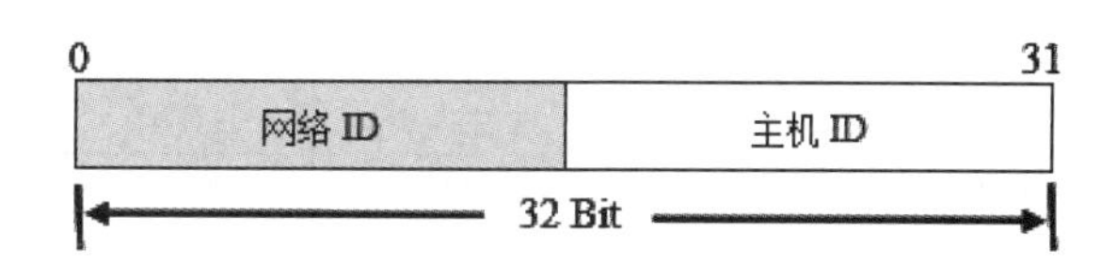

图 1-9　IP 地址的结构

网络 ID，又称为网络地址、网络号，用来标识主机所在的网络。连接到同一网络的主机必须拥有相同的网络 ID。

主机 ID，又称为主机地址、主机号，标识网络中的一个节点，如主机、服务器、路由器接口，或其他网络设备。在一个网络内部，主机 ID 必须是唯一的。

2. IP 地址的表示方法

在计算机内部，IP 地址是用二进制数表示的，共 32 位。例如：

11000000 10101000 00000001 00000001

IPv4 地址是一个 32 位的二进制数。为方便用户理解与记忆，IP 地址通常采用 x.x.x.x 的格式表示，每个 x 的值为 0 ～ 255。称每 8 个二进制位为一段，将 IP 地址写成 4 个十进制数，中间用圆点隔开，称为点分十进制数表示 IP 地址。上述用二进制数表示的 IP 地址可以用点分十进制数 192.168.1.1 表示，如图 1-10 所示。

0　7		8　15		16　23		24　31
11000000		10101000		00000001		00000001
192	.	168	.	1	.	1

图 1-10　IP 地址表示方法

3. IP 地址的分类

为了更好地管理和使用 IP 地址，Internet 的网络信息中心（InterNIC）将 IP 地址资源划分为 A、B、C、D、E 5 类，以适应不同规模的网络。每类地址中定义了其网络 ID 和主机 ID 各占用 32 位地址中的多少位，也就是说每一类地址中，都规定了其可以容纳多少个网络及多少台主机。

（1）A 类。A 类 IP 地址的最高位是 0，随后的 7 位是网络地址，剩余的 24 位是主机地址，如图 1-11 所示。所以，A 类的网络地址范围为 00000001 ～ 01111110，如果用十进制表示，则 A 类地址的网络地址在 1 ～ 126 之间（0 和 127 留作它用）。例如 1.1.1.1、126.1.1.1 就是 A 类地址。如果第一个字节大于 126，就不属于 A 类地址，如 192.168.1.1。A 类地址的网络共有 126 个，每一个网络可以拥有的主机地址范围为 00000000 00000000 00000001 ～ 11111111 11111111 11111110（主机位不能是全 0 或全 1），主机数为 16777214（$2^{24}-2$）。A 类网络的主机地址范围用十进制表示为 0.0.1 ～ 255.255.254，例如，A 类网络 1.0.0.0 可用的主机地址范围为 1.0.0.1 ～ 255.255.255.254。通常 A 类地址分配给拥有大量主机的计算机网络，特别是拥有众多子网的网络，如某个国家的互联网。

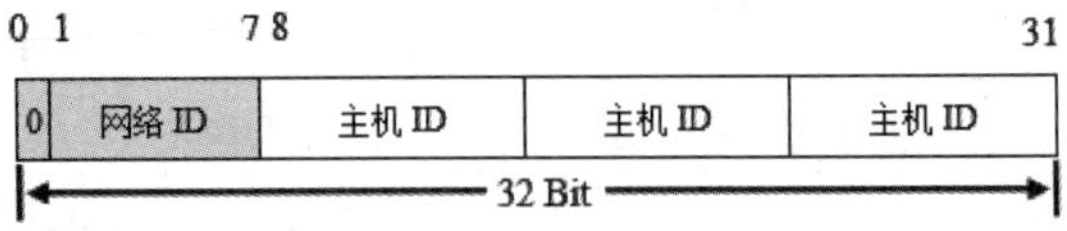

0 1
7 8
31
0
网络 ID
主机 ID
主机 ID
主机 ID
32 Bit

图 1-11　A 类 IP 地址

（2）B 类。B 类 IP 地址的前两位是 10，随后的 14 位是网络地址，剩余的 16 位是主机地址，如图 1-12 所示。所以，B 类的网络地址范围为 10000000 00000000 ～ 10111111 11111111，如果用十进制表示，则 B 类地址的第一个字节在 128 ～ 191 之间，例如 150.1.1.1 就是 B 类地址。B 类地址的网络共有 16384（2^{14}）个，每一个网络可以拥有的主机地址范围为 00000000 00000001 ～ 11111111 11111110（主机位不能是全 0 或全 1），则主机数为 65534（2^{16}–2）。B 类网络的主机地址用十进制表示为 0.1 ～ 255.254，例如，B 类网络 150.1.0.0 可用的主机地址范围为 150.1.0.1 ～ 150.1.255.254。B 类地址经常分配给较大的网络，如国际性的大公司。

0 2
15 16
31
1 0
网络 ID
网络 ID
主机 ID
主机 ID
32 Bit

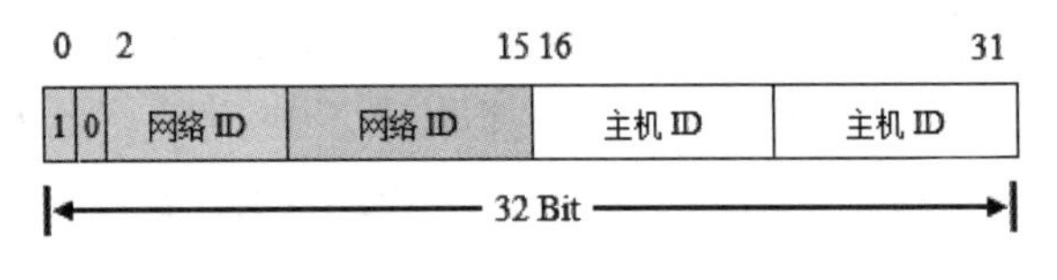

图 1-12　B 类 IP 地址

（3）C 类。C 类 IP 地址的前 3 位是 110，随后的 21 位是网络地址，剩余的 8 位是主机地址，如图 1-13 所示。所以，C 类的网络地址范围为 11000000 00000000 00000000 ～ 11011111 11111111 11111111，如果用十进制表示，则 C 类地址的第一个字节在 192 ～ 223 之间。例如 210.1.1.1 就是 C 类地址。C 类地址的网络共有 2097152（2^{21}）个，每一个网络可以拥有的主机地址范围为 00000001 ～ 11111110（主机位不能是全 0 或全 1），则主机数为 254（2^{8}–2）。C 类网络的主机地址用十进制表示为 1 ～ 254，例如，C 类网络 210.1.1.0 可用的主机地址范围为 210.1.1.1 ～ 210.1.1.254。C 类地址主要分配给局域网。

0 3
23 24
31
1 1 0
网络 ID
网络 ID
网络 ID
主机 ID
32 Bit

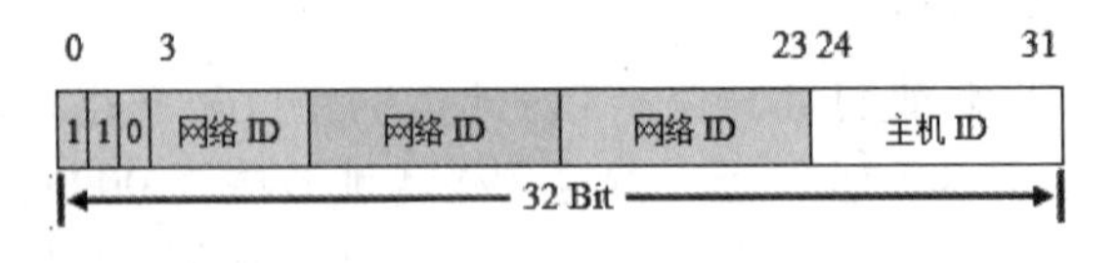

图 1-13　C 类 IP 地址

（4）D 类。D 类地址最高的四位是 1110，说明第一个字节在 224 ～ 239 之间，随后的所有位用来做组播地址使用。发送组播需要特殊的路由配置，可以通过组播地址将数据发送给多个主机。D 类地址结构如图 1-14 所示。

（5）E 类。E 类地址最高的五位是 11110，说明第一个字节在 240 ～ 254 之间，E 类地址保留为将来使用，仅作为实验和开发之用，并不分配给用户使用。E 类地址结构如图 1-15 所示。

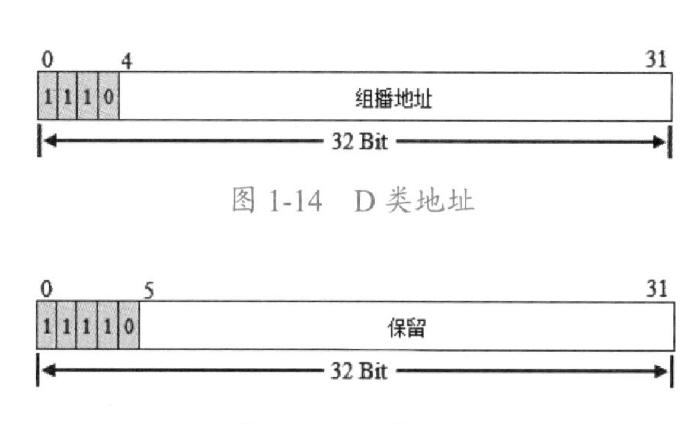

图 1-14　D 类地址

图 1-15　E 类地址

上述 5 类地址中，A 类、B 类、C 类三类地址常用，表 1-1 汇总了 A 类、B 类、C 类地址的首字节的地址范围、网络实例和可用的 IP 地址。通过“首字节十进制地址范围”可以判定该 IP 地址属于哪一类网络，通过“可用的 IP 地址”可以明确三类网络对应的可用 IP 地址列表。

表 1-1　A、B、C 类地址范围及网络实例和可用的 IP 地址

地址类	首字节格式	首字节十进制地址范围	网络实例	可用的 IP 地址
A 类	0XXXXXXX	1 ～ 126	1.0.0.0	1.0.0.1 ～ 255.255.255.254
B 类	10XXXXXX	128 ～ 191	150.1.0.0	150.1.0.1 ～ 150.1.255.254
C 类	110XXXXX	192 ～ 223	210.1.1.0	210.1.1.1 ～ 210.1.1.254

4. 特殊用途的 IP 地址

IP 地址空间中的某些地址已经为某些特殊目的而保留，不能用于标识网络设备，这些保留地址主要有以下几类。

（1）全 0 的地址。当 IP 地址中的所有位都设置为 0 时，即 0.0.0.0，代表所有的主机，路由器用 0.0.0.0 地址指定默认路由。严格地说，0.0.0.0 已经不是一个真正意义上的 IP 地址了，它表示的是这样一个集合：所有不清楚的主机和目的网络。这里的“不清楚”是指在本机的路由表里没有特定条目指明如何到达。

（2）全 1 的地址。当 IP 地址中的所有位都设置为 1 时，即 255.255.255.255，又称其“有限广播地址”。对本机来说，这个地址指本网段内（同一广播域）的所有主机。如果翻译成人类的语言，应该是“这个房间里的所有人都注意了！”但这个地址不能被路由器转发，只可以在本网络内广播，所以“有限”。

（3）主机 ID 全 0 的地址。当 IP 地址中的主机 ID 中的所有位都设置为 0 时，它表示一个网络，而不是指示哪个网络上的特定主机。如，C 类地址 210.1.1.0 就是一个网络地址。

（4）主机 ID 全 1 的地址。当 IP 地址中的主机 ID 中的所有位都设置为 1 时，又称直接广播地址。直接广播地址是面向某个网络中的所有节点的广播地址。直接广播可用于本地网络，也可以跨网段广播，也就是说，直接广播地址是允许通过路由器的。如，

210.1.1.255 就是 C 类网络 210.1.1.0 的广播地址。

（5）首字节为 127 的地址。首字节为 127 的地址，如 127.0.0.1，称为本机回环地址，主要用于测试本机的网络配置。在 Windows 系统中，这个地址有一个别名——Localhost，寻址这样一个地址，是不能把它发到网络接口的。

（6）网络 ID 为 169.254 的地址。169.254.0.0 到 169.254.255.255 是 Windows 操作系统在 DHCP 信息租用失败时自动给客户机分配的 IP 地址。如果客户机的 IP 地址是自动获取 IP 地址，而在网络上又没有找到可用的 DHCP 服务器时，客户机将会从 169.254.0.0 到 169.254.255.255 中临时获得一个 IP 地址。

（7）私有地址。私有地址属于非注册地址，这些地址被大量用于企业内部网络中，在 Internet 上是不使用的。私有地址的范围分别包括在 IPv4 的 A、B、C 类地址内。使用私有地址的私有网络在接入 Internet 时，要使用地址翻译（NAT）将私有地址翻译成公用合法地址。在 Internet 上，私有地址是不能出现的。

表 1-2 列出了上述所有特殊用途的地址。

表 1-2 特殊用途的地址

网络部分	主机部分	地址类型	用途
Any	全 0	网络地址	代表一个网段
Any	全 1	直接广播地址	特定网段的所有节点
127	Any	回环地址	回环测试
169.254	Any	DHCP 自动分配地址	DHCP 信息租用失败时，自动分配给客户机
全 0		所有网络	路由器用于指定默认路由
全 1		有限广播地址	本网段所有节点
10.0.0.0 ～ 10.255.255.255 172.16.0.0 ～ 172.31.255.255 192.168.0.0 ～ 192.168.255.255		私有地址	用于企业内部网络

1.2.2 子网掩码

子网掩码的格式同 IP 地址一样，是 32 位的二进制数，由连续的 1 和连续的 0 组成。为了方便理解，通常采用点分十进制数表示。

RFC 950 定义了子网掩码的使用，其对应网络地址的所有位置都为 1，对应于主机地址的所有位都置为 0，由此可知，A 类网络的默认子网掩码是 255.0.0.0，B 类网络的默认子网掩码是 255.255.0.0，C 类网络的默认子网掩码是 255.255.255.0。图 1-16 给出了标准类的默认子网掩码。

习惯上，子网掩码除上述的点分十进制表示外，也可以用网络前缀法表示，即用子网掩码中 1 的位数来标记。

由于在进行网络 ID 和主机 ID 划分时，网络 ID 总是从高位字节以连续方式选取的，所以可以用一种简便方法表示子网掩码，即用子网掩码长度表示，即 /< 位数 > 表示子网掩码中 1 的位数。例如，A 类默认子网掩码 11111111 00000000 00000000 00000000，

可以表示为 / 8；B 类默认子网掩码 11111111 11111111 00000000 00000000，可以表示为 /16；C 类默认子网掩码 11111111 11111111 11111111 00000000，可以表示为 / 24。如，138.96.0.0/16 表示 B 类网络 138.96.0.0 的子网掩码为 255.255.0.0。

A类子网掩码	11111111		00000000		00000000		00000000
	255	.	0	.	0	.	0

B类子网掩码	11111111		11111111		00000000		00000000
	255	.	255	.	0	.	0

C类子网掩码	11111111		11111111		11111111		00000000
	255	.	255	.	255	.	0

图 1-16 默认子网掩码

在了解了 IP 地址的类别与子网掩码的知识后，一定要弄清楚二者的关系。例如有这样一个问题：IP 地址为 1.1.1.1，子网掩码为 255.255.255.0，这是一个什么类别的 IP 地址呢？大家不要将其误认为是一个 C 类的地址，正确答案应该是 A 类地址。解释如下：在判断 IP 类别时，用的标准只有一个，那就是看首字节（这里是十进制 1）是在哪一个范围，而与子网掩码无关。在本例中，子网掩码为 255.255.255.0，表示这个 A 类地址借用了主机 ID 中的 16 位来作为子网 ID，如图 1-17 所示。

1. 1. 1. 1	00000001		00000001		00000001		00000001
默认子网掩码	11111111		00000000		00000000		00000000
定义的子网掩码	11111111	.	11111111	.	11111111	.	00000000

←借用16位作为子网ID→

图 1-17 借用主机 ID 中的 16 位来作为子网 ID

1.2.3 IP 地址与 MAC 地址

在计算机网络七层模型中，第三层网络层负责 IP 地址，第二层数据链路层则负责 MAC 地址（Media Access Control Address）。一个主机会有一个 IP 地址，而每个网络位置会有一个专属于它的 MAC 地址。

将 IP 地址与 MAC 地址之间的关系做一个类比：IP 地址就如同一个职位，而 MAC 地址则好像是去应聘这个职位的人才，职位既可以让甲坐，也可以让乙坐。同样的道理，一个结点的 IP 地址对于网卡也是不做要求的，基本上什么样的厂家都可以用，也就是说，IP 地址与 MAC 地址并不存在着绑定关系。职位和人才的对应关系就像 IP 地址与 MAC 地址的对应关系。比如，如果一个网卡坏了，可以被更换，而无须取得一个新的 IP 地址。如果一个 IP 主机从一个网络移到另一个网络，可以给它一个新的 IP 地址，而无须换一个新的网卡。

1. MAC 地址

MAC 地址，即媒体访问控制地址，或称为硬件地址，是用来定义网络设备位置的。MAC 地址是网卡在出厂时，厂商烧于网卡芯片内的 48 位二进制数字，用于标识每一个网卡，如图 1-18 所示。其中 0 到 23 位是厂商向 IETF 等机构申请用来标识厂商的代码，也称为“组织唯一标识符”（Organizationally Unique Identifier）；24 到 47 位由厂商自行分派，是各个厂商制造的所有网卡的一个唯一编号。

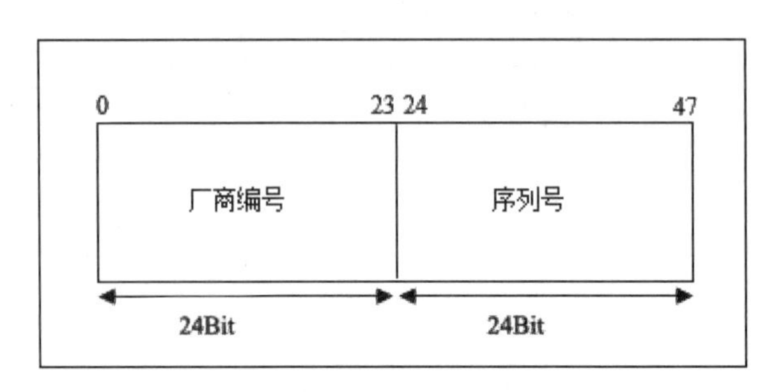

图 1-18　MAC 地址

2. 地址解析协议 ARP

在以太网中，一个主机要和另一个主机进行直接通信，必须要知道目标主机的 MAC 地址，这个目标 MAC 地址需要通过地址解析协议 ARP（Address Resolution Protocol）获得。所谓“地址解析”，就是主机在发送帧前将目标 IP 地址转换成目标 MAC 地址的过程。

每一台主机中都有一张 ARP 缓存表，记载着主机的 IP 地址与物理地址的对应关系。ARP 缓存表是通过广播和应答的方式动态形成的。下面以主机 A（192.168.1.5）向主机 B（192.168.1.1）发送数据为例，来看看 ARP 缓存表的形成过程：

当发送数据时，主机 A 会在自己的 ARP 缓存表中寻找是否有目标 IP 地址，如果找到了，也就知道了目标 MAC 地址，直接把目标 MAC 地址写入帧里面发送就可以了；如果没有找到，主机 A 就会在网络上发送一个广播，目标 MAC 地址是 FF.FF.FF.FF.FF.FF，这表示向同一网段内的所有主机发出这样的询问：“192.168.1.1 的 MAC 地址是什么？”网络上其他主机并不响应 ARP 询问，只有主机 B 接收到这个帧时，才向主机 A 做出这样的回应：“192.168.1.1 的 MAC 地址是 00-aa-00-62-c6-09”，如图 1-19 所示。这样，主机 A 就知道了主机 B 的 MAC 地址，它就可以向主机 B 发送信息了。同时，主机 A 还更新了自己的 ARP 缓存表，下次再向主机 B 发送信息时，就可以直接从自己的 ARP 缓存表里查找到主机 B 的 MAC 地址了。

3. 查看本机的 ARP 缓存表

多数操作系统都内置了一个 ARP 命令，用于查看、添加和删除高速缓存区中的 ARP 表项。说明如下：

- ARP –a：可显示 ARP 缓存表中的所有内容。

- ARP –d：删除 ARP 缓存表中的某一项内容，如 arp –d 172.16.19.11　00-e0-4c-d6-e6-02。
- ARP –s：增加 ARP 高速缓存中的静态内容项，如 arp –s 172.16.19.33　00-e4-df-dd-e6-02。

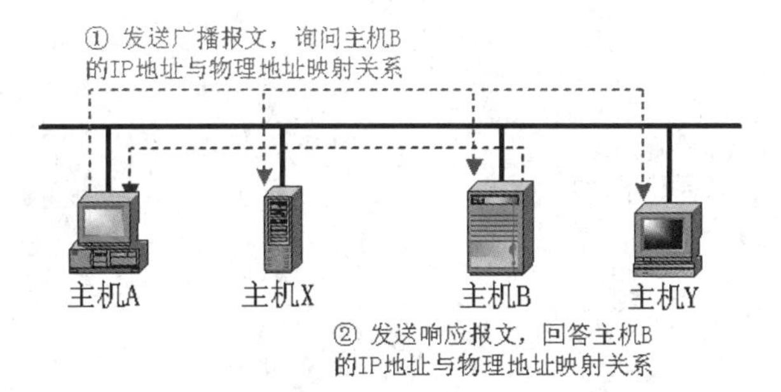

图 1-19　ARP 缓存表的形成过程

执行“开始”→“运行”命令，或者使用组合键“Win+R”，打开“运行”对话框，如图 1-20 所示，在“打开”命令输入文本框中输入 cmd，然后单击“确定”按钮，系统将打开 cmd.exe 窗口，在命令行输入命令：ARP　–a，系统将列出主机 ARP 缓存中的 IP 地址与物理地址的对应关系，如图 1-21 所示。

图 1-20　“运行”对话框

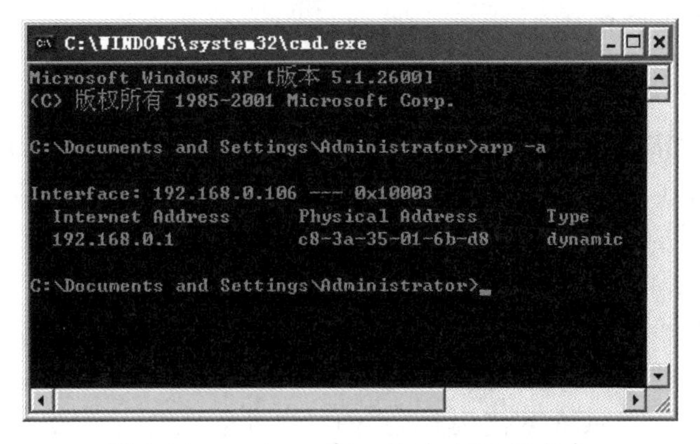

图 1-21　cmd.exe 窗口显示 ARP 缓存表

4. 查看本机的 MAC 地址

在图 1-21 所示的 cmd.exe 窗口中输入命令 ipconfig /all，如图 1-22 所示，系统将列出本机所有网络适配器（网卡、拨号连接等）的完整TCP/IP配置信息，如，IP是否动态分配、网卡的物理地址等，其中Physical Address行列出了本机的MAC地址是44-37-E6-0B-AE-D3。

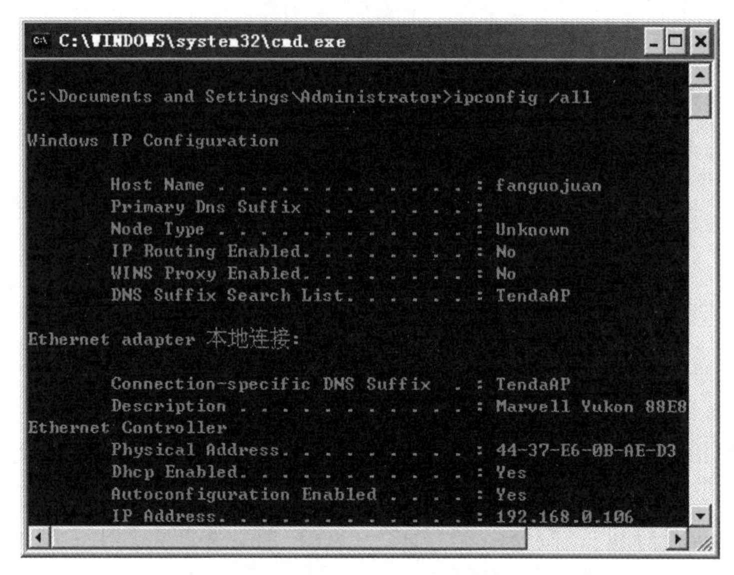

图1-22　查看本机的MAC地址

【任务实施】

计算网络地址

为更好地实施本任务的教学，理解IP地址的二进制表示等基础知识是非常必要的。如果你已经掌握了二进制数与十进制数转换的知识，可以跳过本节中的第1部分二进制数与十进制数的转换，直接进入第2部分的计算网络ID。

1. 二进制数与十进制数的转换

日常生活中最常用的计数方式是十进制数，其进位原则是“逢十进一”。任意一个十进制数可用0、1、2、3、4、5、6、7、8、9共10个数码组合的数字字符串表示。数码处于不同的位置（数位）代表不同的数值，称为权值。十进制整数的权值从小数点向左分别为10^0、10^1、10^2、10^3、10^4等。

计算机是由电子元件构成的。由于电子元件比较容易实现两种稳定的状态，因此计算机中采用的是二进制数。相应地，二进制数的进位原则是“逢二进一”。二进制的数码只有0和1。二进制整数的权值从小数点向左分别为2^0、2^1、2^2、2^3、2^4、2^5、2^6、2^7等。

（1）二进制数转十进制数。无论二进制数还是十进制数，都是用一串数码表示的，都可以按权值展开，表示为各位数码本身的值与其权的乘积之和。例如：

1）十进制数1206的权值展开：$1206 = 1\times10^3 + 2\times10^2 + 0\times10^1 + 6\times10^0$，如图1-23所示。

1	2	0	6
10^3=1000	10^2=100	10^1=10	10^0=1
1000	200	0	6

图 1-23　十进制数的权值展开

2）二进制数 10110111 的权值展开：10110111 = $1\times2^7 + 0\times2^6 + 1\times2^5 + 1\times2^4 + 0\times2^3 + 1\times2^2 + 1\times2^1 + 1\times2^0$。如图 1-24 所示，把二进制数中为 1 的位对应的权值相加即可获得它的对应十进制数值。例如，10110111 转换为十进制数为 183。

二进制数：10110111	1	0	1	1	0	1	1	1
	2^7=128	2^6=64	2^5=32	2^4=16	2^3=8	2^2=4	2^1=2	2^0=1
十进制数：183	128	0	32	16	0	4	2	1

图 1-24　二进制数 10011111 转换为十进制数 183

IP 地址的每个 8 位数组（1 个字节）能表示的最大值为 11111111，按权值展开转换成十进制数为 255，255 = $1\times2^7 + 1\times2^6 + 1\times2^5 + 1\times2^4 + 1\times2^3 + 1\times2^2 + 1\times2^1 + 1\times2^0$，如图 1-25 所示。

二进制数：11111111	1	1	1	1	1	1	1	1
	2^7=128	2^6=64	2^5=32	2^4=16	2^3=8	2^2=4	2^1=2	2^0=1
十进制数：255	128	64	32	16	8	4	2	1

图 1-25　二进制数 11111111 转换为十进制数 255

例如，将以二进制数表示的 IP 地址 11000000 10101000 01111011 00000110 转换为十进制数表示形式为 192.168.123.6，如图 1-26 所示。

11000000		10101000		01111011		00000110
192	.	168	.	123	.	6

图 1-26　IP 地址的二进制形式转换为十进制形式

（2）十进制数转二进制数。

1）“除 2 取余”法。十进制整数转换为二进制数，通常的转换方法为“除 2 取余，逆序排列”。具体做法：用 2 去除十进制整数，可以得到一个商和余数；再用 2 去除商，又会得到一个商和余数；如此进行，直到商为 0 时为止；然后把先得到的余数作为二进制数的低位有效位，后得到的余数作为二进制数的高位有效位，依次排列起来。

例如将十进制整数 25 转换成二进制数，如图 1-27 所示，即十进制 25 对应的二进制数为 11001。

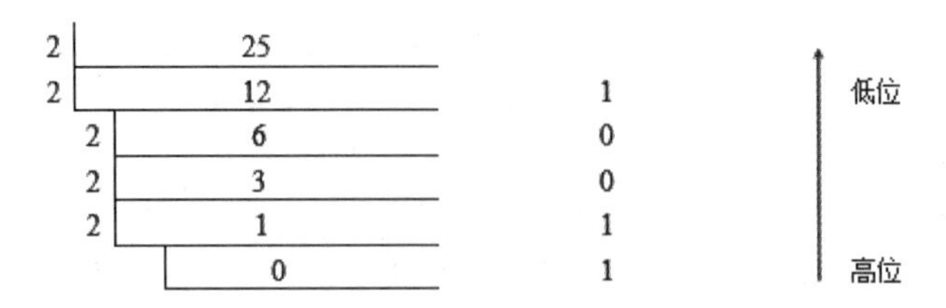

图 1-27　十进制数转换为二进制数（1）

2）“差值比较”法。IP 地址的一个 8 位二进制数，其最大值 11111111 对应的十进制数为 255，因此，对于不大于 255 的十进制整数都可以表示成 8 位二进制数。下面给出一个简易可行的“差值比较”法：对一个需要转换的十进制数（如 210），首先列出图 1-28 所示的 8 位二进制与十进制数对应关系，然后从高位到低位比较，大于或等于该位十进制值（如 128、64、32、16、8、4、2、1）则该位为 1，并减去该数值，小于该位十进制值则该位为 0；剩余数值从高位到低位继续比较，直到为零止。结束后，将其他空白位补 0，就得到了完整的对应的 8 位二进制数。

例 1：将十进制数 210 转换为二进制数。

步骤 1，列出 8 位二进制与十进制数对应关系表，如图 1-28 所示。

步骤 2，210 与最高位（第 8 位）十进制数 128 相比较，由于 210>128，所以该位置 1，210–128=82。

步骤 3，82 与第 7 位的十进制数 64 相比较，由于 82>64，所以该位置 1，82–64=18。

步骤 4，18 与第 6 位的十进制数 32 相比较，由于 18<32，所以该位置 0。

步骤 5，18 与第 5 位的十进制数 16 相比较，由于 18>16，所以该位置 1，18–16=2。

步骤 6，2 与第 4 位的十进制数 8 相比较，由于 2<8，所以该位置 0。

步骤 7，2 与第 3 位的十进制数 4 相比较，由于 2<4，所以该位置 0。

步骤 8，2 与第 2 位的十进制数 2 相比较，由于 2=2，所以该位置 1，2–2=0，比较结束。

步骤 9，其他空白位补 0。最终得到 210 对应的 8 位二进制数为 11010010。

二进制数与十进制数对应表	2^7	2^6	2^5	2^4	2^3	2^2	2^1	2^0
	128	64	32	16	8	4	2	1
比较	210>128	82>64	18<32	18>16	2<8	2<4	2=2	结束
结果	1	1	0	1	0	0	1	0

图 1-28　十进制数转换为二进制数（2）

例 2：将 IP 地址 150.0.0.6 转换为对应的二进制表示。

与例 1 的步骤相同，分别将 4 个点分十进制数转换为 8 位二进制数，其二进制数的表示形式为：10010110 00000000 00000000 00000110。

2. 计算网络地址

将 IP 地址和子网掩码按位进行逻辑“与（AND）”运算，得到 IP 地址的网络地址，从而判断出该 IP 地址所在的网络 ID，如图 1-29 所示。

图 1-29 计算网络地址的方法

在逻辑“与（AND）”运算中，只有在相“与”的两位都为 1 时，结果才为 1，其他情况结果都为 0。“与（AND）”运算规则见表 1-3。

表 1-3 “与（AND）”运算规则

运算	结果
1 AND 1	1
1 AND 0	0
0 AND 1	0
0 AND 0	0

事实上，子网掩码就像一条一截透明一截不透明的纸条，将纸条放在同样长度的 IP 地址上，很显然，可以透过透明部分看到网络 ID。

例 1：网络 A 中的主机 1 的 IP 地址为 210.1.1.1，子网掩码为 255.255.255.0，计算网络 A 的网络地址。

计算方法是，将两组数字都转换成二进制形式后并列在一起，对每一位进行逻辑“与”操作，即可得到网络 A 的网络 ID 的二进制表示，再将二进制转换成十进制表示。本例的网络地址为 210.1.1.0，计算过程如图 1-30 所示。

IP 地址：210.1.1.1	11010010		00000001		00000001		00000001
子网掩码：255.255.255.0	11111111		11111111		11111111		00000000
按位 AND 运算结果	11010010		00000001		00000001		00000000
网络地址	210	.	1	.	1	.	0

图 1-30 210.1.1.1/24 的网络地址计算过程

例 2：判断任意两台计算机的 IP 地址是否属于同一网络，最为简单的方法就是将两台主机各自的 IP 地址与子网掩码进行“AND”运算后，如果得出的结果是相同的，则说明这两台主机是处于同一个网络上的。具有相同的网络地址，可以进行直接的通信。

如网络 B 中的主机 1 的 IP 地址为 192.168.1.10，子网掩码为 255.255.255.0；主机 2 的 IP 地址为 192.168.1.20，子网掩码为 255.255.255.0，判断主机 1 和主机 2 是否属于同一个网络。

计算过程分别如图 1-31、1-32 所示。

IP 地址：192.168.1.10	11000000		10101000		00000001		00001010
子网掩码：255.255.255.0	11111111		11111111		11111111		00000000
按位 AND 运算结果	11000000		10101000		00000001		00000000
网络地址	192	.	168	.	1	.	0

图 1-31　192.168.1.10/24 的网络地址计算过程

IP 地址：192.168.1.20	11000000		10101000		00000001		00010100
子网掩码：255.255.255.0	11111111		11111111		11111111		00000000
按位 AND 运算结果	11000000		10101000		00000001		00000000
网络地址	192	.	168	.	1	.	0

图 1-32　192.168.1.20/24 的网络地址计算过程

很显然，分别对主机 1 和主机 2 的 IP 地址与子网掩码的 AND 运算后，得到的网络地址相同，均为 192.168.1.0。所以，这两台主机 IP 地址属于同一网络，可以直接进行通信。

例 3：网络 C 中的主机 1 的 IP 地址为 192.168.1.50，子网掩码为 255.255.255.240，计算网络 C 的网络地址。

主机 1 是一个 C 类 IP 地址，但子网掩码不再是标准的子网掩码 255.255.255.0(/24)，而是 255.255.255.240（/28），表示这个 C 类地址借用了主机 ID 中的 4 位来作为子网 ID，则网络 C 的网络地址就是 28 位，主机地址是 4 位，如图 1-33 所示。子网的概念延伸了地址的网络部分，允许将一个网络划分为多个子网，子网的划分将在项目 4 中具体介绍。

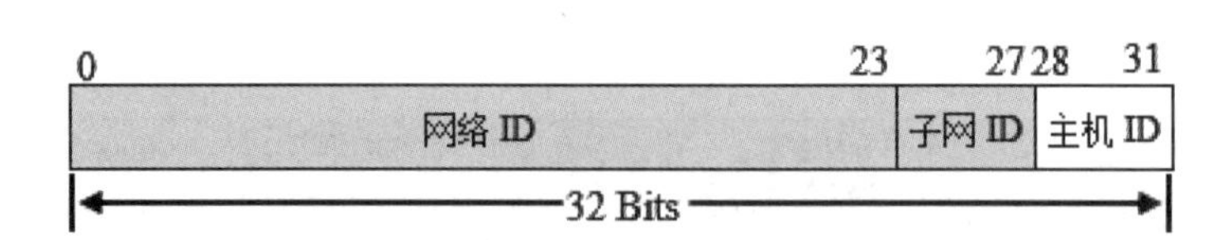

图 1-33　借用主机 ID 中的 4 位作为子网 ID

计算过程如图 1-34 所示，得到的网络地址为 192.168.1.48。

IP 地址：192.168.1.50	11000000		10101000		00000001		0011	0010
子网掩码：255.255.240.0	11111111		11111111		11111111		1111	0000
按位 AND 运算结果	11000000		10101000		00000001		0011	0000
网络地址	192	.	168	.	1	.	48	

图 1-34　192.168.1.50/28 的网络地址计算过程

【任务小结】

本任务的实施，要求读者熟练掌握 8 位二进制数与十进制数之间的相互转换，并在此基础上，能够清晰地理解以下两点：

1. 给出一个网络，写出该网络的网络地址、广播地址和可用的 IP 地址。如，对于网络 192.168.1.0/24：

网络地址为 192.168.1.0

广播地址为 192.168.1.255

可用的 IP 地址为 192.168.1.1 ～ 192.168.1.254

2. 给出一个 IP 地址和子网掩码，能够判断出它属于的网络。

【思政元素】

介绍 IPv6 时，引入 2017 年由中国牵头发起的“雪人计划”。该计划已在全球完成 25 台 IPv6 根服务器架设，中国部署了其中的 4 台，这打破了中国过去没有根服务器的困境，进而激发学生科技强国意识。

任务 1.3 TCP/IP 的配置与测试

【任务分析】

本任务要求掌握 OSI/RM 和 TCP/IP 两种网络体系结构，理解数据在网络中的传输过程；熟悉 TCP/IP 的配置，掌握常用于进行网络测试的 ping、ipconfig 等命令的使用。

【知识链接】

1.3.1 开放系统互联参考模型

1. 开放系统互联参考模型基础

（1）开放系统互联参考模型（OSI/RM）的诞生。该模型主要用于解决异构网络互联的问题。在 OSI/RM 诞生之前，众多的网络供应商提供了众多不同种类的网络，各种网络的设备、协议等均不相同，造成各个网络之间无法互通。OSI/RM 的诞生，使得不同厂商的网络设备可以互联互通。

（2）OSI/RM 的发展状况。1982 年，国际标准化组织推出了 OSI/RM，只要遵循 OSI/RM 标准，一个系统就可以和位于世界上任何地方的、也遵循这一标准的其他任何系统进行通信。但 OSI/RM 并没有取得商业上的成功，具体来说是因为 OSI/RM 的研发专家们在完成 OSI/RM 标准后，缺乏强劲的商业驱动力。究其原因，主要有以下几条：

- OSI/RM 的协议实现起来非常复杂，且运行效率很低。（只描述做什么，没有具体说明怎么做）
- OSI/RM 的层次划分并不合理，有些功能在多个层次中重复出现。
- OSI/RM 标准的制定周期太长，导致按 OSI/RM 标准生产的设备无法及时进入市场。
- 在 OSI/RM 正式推出时，TCP/IP 协议体系已经成功地大范围商用。

2. OSI/RM 的层次结构

（1）网络分层的必要性。相互通信的两个计算机系统必须高度协调工作才行，而这种“协调”是相当复杂的。“分层”可将庞大而复杂的问题转化为若干较小的局部问题，而这些较小的局部问题就比较易于研究和处理。

（2）划分层次的优点。各层之间是独立的，灵活性好，结构上可分割开，易于实现和维护，能促进标准化工作。层数太少，会使每一层的协议过于复杂；层数太多又会在描述和综合各层功能的系统工程任务时遇到较多的困难。

（3）OSI/RM 层次结构。OSI/RM 层次结构如图 1-35 所示，其中下面三层为通信子网，上面四层为资源子网。

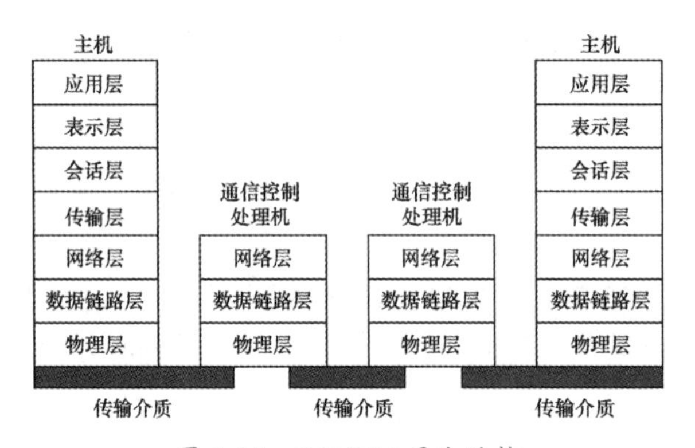

图 1-35　OSI/RM 层次结构

OSI/RM 各层的功能如下：

- 物理层：规定数据传输时的物理特性。
- 数据链路层：查看及向数据上加入 MAC 地址；流量控制；差错检测。
- 网络层：向数据内加入网络地址；根据目的网络地址为数据选择网络路径。
- 传输层：将数据分段重组保证数据传输无误性。
- 会话层：建立、保持、结束会话。
- 表示层：翻译。
- 应用层：将用户请求交给相应应用程序。

3. OSI/RM 的数据封装及拆封

（1）数据封装过程。数据通过网络进行传输，要从高层一层一层地向下传送。一个主机要传送数据到其他主机，应先把数据装到一个特殊协议报头中，这个过程称为封装。

如图 1-36 所示，在 OSI/RM 参考模型中，当一台主机传送用户的数据（Data）时，数据首先通过应用层的接口进入应用层。在应用层，用户的数据被加上应用层的报头（Application Header，AH），形成应用层协议数据单元（Protocol Data Unit，PDU），然后被递交到下一层——表示层。

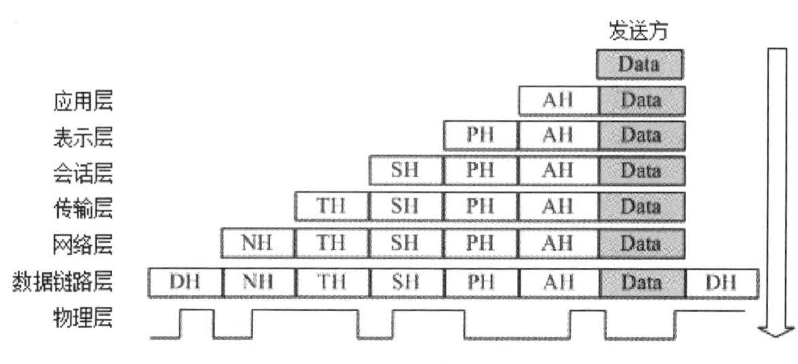

图 1-36　OSI/RM 数据封装过程示意

表示层并不“关心”上层的数据格式，而是把整个应用层递交的数据包看成一个整体进行封装，即加上表示层的报头（Presentation Header，PH），然后，将封装后的数据递交到下一层——会话层。

同样，会话层、传输层、网络层、数据链路层也都要分别给上层递交下来的数据加上自己的报头。它们分别是会话层报头（Session Header，SH）、传输层报头（Transport Header，TH）、网络层报头（Network Header，NH）和数据链路层报头（Data link Header，DH）。其中，数据链路层还要给网络层递交的数据加上数据链路层报尾（Data link Termination，DT）形成最终的一帧数据。

（2）数据拆封过程。每层去掉发送端的相应层加上的控制信息，最终将数据还原并交给应用程序的过程称为拆封。其与数据封装互为逆过程。

如图 1-37 所示，当一帧数据通过物理层传送到目标主机的物理层时，该主机的物理层把它递交到上一层——数据链路层。数据链路层负责去掉数据帧的帧头部 DH 和尾部 DT，同时还进行数据校验。如果数据没有出错，则递交到上一层——网络层。

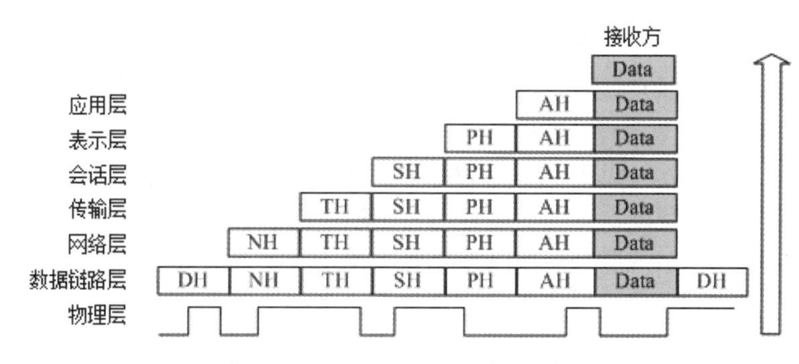

图 1-37　OSI/RM 数据拆封过程

同样，网络层、传输层、会话层、表示层、应用层也要做类似的工作。最终，原始数据被递交到目标主机的具体应用程序中。

1.3.2 TCP/IP 协议体系

1. 层次结构

四层模型工作原理

TCP/IP 协议体系的前身是实验性分组交换网 APRANET。

TCP/IP 协议体系包含了大量由 Internet 体系结构委员会（Internet Architecture Board，IAB）发布的作为 Internet 标准的协议。

图 1-38 列出了 TCP/IP 协议与 OSI/RM 协议的对应关系。

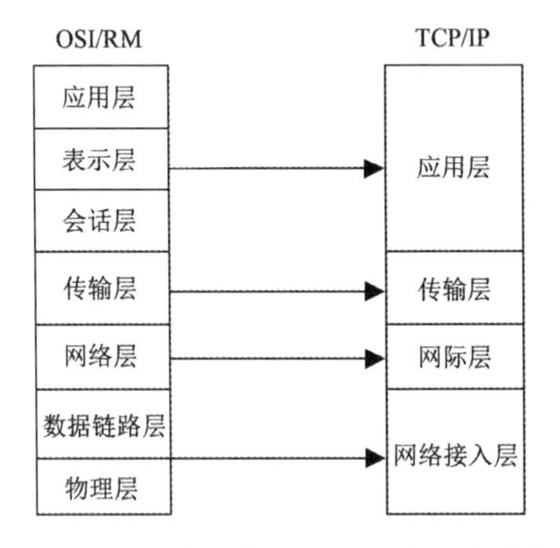

图 1-38　TCP/IP 协议与 OSI/RM 协议的对应关系

TCP/IP 各层的功能如下：

- 网络接入层：处理与电缆（或其他任何传输媒介）的物理接口细节（编码的方式、成帧的规范等）。
- 网际层：负责分组在网络中的活动，为经过逻辑网络路径的数据进行路由选择。
- 传输层：为两台主机上的应用程序提供端到端的通信。
- 应用层：负责处理特定的应用程序细节。

2. 协议分布

TCP/IP 协议体系协议分布如图 1-39 所示，每层包含不同的协议。

- 应用层：各种应用程序相关协议，如 FTP、SMTP、HTTP、DNS、Telnet 等。
- 传输层：有 TCP 和 UDP 两个协议。TCP 提供面向连接、有服务质量保证的可靠传输服务；UDP 提供无连接、无服务质量保证的不可靠传输服务。
- 网际层：主要包含的协议有 IP、ICMP、ARP、RARP 等。
- 网络接入层：只是一个接口，主要取决于所接入的局域网。

3. TCP 和 UDP 协议

在 TCP/IP 协议体系中有两个重要的协议：TCP 和 UDP。

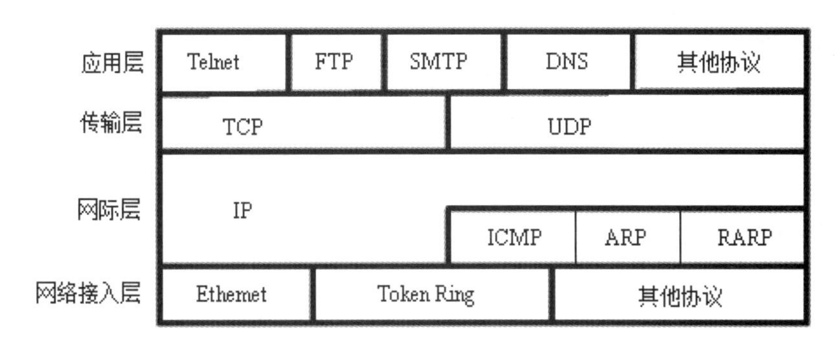

图 1-39　TCP/IP 协议体系协议分布

（1）TCP 是传输控制协议，属于传输层协议。它使用 IP 并提供可靠的应用数据传输。TCP 在两个或多个主机之间建立面向连接的通信。TCP 支持数据流操作，提供流控制和错误控制，甚至可完成对乱序到达报文的重新排序。

（2）UDP 指的是用户数据报协议，是与 TCP 相对应的协议。它是面向非连接的协议。它不与对方建立连接，而是直接把数据包发送过去。UDP 适用于对可靠性要求不高的应用环境。因为 UDP 协议没有连接的过程，所以它的通信效率高，但也正因为如此，它的可靠性不如 TCP 协议高。

【任务实施】

1. 设置计算机的 TCP/IP 属性

网络测试命令

要实现局域网中的各台计算机连接到网络中，除了硬件进行连接外，还必须安装软件系统，如网络协议软件。在 Windows 操作系统中，由于 TCP/IP 已默认安装在系统中，所以可以直接配置 TCP/IP 参数。

使用鼠标右键单击桌面上的“网上邻居”，从快捷菜单中选择“属性”命令，打开“网络连接”窗口，然后鼠标右键单击窗口中的“本地连接”，从快捷菜单中选择“属性”命令，打开“本地连接 属性”对话框，如图 1-40 所示，选择“Internet 协议（TCP/IP）”，并单击“属性”按钮，打开“Internet 协议（TCP/IP）属性”对话框，如图 1-41 所示。

选中“使用下面的 IP 地址”单选按钮，在“IP 地址”文本框中输入相应的 IP 地址，在“子网掩码”文本框中输入该类 IP 地址的子网掩码，然后单击“确定”按钮，完成本台计算机 IP 地址的设置。

2. 常用的网络测试命令

（1）ping 命令。ping 命令是网络测试中最常用的命令。ping 命令向目标主机发送一个回送请求数据包，要求目标主机收到请求后给予答复，从而判断网络的响应时间及本机是否与目标主机连通。在 cmd.exe 窗口中输入“ping IP 地址”，如，ping 192.168.1.100，如若与远程主机连通，则显示 4 个返回的数据包，如图 1-42 所示。

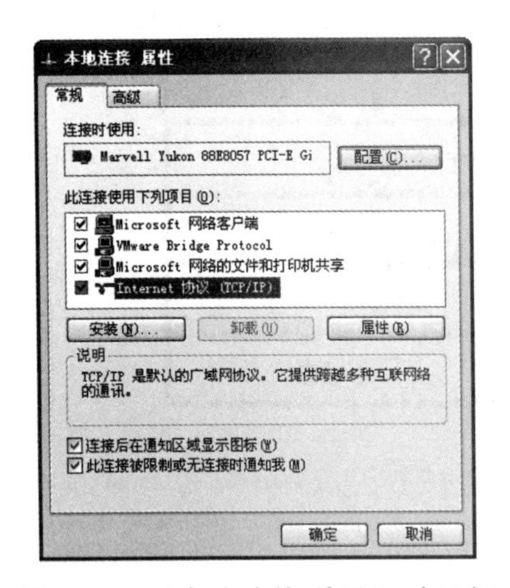

本地连接 属性
常规 高级
连接时使用:
Marvell Yukon 88E8057 PCI-E Gi
配置(C)...
此连接使用下列项目(O):
Microsoft 网络客户端
VMware Bridge Protocol
Microsoft 网络的文件和打印机共享
Internet 协议 (TCP/IP)
安装(N)... 卸载(U) 属性(R)
说明
TCP/IP 是默认的广域网协议。它提供跨越多种互联网络的通讯。
连接后在通知区域显示图标(W)
此连接被限制或无连接时通知我(M)
确定 取消

图 1-40 “本地连接 属性”对话框

Internet 协议 (TCP/IP) 属性
常规
如果网络支持此功能，则可以获取自动指派的 IP 设置。否则，您需要从网络系统管理员处获得适当的 IP 设置。
自动获得 IP 地址(O)
使用下面的 IP 地址(S):
IP 地址(I): 192 . 168 . 1 . 100
子网掩码(U): 255 . 255 . 255 . 0
默认网关(D): 192 . 168 . 1 . 1
自动获得 DNS 服务器地址(B)
使用下面的 DNS 服务器地址(E):
首选 DNS 服务器(P):
备用 DNS 服务器(A):
高级(V)...
确定 取消

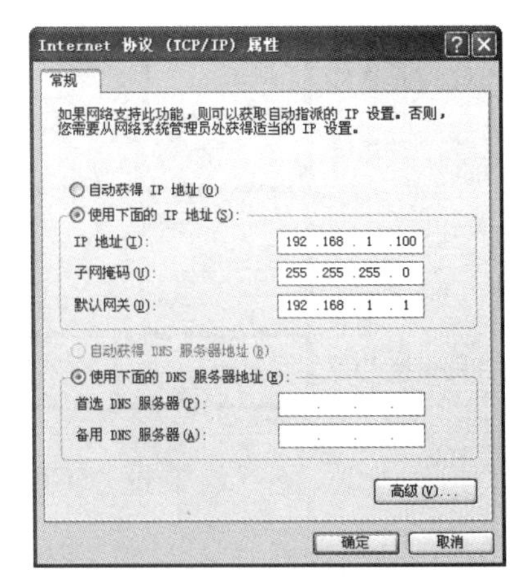

图 1-41 “Internet 协议（TCP/IP）属性”对话框

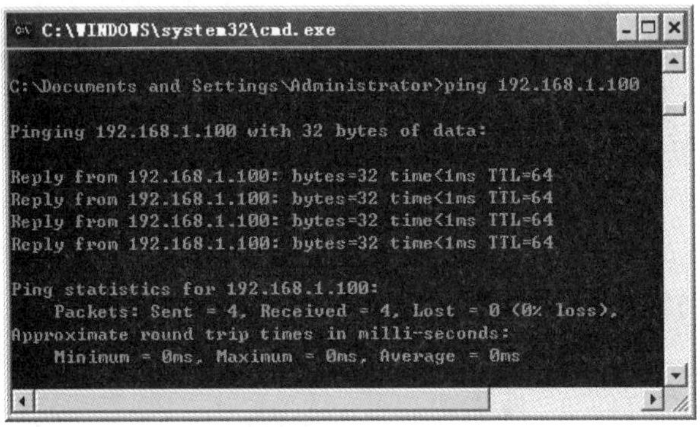

C:\WINDOWS\system32\cmd.exe
C:\Documents and Settings\Administrator>ping 192.168.1.100
Pinging 192.168.1.100 with 32 bytes of data:
Reply from 192.168.1.100: bytes=32 time<1ms TTL=64
Reply from 192.168.1.100: bytes=32 time<1ms TTL=64
Reply from 192.168.1.100: bytes=32 time<1ms TTL=64
Reply from 192.168.1.100: bytes=32 time<1ms TTL=64
Ping statistics for 192.168.1.100:
Packets: Sent = 4, Received = 4, Lost = 0 (0% loss),
Approximate round trip times in milli-seconds:
Minimum = 0ms, Maximum = 0ms, Average = 0ms

图 1-42 ping 命令与远程主机连通时的返回结果

若与远程主机不连通，则显示 4 个数据包不可到达的信息，即请求超时，如图 1-43 所示。

C:\WINDOWS\system32\cmd.exe
Microsoft Windows XP [版本 5.1.2600]
(C) 版权所有 1985-2001 Microsoft Corp.
C:\Documents and Settings\Administrator>ping 192.168.1.200
Pinging 192.168.1.200 with 32 bytes of data:
Request timed out.
Request timed out.
Request timed out.
Request timed out.
Ping statistics for 192.168.1.200:
Packets: Sent = 4, Received = 0, Lost = 4 (100% loss),
C:\Documents and Settings\Administrator>_

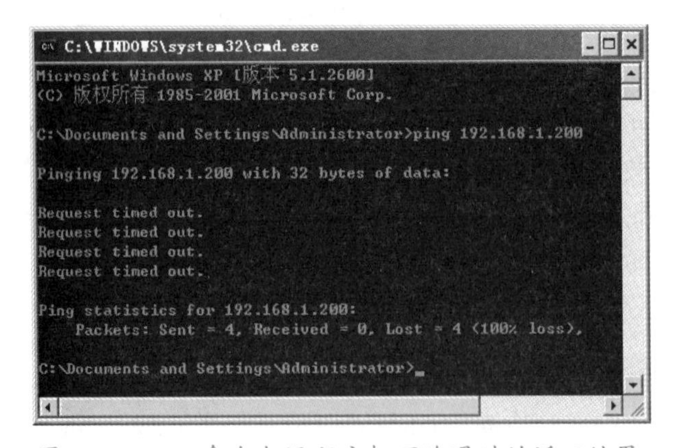

图 1-43 ping 命令与远程主机不连通时的返回结果

ping 命令的常用参数如下：

-t：表示不间断地向目标 IP 地址发送数据包，直到被用户以 Ctrl+C 组合键中断。

-l：定义发送数据包的大小，缺省为 32 字节，利用它可以最大定义到 65500 字节。

-n：定义向目标 IP 地址发送数据包的次数，缺省为 4 次。

如，ping 192.168.1.100 -l 2000 -n 6 表示向 ping 命令中的目标 IP 地址发送数据包的次数为 6 次，数据长度为 2000 字节，而不是缺省的 32 字节，如图 1-44 所示。

```
C:\WINDOWS\system32\cmd.exe
Microsoft Windows XP [版本 5.1.2600]
(C) 版权所有 1985-2001 Microsoft Corp.

C:\Documents and Settings\Administrator>ping 192.168.1.100 -l 2000 -n 6

Pinging 192.168.1.100 with 2000 bytes of data:

Reply from 192.168.1.100: bytes=2000 time<1ms TTL=64
Reply from 192.168.1.100: bytes=2000 time<1ms TTL=64
Reply from 192.168.1.100: bytes=2000 time<1ms TTL=64
Reply from 192.168.1.100: bytes=2000 time<1ms TTL=64
Reply from 192.168.1.100: bytes=2000 time<1ms TTL=64
Reply from 192.168.1.100: bytes=2000 time<1ms TTL=64

Ping statistics for 192.168.1.100:
    Packets: Sent = 6, Received = 6, Lost = 0 (0% loss),
Approximate round trip times in milli-seconds:
    Minimum = 0ms, Maximum = 0ms, Average = 0ms
```

图 1-44 ping 参数应用举例

另外，ping 命令不一定非得 ping IP 地址，也可以直接 ping 主机域名，这样就可以得到主机的 IP 地址，如，ping www.baidu.com 可以得到百度首页的 IP 地址为 220.181.112.244，如图 1-45 所示。

图 1-45 ping 主机域名应用举例

（2）netstat 命令。netstat 命令用于与 IP、TCP、UDP 和 ICMP 协议相关的统计数据，一般用于检验本机各端口的网络连接情况，常用参数如下：

-s：按照各个协议分别显示其统计数据。

-e：用于显示关于以太网的统计数据。

-a：显示一个所有的有效连接信息列表，包括已建立的连接（Established），也包括监听连接请求（Listening）的那些连接。

-n：显示所有已建立的有效连接。

如图 1-46 所示，netstat -e 列出了本机关于以太网的统计数据，包括传送数据包的总字节数、错误数、丢弃数等。

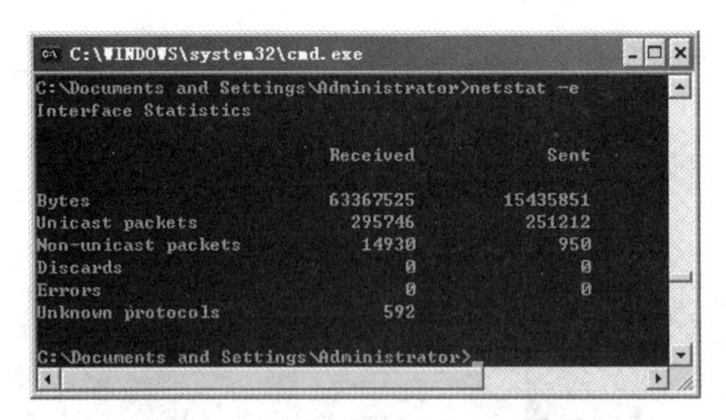

图 1-46 Netstat 命令应用举例

（3）ipconfig 命令。ipconfig 命令用于显示当前 TCP/IP 网络配置的所有值。使用不带参数的 ipconfig 可以显示所有适配器的 IP 地址、子网掩码、默认网关，如图 1-47 所示。

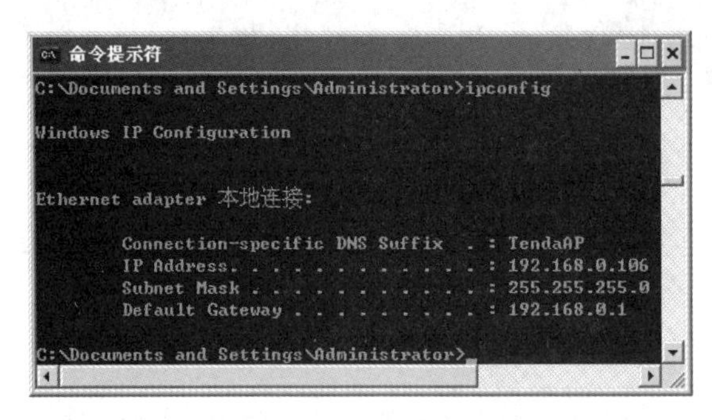

图 1-47 ipconfig 命令无参数应用举例

ipconfig 命令的常用参数如下：

/all：当使用 all 选项时，将显示所有适配器的完整 TCP/IP 配置信息，包括 TCP/IP 网络配置值、动态主机配置协议（DHCP）和域名系统（DNS）设置。

/renew：更新所有适配器的 DHCP 配置。该参数仅在具有配置为自动获取 IP 地址的网卡的计算机上可用。

/release：发送 DHCPRELEASE 消息到 DHCP 服务器，以释放所有适配器的当前 DHCP 配置并丢弃 IP 地址配置，如图 1-48 所示。该参数可以禁用配置为自动获取 IP 地址的适配器的 TCP/IP。

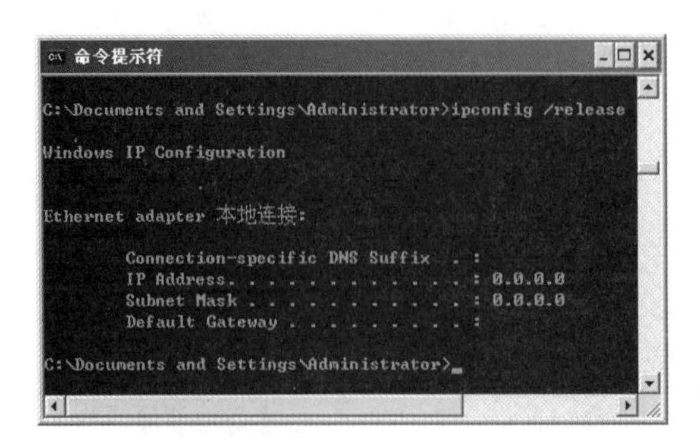

图 1-48 ipconfig /release 命令应用举例

【任务小结】

本任务是在了解两种计算机网络体系结构的基础上，熟练设置 TCP/IP 属性，熟悉与 IP 地址设置相关的网络测试命令，这将有助于我们更快地检测到网络故障所在。如执行 ping 命令不成功，则可以预测故障出现在以下几个方面：网线故障、网络适配器配置不正确、IP 地址不正确等；netstat 命令用于了解网络的整体使用情况，它可以显示当前正在活动的网络连接的详细信息。

【思政元素】

通过对 OSI/RM 和 TCP/IP 的分析，以及对分层思想、每层要完成的功能、层与层之间关系等知识点的讲解，融入工作中各司其职、团结协作等做人做事的道理。

任务 1.4 构建双机互联网络

【任务分析】

本任务要求使用双绞线将两台计算机的网卡连接起来，正确配置计算机的 IP 地址，保证网络连通。在此基础上，设置共享属性，如共享文件夹、打印机等，实现资源的共享。

【知识链接】

1.4.1 常用网络设备选型

不论是局域网、城域网还是广域网，在物理上通常都是由网卡、集线器、交换机、路由器、网线、RJ-45 接头等网络连接设备和传输介质组成的，网络设备及部件是连接网络的物理实体。了解和认识这些网络设备的特性，对于组建网络是很有必要的。

1. 网卡

网络接口卡（Network Interface Card，NIC）简称“网卡”，如图 1-49 所示，又称为网络适配器（Adapter）。它是连接计算机与网络的硬件设备，一般插在计算机主板的扩展槽中（或直接集成在计算机的主板上）。网卡完成了物理层和数据链路层的大部分功能，不仅能实现与局域网传输介质之间的物理连接和电信号匹配，还涉及帧的发送与接收、帧的封装与拆封、介质访问控制、数据的编码与解码以及数据缓存等功能。

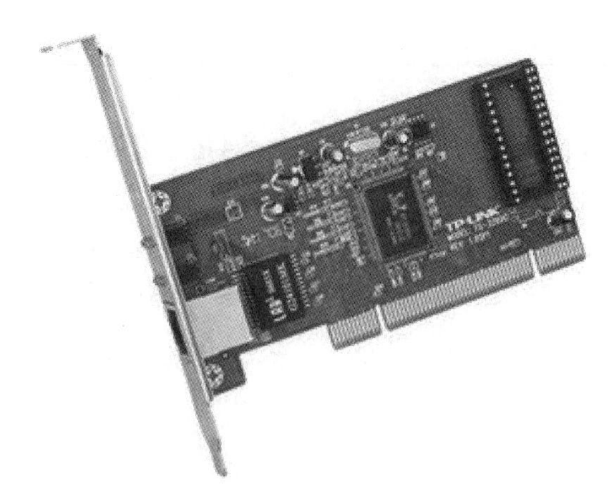

图 1-49　网卡

（1）网卡的分类。

- 根据是否插在机箱内，网卡可分为内置式网卡和外置式网卡。
- 根据主板上是否集成网卡芯片，可分为集成网卡和独立网卡。
- 根据网卡与计算机主板连接的总线接口类型，可分为 ISA 接口网卡、PCI 接口网卡、USB 接口网卡、PCI-X 接口网卡以及笔记本电脑专用的 PCMCIA 接口网卡。
- 根据网卡支持的带宽不同，可分为 10Mbps 网卡、100Mbps 网卡、10Mbps/100Mbps 自适应网卡和 1000Mbps 网卡。

（2）无线网卡。无线网卡是终端无线网络设备，是在无线局域网的无线覆盖下通过无线连接网络进行上网使用的无线终端设备。无线网卡的作用、功能跟普通计算机网卡一样，是用来连接到局域网上的。它只是一个信号收发的设备，只有在找到连接互联网的出口时才能实现与互联网的连接，所有无线网卡只能局限在已布有无线局域网的范围内。

无线网卡按照接口的不同可以分为多种：

- 台式机专用的 PCI 接口无线网卡。
- 笔记本电脑专用的 PCMCIA 接口网卡。
- USB 无线网卡，如图 1-50 所示。不管是台式机用户还是笔记本用户，只要安装了网卡驱动程序，都可以使用这种网卡。

图 1-50　无线 USB 网卡

2. 集线器

集线器（Hub）也称为集中器，如图 1-51 所示。它是计算机网络中连接多台计算机或其他设备的连接设备。其主要功能是连接多台计算机和网络设备以构成局域网。集线器是工作在物理层的网络设备，主要负责比特流的传输。它的主要功能是对接收到的信号进行再生放大，以扩大网络的传输距离。

图 1-51 集线器

集线器是一种共享设备。在集线器连接的网络中，所有的设备共享带宽，每一时刻只能有一台设备发送数据，其他节点只能够等待，不能发送数据。当网络中有两个或多个设备同时发送数据时，就会产生冲突。

集线器价格低、组网灵活，曾经是局域网中应用最广泛的设备之一。但随着交换机价格的不断下降，集线器的价格优势已不再明显，其应用市场越来越小，目前已基本被市场所淘汰。

3. 交换机

从外型上看，交换机（Switch）和集线器非常相似，两者均提供了大量可供线缆连接的端口。交换机一般会比集线器的端口要多一些，如图 1-52 所示。交换机是具有完成封装、转发数据包功能的网络设备。

图 1-52 交换机

（1）交换机的分类。

1）根据网络覆盖范围，可分为局域网交换机和广域网交换机。局域网交换机应用于局域网络，用于连接终端设备，如 PC 及网络打印机等；广域网交换机则主要应用于电信领域，提供通信用的基础平台。

2）根据传输介质和传输速度，可分为以太网交换机、快速以太网交换机、千兆以太网交换机、FDDI 交换机、ATM 交换机和令牌环交换机等多种。

3）根据网络构成方式，可分为接入层交换机、汇聚层交换机和核心层交换机。

4）根据工作的协议层，可分为第二层交换机、第三层交换机和第四层交换机。

5）根据交换机所应用的网络层次，可分为企业级交换机、部门级交换机、工作组交换机和桌面型交换机。

（2）交换机的工作原理。交换机对数据的转发是以终端计算机的 MAC 地址为基础的。交换机会监测发送到每个端口的数据帧，通过数据帧中的有关信息（源节点的 MAC 地址、目的节点的 MAC 地址）进行学习，在交换机的内部建立一个“端口 -MAC 地址”映射表。映射表建立后，当某个端口接收到数据帧后，交换机会读取出该帧中的目的 MAC 地址，并通过“端口 -MAC 地址”的对照关系，迅速地将数据帧转发到相应的端口。交换机的具体工作过程如下所述。

1）刚启动时，交换机的“端口 -MAC 地址”无表项，当端口 F0/1 上的 PC1 计算机要与端口 F0/2 上的 PC2 计算机通信时，计算机 PC1 发送数据到交换机上，交换机收到信息后，先将发送端口 F0/1 所对应的 PC1 的 MAC 地址记录在自己的“端口 -MAC 地址”表中，如图 1-53 所示。

2）检查接收方 PC2 的 MAC 地址是否在自己的“端口 -MAC 地址”表中，若在“端口 -MAC 地址”表中，直接转发给 PC2 所对应的端口 F0/2 转发出去，如果不在“端口 -MAC 地址”表中，则向（除自己之外）所有端口进行广播（泛洪）。

3）当 PC2 收到信息后，会回应计算机 PC1，在这个回应过程中，交换机就会把 PC2 的 MAC 地址记录在“端口 -MAC 地址”表中，实现双方通信功能。

4）依次类推，PC3、PC4 发出数据帧，交换机把接收到的帧中的源地址与相应的端口关联起来，如表 1-4 所列。交换机总是学习数据帧中的源 MAC 地址，即从发端学习 MAC 地址。

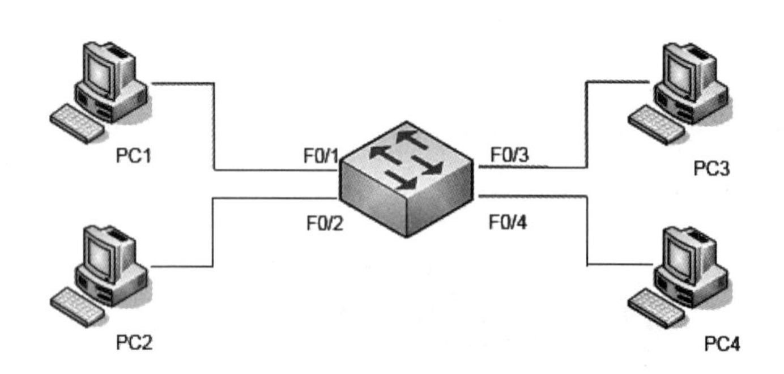

图 1-53　交换机学习 MAC 地址表的过程

5）在默认时间 300s 后，如果端口上连接计算机的 MAC 地址没有信息交换，就把该端口所对应计算机的 MAC 地址从交换机的“端口 -MAC 地址”表中清除，以此来保障地址表的空间容量。

表 1-4　“端口 -MAC 地址”表

MAC 地址（MAC Address）	端口（Port）
MAC_PC1	F0/1
MAC_PC2	F0/2
MAC_PC3	F0/3
MAC_PC4	F0/4

6）交换机对数据帧的转发和过滤。如计算机 PC1 发出目的地址为 PC4 的单播数据帧，交换机根据帧中的目的地址，从相应的端口 F0/4 发送出去，而不在其他端口上转发此单播数据帧；交换机会把广播、组播和未知目的地址的单播帧从所有其他端口发送出去（除了发送此帧的端口）。

4. 路由器

路由器（Router）又称路径器，是一种计算机网络设备，如图 1-54 所示。它能将数据包通过一个个网络传送至目的地（选择数据的传输路径），这个过程称为路由。路由器就是连接两个以上各别网络的设备。路由工作在 OSI 模型的第三层——网络层。

图 1-54 路由器

路由器用于连接多个逻辑上分开的网络。所谓逻辑网络是代表一个单独的网络或者一个子网。当数据从一个子网传输到另一个子网时，可通过路由器来完成。路由器通过路由决定数据的转发。转发策略称为路由选择（Routing），这也是路由器名称的由来（Router，转发者）。作为不同网络之间互相连接的枢纽，路由器系统构成了基于 TCP/IP 的国际互联网络 Internet 的主体脉络，也可以说，路由器构成了 Internet 的骨架。它的可靠性和稳定性直接影响着网络互联的质量。

互联网各种级别的网络中都随处可见路由器。接入级路由器使得家庭和小型企业可以连接到某个互联网服务提供商；企业级路由器连接一个校园或企业内成千上万的计算机，不但要求其端口数目多、价格低廉，而且要求配置起来简单方便，并提供 QoS（服务质量）；骨干级路由器终端系统通常是不能直接访问的，它们连接长距离骨干网上的 ISP 和企业网络，骨干网要求路由器能对少数链路进行高速路由转发。

1.4.2 对等网

对等网（Peer to Peer）也称工作组，指网络中的计算机地位平等，无主从之分，没有专门的服务器，软硬件资源和数据都分别存储在网络中各自独立的主机之中，每个用户都负责管理本地主机的数据和资源，并且有各自独立的权限和安全设置。网络上任意一台计算机既可以作为网络服务器，其资源为其他计算机共享，也可以作为工作站，分享其他服务器的资源。对等网除了共享文件之外，还可以共享打印机。也就是说，对等网上的打印机可被网络上的任一节点使用，如同使用本地打印机一样方便。

1. 对等网的特点

对等网不需要专门的服务器来进行网络支持，也不需要其他组件来提高网络的性能，因而对等网络的价格相对要便宜很多。组网容易、建立和维护成本比较低是对等网的主要优势所在。

对等网也存在缺点，其主要缺点表现为三方面：一是数据保密性及安全性比较差；二是文件管理分散，资源查找困难；三是计算机资源占用大。在对等网络中，每台计算机既要使用很大一部分资源来支持本地用户，即本台计算机上的用户，又要使用额外的资源来支持远程用户，即网络上访问资源的用户。

在对等网络中，计算机的数量通常不会超过 20 台，所以对等网络相对比较简单，主要用于建立小型网络以及在大型网络中作为一个小的子网络，用在对有限信息技术预算和有限信息共享有需求的地方，例如学生宿舍、部门办公区域等。这些地方建立网络的主要目的是实现简单的资源共享、信息传输以及网络娱乐等。

认定一个网络是不是对等网，主要看网络中有没有专用服务器、网络中的各工作站之间的相互关系是不是平等关系。对等网的“对等”体现在网络中各节点的相互关系上，而不是体现在网络结构上。

2. 对等网的组建形式

一般对等网的组建分为以下两种形式：一种是双机互联，一种是以交换机或集线器为中心的星型局域网。

（1）双机互联。双机互联只适合两台计算机之间的连接，不需要通过集线器进行连接。双机互联有网卡互联、串口互联、并口互联、USB 互联、红外线互联等方式。各种互联方式的特点如下：

1）网卡互联是目前用得比较多的一种双机互联的方法。它具有这样一些特点：首先，可以真正实现双机互联，这种方法实现的互联可以实现局域网能实现的功能，而不仅仅是互相传递文件，在设置上，也和一个局域网的操作一样，用户可以很快掌握；其次，数据传输速度比较快，比起使用电缆或者 Modem 实现的双机互联，这种方式数据传输的速度要快得多；最后，从费用上说，采用这种方式的费用较高，但是考虑到今后的扩展，这些网卡是可以保留的，比如扩大一个小型局域网的时候，网卡仍然是必要的。网卡互联要求每台计算机必须配备网卡，用交叉线连接。

2）串口互联、并口互联都属于直接电缆连接。这种方式最大的优点是简单易行、成本低廉，无需购买新设备，只需花几元钱购买一段电缆就可以了，最大限度地节约了费用。但是由于直接电缆连接的电缆长度有限，所以双机的距离不能太远，一般只能放置同一房间内，而且两台计算机互相访问时需要频繁地重新设置主客机，非常麻烦。此外，计算机间的连接速率较慢，只适用于普通的文件传输或简单的连机游戏。并口连接速度较快，但两机距离不能超过 5m；串口连接速度较慢，但电缆制作简单，两机距离可达 10m。考虑到联机速度的需要，机器又处于同一办公室，宜尽量采用并口电缆连接。

3）USB 互联是较新的双机互联方法，它借助于专用的 USB 线，通过两台计算机的 USB 口连接后再实现数据交换，不仅传输速率大大超越传统的串口 / 并口互联，最高可达 6Mbps，一般情况下也可超过 4Mbps，而且实现了真正的即插即用。USB 互联能够检测到远程的电脑，可以分别在两个窗口方便地剪切、复制、粘贴或拖曳文件，也可以把远程的文件在本地的打印机进行打印。

4）红外线互联是用红外线接口将两台电脑连接起来。红外线互联仍属于电缆连接的范畴，只不过省去了用于直接电缆连接的串行或并行电缆线。一般笔记本电脑都有红外线接口，台式电脑也可以用于红外线通信，但是需要另配一个红外线适配器。有了红外线适配器，台式电脑可拥有与笔记本电脑一样的红外线通信功能。这种方法可以满足基本的数据互传需要，但是它只能发送数据或者被动地接收数据，而不能主动地去寻找并获取自己想要的数据，因此还有一定的局限性。

（2）星型对等网。如果有两台以上的计算机，则可以通过交换机（或 Hub）连接成另一种形式的对等网。图 1-55 所示为用交换机连接的星型对等网。通过交换机（或 Hub）连接的对等网所需的设备主要有交换机（或 Hub）、直通双绞线。将直通双绞线的一头插入计算机的网卡，另一头插入交换机（或 Hub）接口即可。交换机（或 Hub）能连接的主机数目与交换机（或 Hub）的型号相关，如，Hub 一般有 4 口、8 口与 16 口，即分别可以连接 4 台主机、8 台主机与 16 台主机。

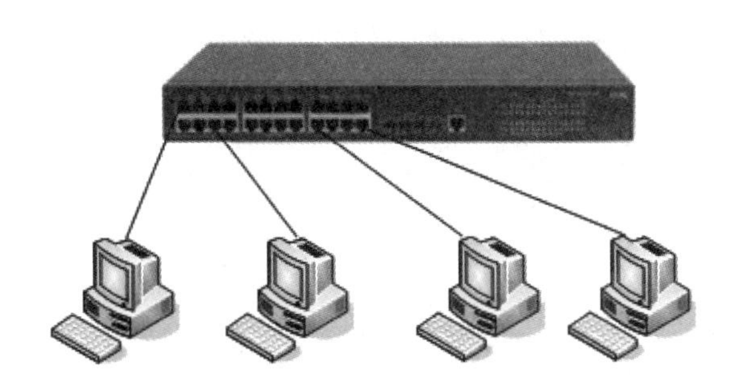

图 1-55　星型对等网

【任务实施】

1. 组网

（1）本任务所需实训设备及软件：

1）两台计算机（以 Windows XP 操作系统为例）；

2）一根制作好的交叉双绞线，如没有现成的交叉双绞线，可按照本项目“任务 1.1”所述的步骤进行制作；

双机互联网络的组建

3）进行测试用的局域网即时通信软件：飞秋（feiq.exe）或飞鸽传书（feige.exe）；

4）一台打印机（如不具备条件，可以在 Windows 系统中安装一台模拟打印机）。

（2）连线。

双机网卡互联的网络拓扑如图 1-56 所示，两台计算机之间用交叉双绞线连接，双绞线的两端分别插入各自网卡的 RJ-45 接口。连接完成后，两台计算机的网卡指示灯均会亮起；如果不亮，表示没有连通，原因可能是双绞线有问题、RJ-45 接口没有插好或网卡本身有问题。

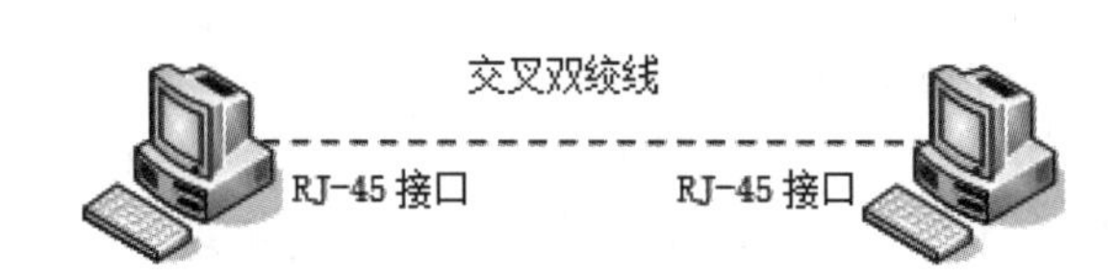

图 1-56　双机网卡互联

2. 配置两台计算机的 IP 地址

参照本项目“任务 1.3”【任务实施】中的“设置计算机的‘TCP/IP 属性’”部分，在“Internet 协议（TCP/IP）属性”对话框中配置 IP 地址及其子网掩码，如图 1-57 所示。

注意：两台计算机的 IP 地址必须设置在同一网络中，并且各自唯一，如 192.168.1.1 和 192.168.1.2。输入 IP 地址后，系统会自动填入子网掩码 255.255.255.0;“默认网关”“首选 DNS 服务器”及“备用 DNS 服务器”各项可以不用输入。

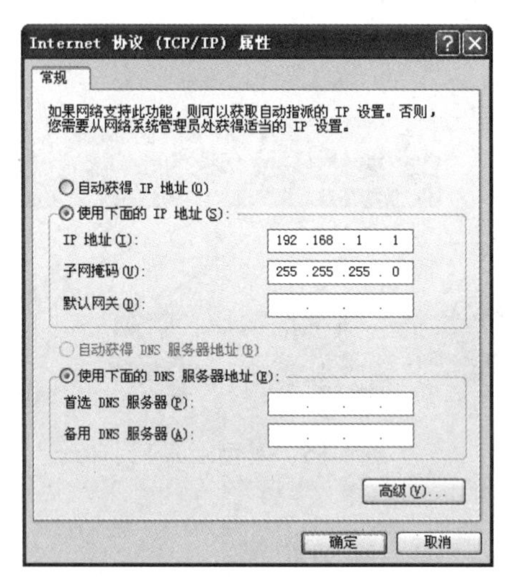

图 1-57　配置计算机的 IP 地址

3. 测试连通性

（1）使用 ping 命令测试。

分别在两台电脑上，打开“命令提示符”界面，在命令行中输入“ipconfig”显示本机的网络配置信息，从而检查 IP 地址配置正确与否。若要检查两机之间的连通性，可在命令行中 ping 对方的地址，根据响应情况，可判断两台计算机之间是否连通。

（2）局域网内通过即时通信软件共享文件。

局域网联网后，通过软件共享文件或文件夹更方便、直观。在联网的两台计算机上安装飞秋（feiq.exe）或飞鸽传书（feige.exe）软件，这两款软件可以通过各自官网进行下载。下面通过飞秋软件实现局域网文件的共享。

飞秋（FeiQ）是一款局域网聊天传送文件的即时通信软件，它参考了飞鸽传书和 QQ 软件，完全兼容飞鸽传书软件的协议，具有输方便、速度快、操作简单的优点，同时具有 QQ 软件的一些功能。

飞秋软件无须安装，只需双击 feiq.exe 即可运行软件。飞秋软件界面如图 1-58 所示。单击“文件共享”按钮，打开“文件共享”界面，如图 1-59 所示，可以在此设置、下载局域网共享文件。如果是两台机器之间共享文件，可以直接传送文件，方法是双击好友的头像，打开聊天窗口，将要共享的文件或文件夹拖进聊天窗口后，单击“发送”按钮，如图 1-60 所示。

图 1-58　飞秋软件界面

图 1-59　“文件共享”界面

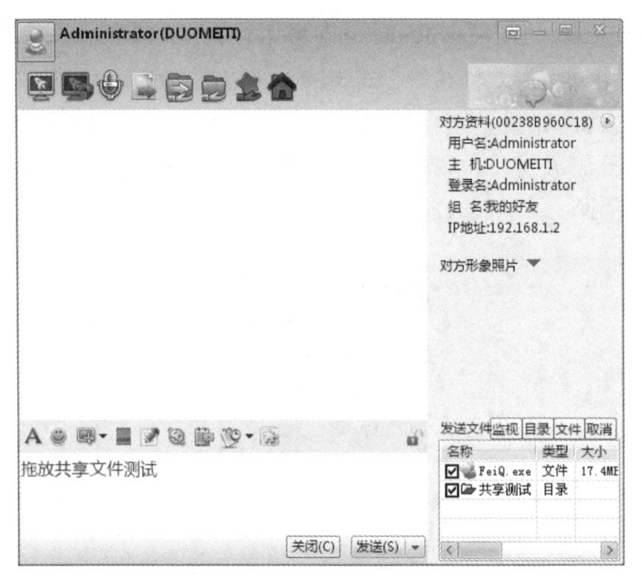

图 1-60 飞秋软件共享文件

4. 共享打印机

实现共享打印的操作大体分为两步：第一步是实现打印机共享；第二步是寻找共享的打印机并实现打印作业。共享打印前要确保共享者的计算机和使用者的计算机在同一个局域网内，同时该局域网是连通的。

（1）共享打印机。

1）将打印机连接至计算机，安装打印机驱动程序，确保打印机在本地工作正常。

2）选择“开始”→“设置”→“控制面板”→“打印机和传真”命令，打开如图 1-61 所示的“打印机和传真”窗口。在此窗口中将显示已经安装的本地打印机名称。（如果没有本地打印机，本任务的实施也可以通过添加模拟打印机来进行）

图 1-61 “打印机和传真”窗口

添加图 1-61 中的打印机的步骤如下所述。

在图 1-61 所示的窗口中选择“添加打印机”命令，打开“添加打印机向导”对话框，选择默认设置，单击“下一步”按钮（当向导未能检测到即插即用打印机时，需选择手动安装打印机），如图 1-62 所示。

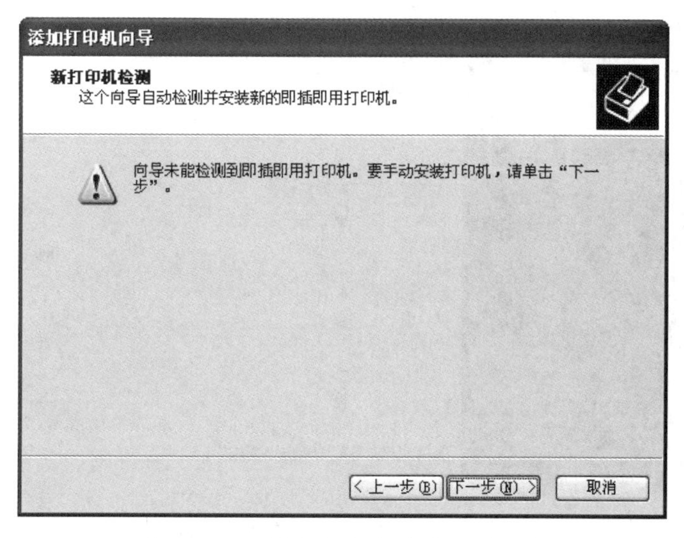

图 1-62 “添加打印机向导”对话框

在弹出的界面中选择默认的打印机端口，然后单击“下一步”按钮，在弹出的如图 1-63 所示的界面中选择任一厂商的打印机。

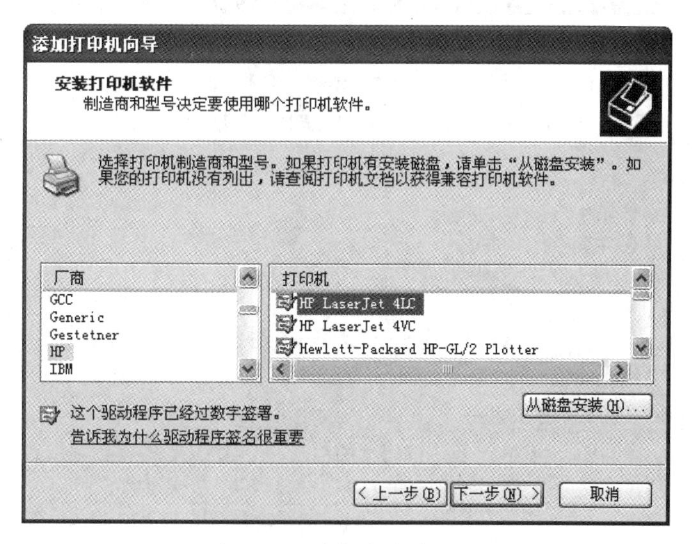

图 1-63 选择打印机型号

接下来为打印机制定名称、选择是否共享及确定是否打印测试页等，然后单击“完成”按钮，如图 1-64 所示，系统会为该打印机安装驱动程序。安装好打印机的驱动程序后，在“打印机和传真”窗口中便会出现该打印机的图标，如图 1-61 所示。

3）在图 1-61 所示的“打印机和传真”窗口中，右击打印机图标，在弹出的快捷菜单中选择“共享”命令，打开打印机的“属性”对话框，如图 1-65 所示，选择“共享这台打印机”单选按钮，并在“共享名”的输入框中填入需要共享的名称，例如HPLaserJ，单击“确定”按钮，即可完成共享打印机的设定。

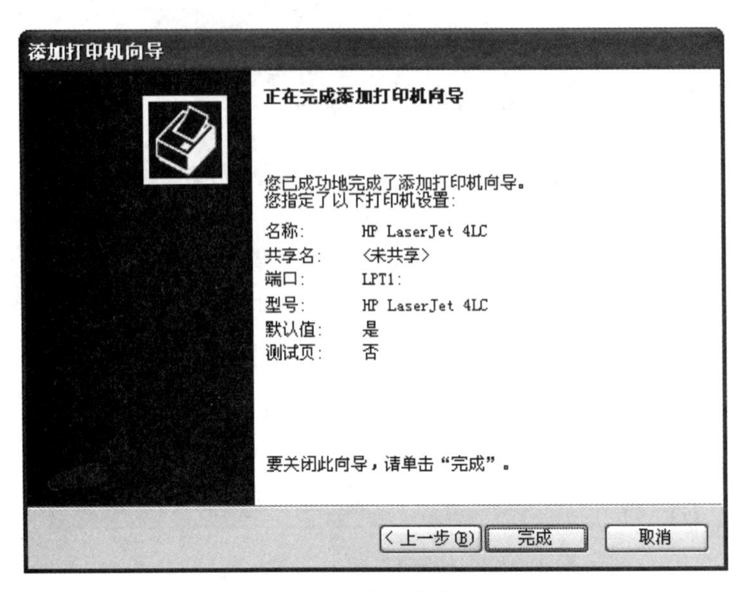

图 1-64　完成打印机向导

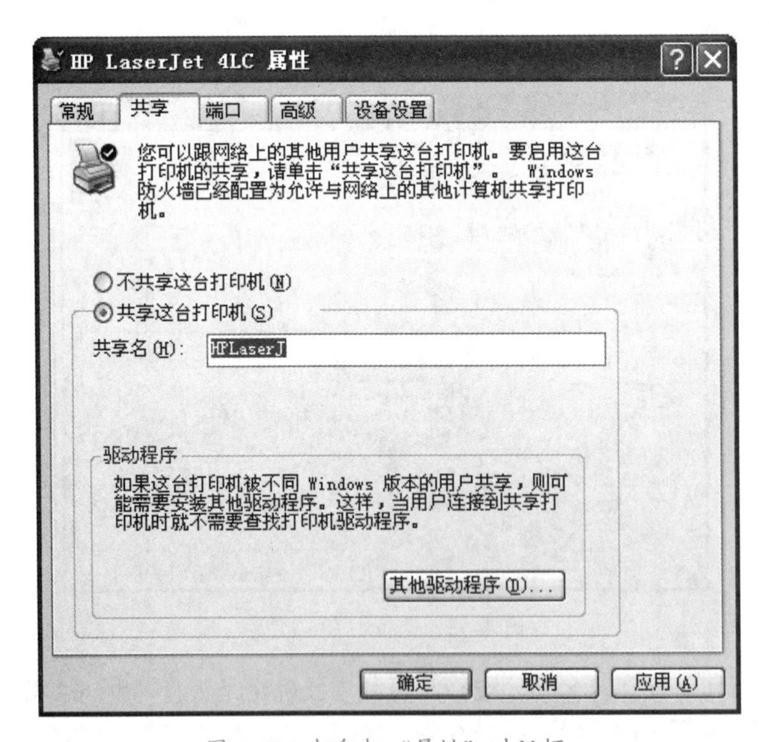

图 1-65　打印机“属性”对话框

（2）在其他计算机上进行打印机的共享设置。网络中每台想使用共享打印机的计算机都必须安装打印机驱动程序，操作步骤如下所述。

1）选择“开始”→“设置”→“控制面板”→“打印机和传真”命令，打开如图 1-61 所示的“打印机和传真”对话框。选择“添加打印机”命令，打开“添加打印机向导”对话框，如图 1-66 所示，选择“网络打印机或连接到其他计算机的打印机”单选按钮。

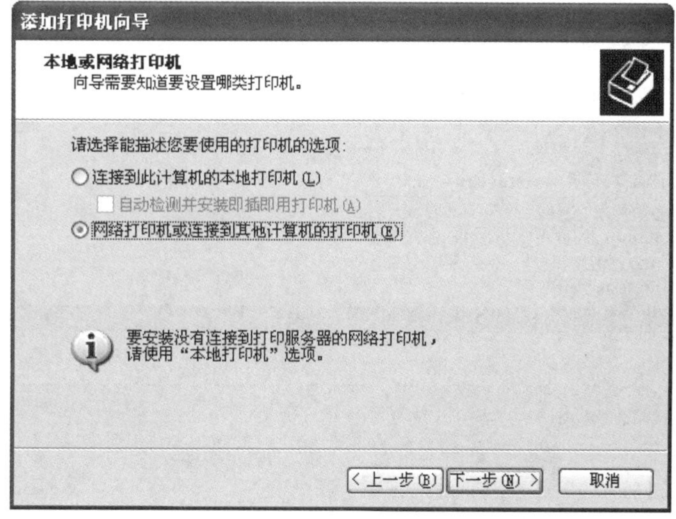

图 1-66 “添加打印机向导”对话框

2）单击“下一步”按钮，进入“指定打印机”界面，如图 1-67 所示。在此界面中提供了几种添加网络打印机的方式。如果已经知道了打印机的网络路径，则可以选择“连接到这台打印机”单选按钮，使用访问网络资源的通用命名规范（UNC）格式输入共享打印机的网络路径，其输入格式为\\计算机名称\共享打印机名称；如果不知道网络打印机的具体路径，则选择“浏览打印机”单选按钮，即查找局域网同一工作组内共享的打印机。

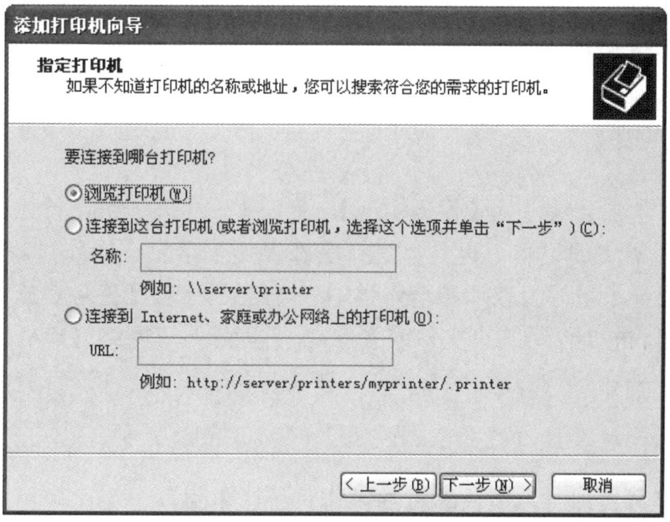

图 1-67 “指定打印机”界面

3）单击“下一步”按钮，进入“浏览打印机”界面，如图 1-68 所示。在“共享打印机”列表中的相应计算机上选择要共享的打印机，此时，“打印机”文本框会自动显示该打印机的名称。

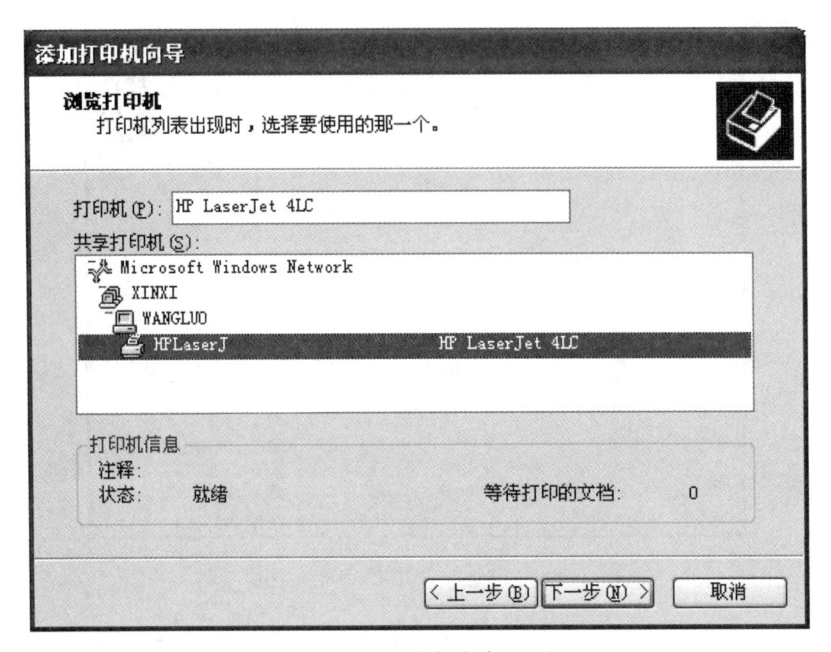

图 1-68 “浏览打印机”界面

注意：如果网络上某台计算机上的共享打印机无法在列表中显示，用户需要首先通过“网上邻居”或其他方式登录到对方计算机，登录时可能需要输入用户名和密码。

4）在图 1-68 中，单击“下一步”按钮，系统开始安装打印机驱动程序，稍后弹出“正在完成添加打印机向导”界面。安装完成后单击“完成”按钮结束操作。这样在本机的“打印机和传真”对话框中，便会出现共享打印机的图标，一台网络打印机便被添加到了本地。

【任务小结】

本任务要求学生分组进行【任务实施】，可以 3 ～ 4 人一组，首先由各小组讨论实施步骤，清点所需实训设备，再具体进行实践操作；学生在操作过程中应互相讨论，并由教师给予指导；最后由教师和全体学生参与结果评价。【任务实施】完成后，两台计算机应能互相 ping 通，可共享文件或文件夹，且能够共享网络打印机，完成文件打印。

【思政元素】

进行双机互联实训时，因计算机的操作系统版本不同，会出现不同的情况，应鼓励学生勇于探索、勤于思考，找寻问题的答案。

【同步训练】

一、选择题

1．下列描述计算机网络功能的说法中，不正确的是（　）。

A．有利于计算机间的信息交换　　B．计算机间的安全性更强

C．有利于计算机间的协同操作　　D．有利于计算机间的资源共享

2．连接双绞线的 RJ-45 接头时，主要遵循（　）标准。

A．ISO/IEC 11801　　B．EIA/TIA568A 和 EIA/TIA568B

C．EN 50173　　D．TSB-67

3．下列对双绞线线序 568A 排序正确的是（　）。

A．白绿、绿、白橙、兰、白兰、橙、白棕、棕

B．绿、白绿、橙、白橙、兰、白兰、棕、白棕

C．白橙、橙、白绿、兰、白兰、绿、白棕、棕

D．白橙、橙、绿、白兰、兰、白绿、白棕、棕

4．下列选项中不可以被设置为共享资源的是（　）。

A．键盘　　B．驱动器　　C．文件夹　　D．打印机

5．使用默认的子网掩码，IP 地址为 201.100.200.1 的主机网络 ID 和主机 ID 分别是（　）。

A．201.0.0.0 和 100.200.1　　B．201.100.0.0 和 200.1

C．201.100.200.0 和 1　　D．201.100.200.1 和 0

6．下列属于私有地址的是（　）。

A．193.168.159.3　　B．100.172.1.98

C．172.16.0.1　　D．127.0.0.1

7．下列 IP 地址属于标准 B 类 IP 地址的是（　）。

A．172.19.3.245/24　　B．190.168.12.7/16

C．120.10.1.1/16　　D．10.0.0.1/16

8．如果主机地址为 195.16.15.14，子网掩码是 255.255.255.128，则在该子网掩码下最多可以容纳（　）个主机。

A．254　　B．128　　C．62　　D．30

9．下列可用的 MAC 地址是（　）。

A．00-00-F8-00-EC-G7　　B．00-0C-1E-23-00-2A-01

C．00-00-0C-05-1C　　D．00-D0-F8-00-11-0A

10．国际标准化组织发布的 OSI/RM 共分成（　）层。

A．七　　B．六　　C．八　　D．五

11．下列对 OSI/RM 从高层到低层表述正确的是（　）。

A．应用层、表示层、会话层、网络层、数据链路层、传输层、物理层

B．物理层、数据链路层、传输层、会话层、表示层、应用层、网络层

C. 应用层、表示层、会话层、传输层、网络层、数据链路层、物理层

D. 应用层、传输层、网际层、网络接口层

12. 在 TCP/IP 协议体系中，UDP 协议工作在（　）。

A. 应用层　　B. 传输层　　C. 网络互联层　　D. 网络接口层

13. 完成路径选择功能是在 OSI/RM 的（　）。

A. 物理层　　B. 数据链路层　　C. 网络层　　D. 运输层

14. 在 TCP/IP 协议体系结构中，与 OSI/RM 的网络层对应的是（　）。

A. 网络接口层　　B. 网际层　　C. 传输层　　D. 应用层

15. 下列说法中，正确的是（　）。

A. 一台计算机可以安装多台打印机

B. 一台计算机只能安装一台打印机

C. 没有安装打印机的计算机不能实现打印功能

D. 一台打印机只能被一台计算机所使用

二、填空题

1. 从逻辑功能上来划分，可以将计算机网络划分为 ________ 和 ________。

2. MAC 地址由 ________ 位二进制数组成，其中前 ________ 位由 IEEE 分配。

3. IPv4 地址具有固定的格式，分成四段，其中每 ________ 位构成一段。

4. C 类地址的默认子网掩码是 ________。

5. 192.108.192.0 属于 ________ 类 IP 地址。

6. 使用 ________ 命令可以向指定主机发送 ICMP 回应报文并监听报文的返回情况，从而验证与主机的连接是否正常。

7. 解释下列缩写字母的含义：

ICMP：____

ARP：____

8. Internet 采用的协议是 ________。

9. OSI/RM 的物理层传送数据的单位是 ________。

10. 在 OSI/RM 采用的分层方法中，________ 层为用户提供文件传输、电子邮件、打印等网络服务。

项目 2　交换式局域网

本项目主要是根据网络要求组建交换式局域网（也称以太网），配置与调试交换机。将分别介绍国内两大主流网络设备品牌——神州数码和 H3C 的交换机的配置。重点掌握交换机的远程登录、虚拟局域网的划分方法、跨交换机 VLAN 间的通信等内容。

本项目将通过以下 5 个任务完成教学目标：

- 交换机的基本配置。
- 虚拟局域网的划分。
- 交换机的级联。
- VLAN 间通信配置。
- 交换式局域网的组建。

【思政育人目标】

- 初次接触交换机，学生对于配置命令有畏难情绪，应鼓励学生互帮互助、团结协作，体验帮助他人、快乐自己的感受。
- 在进行交换式局域网的组建实训时，技能点较多，需要小组团结协作，勤于思考，排除故障。
- 在进行小组展示汇报时，应培养学生表达、交流，沟通的能力。

【知识能力目标】

- 熟悉交换机的基本配置命令。
- 了解 VLAN 产生的背景。
- 掌握中断端口（trunk）的含义。
- 掌握三层交换机的特点。
- 掌握交换机的配置与调试过程。
- 掌握以太网的连通性测试方法。
- 能够通过 Telnet 登录交换机实现管理。
- 能够实现基于端口的 VLAN 划分。
- 能够实现跨交换机的 VLAN 划分。
- 能够利用三层交换机实现 VLAN 间的通信。
- 能够组建交换式局域网。

任务 2.1 交换机的基本配置

【任务分析】

本任务要求了解以太网的相关技术、网络的拓扑结构及交换机的数据转发方式，熟悉通过 Console 口和 Telnet 登录交换机，完成对交换机的基本配置。

本任务的工作场景：

（1）通过 Console 口配置交换机。在设备初始化或者没有进行其他方式的配置管理准备时，只能使用 Console 口进行本地配置管理。Console 口配置是交换机最基本、最直接的配置方式，当第一次配置交换机时，通过 Console 口配置成为唯一的配置手段。Console 端口是用来配置交换机的，因此仅有网管型交换机才有。

（2）通过 Telnet 登录交换机，此方法适用于局域网覆盖范围较大时。交换机分别放置在不同的地点，如果每次配置交换机都到交换机所在地点进行现场配置，网络管理员的工作量会很大。这时，可以在交换机上进行 Telnet 配置，这样以后再需要配置交换机时，管理员便可以远程以 Telnet 方式登录配置。

【知识链接】

2.1.1 局域网的基本知识

局域网（Local Area Network，LAN）是指在某一区域内由多台计算机互联而成的计算机组，一般在方圆几千米以内。局域网可以实现文件管理、应用软件共享、打印机共享、工作组内的日程安排、电子邮件和传真通信服务等功能。局域网是封闭型的，可以由办公室内的两台计算机组成，也可以由一个公司内的上千台计算机组成。它可以通过数据通信网或专用数据电路与远方的局域网、数据库或处理中心相连接，构成一个大范围的信息处理系统。

1．局域网的特点

局域网除了具备结构简单、数据传输率高、可行性高、实际投资少且技术更新发展迅速等基本特征外，还具有以下特点：

（1）具有较高的数据传输速率，有 1Mbps、10Mbps、155Mbps 和 622Mbps 等，实际应用中可高达 1Gbps，未来甚至可达 100Gbps。

（2）具有优良的传输质量。

（3）具有对不同速率的适应能力，低速或高速设备均能接入。

（4）具有良好的兼容性和互操作性，不同厂商生产的不同型号的设备均能接入。

（5）支持多种同轴电缆、双绞线、光纤和无线等多种传输介质。

（6）网络覆盖范围有限，一般网线长度为 0.1 ～ 10km。

2. 局域网的拓扑结构

拓扑学把实体抽象成与其大小、形状无关的点，将连接实体的线路抽象成线，进而研究点、线、面之间的关系。在计算机网络中，将主机和终端抽象为点，将通信介质抽象为线，形成点和线组成的图形，使人们对网络整体有了明确的全貌印象。计算机网络的拓扑结构就是网络中通信线路和站点（计算机或设备）的几何排列形式。

（1）星型拓扑网络。星型拓扑网络中的各节点通过点到点的链路与中心节点相连，如图 2-1 所示。中心节点可以是转接中心，起到连通的作用；也可以是一台主机，具有数据处理和转接的功能。星型拓扑网络的主要优缺点如下：

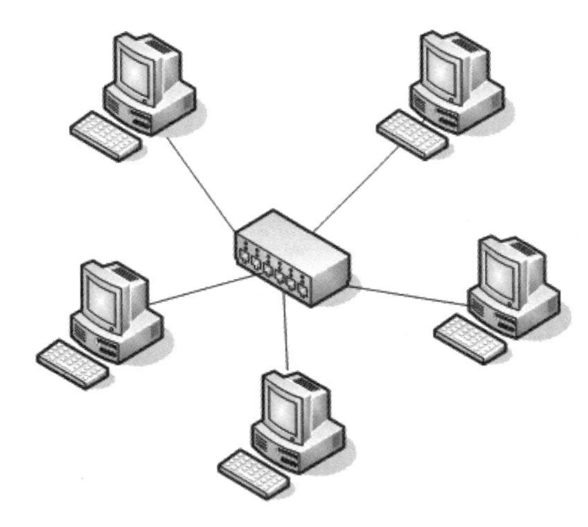

图 2-1　星型拓扑网络

- 优点：很容易在网络中增加新的站点，数据的安全性和优先级容易控制，易实现网络监控。
- 缺点：属于集中控制，对中心节点的依赖性大，一旦中心节点有故障会引起整个网络瘫痪。

这种结构是目前在局域网中应用得最为普遍的一种。企业网络几乎都采用这一方式。星型拓扑网络几乎是 Ethernet（以太网）网络专用。它是因网络中的各工作站节点设备通过一个网络集中设备（如集线器或者交换机）连接在一起，各节点呈星状分布而得名。这类网络目前用得最多的传输介质是双绞线，如常见的五类线、超五类双绞线等。

（2）树型拓扑网络。树型拓扑网络中各节点形成了一个层次化的结构，树中的各个节点都为计算机。树中低层计算机的功能和应用有关，一般都是具有明确定义的和专业化很强的任务，如数据的采集和变换等；而高层的计算机则具备通用的功能，以便协调系统的工作，如数据处理、命令执行和综合处理等。一般来说，层次结构的层不宜过多，以免转接开销过大，使高层节点的负荷过重。

（3）总线型拓扑网络。总线型拓扑网络中所有的站点共享一条数据通道，一个节点发出的信息可以被网络上的多个节点接收，如图 2-2 所示。由于多个节点连接到一条公用信道上，必须采取某种方法分配信道，以决定哪个节点可以发送数据。

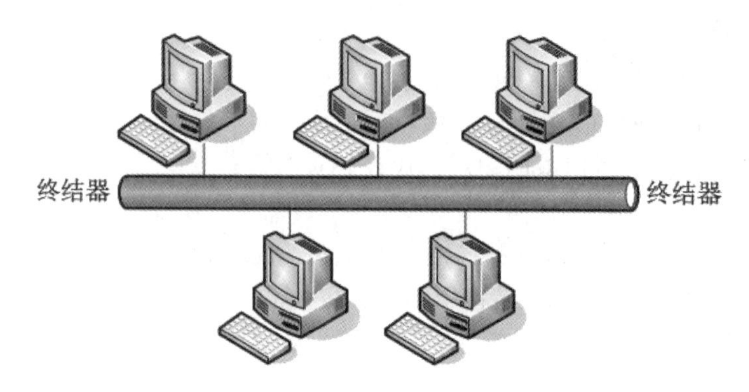

图 2-2　总线型拓扑网络

这种网络拓扑结构中所有设备都直接与总线相连，所采用的传输介质一般是同轴电缆（包括粗缆和细缆）及光缆。ATM 网、Cable Modem 所采用的网络都属于总线型网络结构。

总线型拓扑网格结构具有以下几个方面的特点：

1）组网费用低。从示意图可以看到，这样的结构根本不需要另外的互联设备，是直接通过一条总线进行连接，所以组网费用较低。

2）传输速度与用户数有关。因为各节点是共用总线带宽的，所以这种网络的传输速度会随着接入网络的用户的增多而下降。

3）网络用户扩展较灵活。需要扩展用户时只需要添加一个接线器即可，但所能连接的用户数量有限。

4）维护较容易。单个节点失效不影响整个网络的正常通信。但是如果总线一断，则整个网络或者相应主干网段就断了。

5）可靠性不高。如果总线出了问题，则整个网络都不能正常工作，网络中断后查找故障点也比较困难。

总线型网络结构简单、安装方便，需要铺设的线缆最短，成本低，某个站点自身的故障一般不会影响整个网络，但实时性较差，总线上的任何一点出现故障都会导致网络瘫痪。

（4）环型拓扑网络。在环型拓扑网络中，节点通过点到点通信线路连接成闭合环路，环中数据将沿一个方向逐站传送。环型拓扑网络结构简单，传输延时确定，但是环中每个节点与连接节点之间的通信线路都会成为网络可靠性的屏障。对于环型拓扑网络，网络节点的加入、退出、环路的维护和管理都比较复杂。

（5）网状型拓扑网络。在网状型拓扑网络中，节点之间的连接是任意的，没有规律。其主要优点是可靠性高，广域网基本都采用网状型拓扑结构。这种布线方式是我们常见的综合布线方式。其主要具有以下几个方面的特点：

1）应用相当广泛。这主要是因为它解决了星型和总线型拓扑结构的不足，满足了大公司组网的实际需求。

2）扩展相当灵活。这主要是因为它继承了星型拓扑结构的优点。但由于其仍采用广播式的消息传送方式，所以其在总线长度和节点数量上也会受到限制，不过在局域网中并不存在太大的问题。

3）与总线型网络类似，网状型网络的传输速率会随着用户的增多而下降。

4）较难维护。这主要受到总线型拓扑结构的制约，如果总线断，则整个网络也就瘫痪了；但是如果只是分支网段出了故障，则仍不影响整个网络的正常运作。另外，整个网络非常复杂，较难维护。

5）速度较快。因为其骨干网采用高速的同轴电缆或光缆，所以整个网络在速度上不会受太多的限制。

2.1.2 以太网的相关技术

以太网（Ethernet）最早由 Xerox（施乐）公司创建，于 1980 年由 DEC、lntel 和 Xerox 三家公司联合开发成为一个标准。以太网是应用最为广泛的局域网，包括标准的以太网（10Mbps）、快速以太网（100Mbps）和 10G（10Gbps）以太网，采用的是 CSMA/CD（Carrier Sense Multiple Access/ Collision Detection）技术。它们都符合 IEEE 802.3 标准。

共享局域网工作过程

以太网不是一种具体的网络，是一种技术规范。它是当今现有局域网采用的最通用的通信协议标准。该标准定义了在局域网中采用的电缆类型和信号处理方法。

1. CSMA/CD 技术

CSMA/CD 即载波监听多路访问 / 冲突检测。在以太网中，所有的节点共享传输介质。如何保证传输介质有序、高效地为许多节点提供传输服务，就是以太网的介质访问控制协议要解决的问题。

CSMA/CD 是一种争用型的介质访问控制协议。它起源于美国夏威夷大学开发的 ALOHA 网所采用的争用型协议，对其进行了改进后，便具有了比 ALOHA 协议更高的介质利用率。

CSMA/CD 的工作过程如图 2-3 所示，网中的各个站（节点）都能独立地决定数据帧的发送与接收。每个站在发送数据帧之前，首先要进行载波监听，只有介质空闲时，才允许发送帧，如果两个以上的站同时监听到介质空闲并发送帧，则会产生冲突现象，这使发送的帧都成为无效帧，发送随即宣告失败（每个站必须有能力随时检测冲突是否发生，一旦发生冲突，则应停止发送，以免介质带宽因传送无效帧而被白白浪费）；然后随机延时一段时间后，再重新争用介质，重发送帧。

CSMA/CD 控制方式的优点是原理比较简单，技术上易实现，网络中各工作站处于平等地位，不需集中控制，不提供优先级控制；但在网络负载增大时，发送时间变长，发送效率急剧下降。

2. IEEE 802.3 标准

IEEE 802.3 标准规定了包括物理层的连线、电信号和介质访问层协议的内容。以太网是当前应用最普遍的局域网技术，它基本取代了其他局域网标准，如令牌环、FDDI 和 ARCNET。

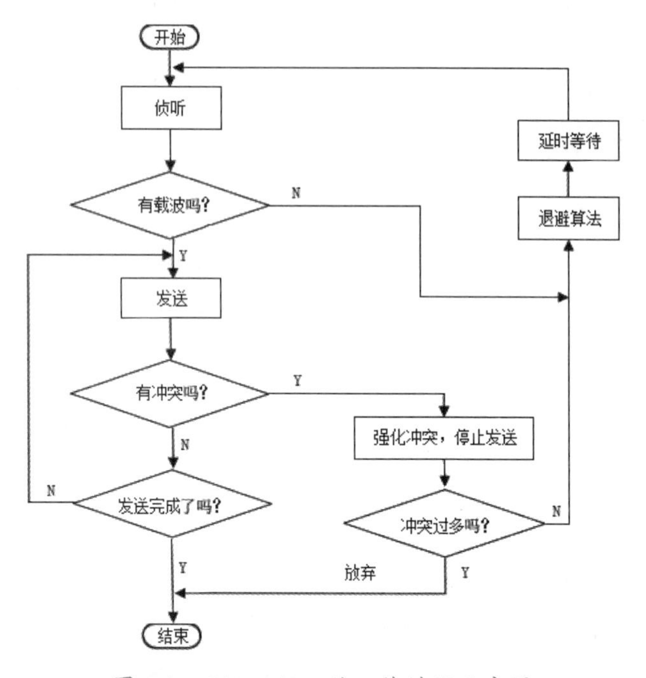

图 2-3　CSMA/CD 的工作过程示意图

为了使数据链路层能更好地适应多种局域网标准，802 委员会将局域网的数据链路层拆成两个子层：逻辑链路控制（Logical Link Control，LLC）子层与介质访问控制（Medium Access Control，MAC）子层。

与接入到传输媒体有关的内容都放在 MAC 子层，而 LLC 子层则与传输媒体无关，不管局域网采用何种协议，对 LLC 子层来说都是透明的。

IEEE 802.3 标准在物理层定义了 4 种不同介质的 10Mbps 的以太网规范，包括 10Base-5（粗同轴电缆）、10Base-2（细同轴电缆）、10Base-F（多模光纤）和 10Base-T（无屏蔽双绞线 UTP）。另外，到目前为止，IEEE 802.3 工作组还开发了一系列标准：

- IEEE 802.3u 标准，百兆快速以太网标准，现已合并到 IEEE 802.3 中。
- IEEE 802.3z 标准，光纤介质千兆以太网标准规范。
- IEEE 802.3ab 标准，传输距离为 100m 的 5 类无屏蔽双绞线千兆以太网标准规范。
- IEEE 802.3ae 标准，万兆以太网标准规范。

（1）标准以太网。开始以太网只有 10Mbps 的吞吐量，使用的是带有冲突检测的载波侦听多路访问（CSMA/CD）的访问控制方法。这种早期的 10Mbps 以太网称为标准以太网。以太网可以使用粗同轴电缆、细同轴电缆、非屏蔽双绞线、屏蔽双绞线和光纤等多种传输介质进行连接。在 IEEE 802.3 标准中，为不同的传输介质制定了不同的物理层标准。在这些标准中，前面的数字表示传输速度，单位是 Mbps；最后的一个数字表示单段网线长度（基准单位是 100m）；Base 表示“基带”；Broad 代表“宽带”。

- 10Base-5：使用直径为 0.4 英寸、阻抗为 50Ω 的粗同轴电缆，也称粗缆以太网，最大网段长度为 500m，基带传输方法，拓扑结构为总线型。10Base-5 组网主要硬件设备有粗同轴电缆、带有 AUI 插口的以太网卡、中继器、收发器、收发器电缆、终结器等。
- 10Base-2：使用直径为 0.2 英寸、阻抗为 50Ω 的细同轴电缆，也称细缆以太网，最大网段长度为 185m，基带传输方法，拓扑结构为总线型。10Base-2 组网主要硬件设备有细同轴电缆、带有 BNC 插口的以太网卡、中继器、T 型连接器、终结器等。
- 10Base-T：使用双绞线电缆，最大网段长度为 100m，拓扑结构为星型。10Base-T 组网的主要硬件设备有三类或五类非屏蔽双绞线、带有 RJ-45 插口的以太网卡、集线器、交换机、RJ-45 插头等。
- 1Base-5：使用双绞线电缆，最大网段长度为 500m，传输速度为 1Mbps。
- 10Broad-36：使用同轴电缆（RG-59/U CATV），网络的最大跨度为 3600m，网段长度最大为 1800m，是一种宽带传输方式。
- 10Base-F：使用光纤传输介质，传输速率为 10Mbps。

（2）快速以太网。随着网络的发展，传统标准的以太网技术已难以满足日益增长的网络数据流量速度需求。在 1993 年 10 月以前，对于要求 10Mbps 以上数据流量的 LAN 应用，只有光纤分布式数据接口（FDDI）可供选择，但它是一种价格非常昂贵的、基于 100Mpbs 光缆的 LAN。1993 年 10 月，Grand Junction 公司推出了世界上第一台快速以太网集线器 Fastch10/100 和网络接口卡 FastNIC 100，快速以太网技术正式得以应用。随后 Intel、SynOptics、3COM、BayNetworks 等公司亦相继推出自己的快速以太网装置。与此同时，IEEE 802 工程组亦对 100Mbps 以太网的各种标准，如 100Base-TX、100Base-T4、M Ⅱ、中继器、全双工等标准进行了研究。1995 年 3 月，IEEE 宣布了 IEEE 802.3u 100Base-T 快速以太网标准（Fast Ethernet），这样就开启了快速以太网的时代。

快速以太网与原来在 100Mbps 带宽下工作的 FDDI 相比具有许多的优点，主要体现在快速以太网技术可以有效保障用户在布线基础设施上的投资，它支持三、四、五类双绞线以及光纤的连接，能有效利用现有的设施。快速以太网的不足其实也是以太网技术的不足，即快速以太网仍是基于 CSMA/CD 技术，当网络负载较重时，会造成效率的降低，但这可以使用交换技术来弥补。100Mbps 快速以太网标准又分为 100Base-TX、100Base-FX、100Base-T4 三个子类。

- 100Base-TX：是一种使用五类数据级无屏蔽双绞线或屏蔽双绞线的快速以太网技术。它使用两对双绞线，一对用于发送数据，一对用于接收数据。其在传输中使用 4B/5B 编码方式，信号频率为 125MHz。符合 EIA/TIA586 的五类布线标准和 IBM 的 SPT 1 类布线标准。使用同 10Base-T 相同的 RJ-45 连接器。它的最大网段长度为 100m，支持全双工的数据传输。
- 100Base-FX：是一种使用光缆的快速以太网技术，可使用单模光纤和多模光纤。

多模光纤连接的最大距离为 550m，单模光纤连接的最大距离为 3000m。其在传输中使用 4B/5B 编码方式，信号频率为 125MHz。它使用 MIC/FDDI 连接器、ST 连接器或 SC 连接器。它的网段长度为 150m、412m、2000m 或长至 10km，这与所使用的光纤类型和工作模式有关。它支持全双工的数据传输。100Base-FX 特别适用于有电气干扰、较大距离连接或高保密等环境。

- 100Base-T4：是一种可使用三、四、五类无屏蔽双绞线或屏蔽双绞线的快速以太网技术。100Base-T4 使用 4 对双绞线，其中的 3 对用于在 33MHz 的频率上传输数据，每一对均工作于半双工模式，第四对用于 CSMA/CD 冲突检测。其在传输中使用 8B/6T 编码方式，信号频率为 25MHz，符合 EIA/TIA586 结构化布线标准。它使用与 10Base-T 相同的 RJ-45 连接器，最大网段长度为 100m。

（3）千兆以太网。千兆以太网技术作为较新的高速以太网技术，给用户带来了提高核心网络的有效解决方案。这种解决方案的最大优点是继承了传统以太技术价格低廉的特点。千兆以太网技术仍然采用了与 10M 以太网相同的帧格式、帧结构、网络协议、全 / 半双工工作方式、流控模式以及布线系统。由于该技术不改变传统以太网的桌面应用、操作系统，因此可与 10M 或 100M 的以太网很好地配合工作。升级到千兆以太网不必改变网络应用程序、网管部件和网络操作系统，能够最大程度地保护投资。此外，IEEE 标准支持最大距离为 550m 的多模光纤、最大距离为 70km 的单模光纤和最大距离为 100m 的同轴电缆。千兆以太网填补了 IEEE 802.3 标准以太网 / 快速以太网标准的不足。千兆以太网支持的网络类型见表 2-1。

表 2-1　千兆以太网支持的网络类型

网络类型	传输介质	距离 /m
1000Base-CX	屏蔽双绞线 STP	25
1000Base-T	非屏蔽双绞线 UTP	100
1000Base-SX	多模光纤	500
1000Base-LX	单模光纤	3000

千兆以太网技术有两个标准：IEEE 802.3z 和 IEEE 802.3ab。IEEE 802.3z 制定了光纤和短程铜线连接方案的标准；IEEE 802.3ab 制定了五类双绞线上较长距离连接方案的标准。

1）IEEE 802.3z。IEEE 802.3z 工作组负责制定光纤（单模或多模）和同轴电缆的全双工链路标准。IEEE 802.3z 定义了基于光纤和短距离铜缆的 1000Base-X，采用 8B/10B 编码技术，信道传输速度为 1.25Gbps，去耦后实现 1000Mbps 传输速度。IEEE 802.3z 具有下列千兆以太网标准：

- 1000Base-SX：只支持多模光纤，可以采用直径为 62.5μm 或 50μm 的多模光纤，工作波长为 770 ～ 860nm，传输距离为 220 ～ 550m。
- 1000Base-LX 单模光纤：可以支持直径为 9μm 或 10μm 的单模光纤，工作波长范围为 1270 ～ 1355nm，传输距离为 5km 左右。

- 1000Base-CX：采用 150Ω 屏蔽双绞线（STP），传输距离为 25m。

2）IEEE 802.3ab。IEEE 802.3ab 工作组负责制定基于 UTP 的半双工链路的千兆以太网标准，产生 IEEE 802.3ab 标准及协议。IEEE 802.3ab 定义基于五类 UTP 的 1000Base-T 标准，其目的是在五类 UTP 上以 1000Mbps 速率传输 100m。IEEE 802.3ab 标准的意义主要有两点：

- 保护用户在五类 UTP 布线系统上的投资。
- 1000Base-T 是 100Base-T 的自然扩展，与 10Base-T、100Base-T 完全兼容。不过，在五类 UTP 上达到 1000Mbps 的传输速率需要解决五类 UTP 的串扰和衰减问题，因此，IEEE 802.3ab 工作组的开发任务要比 IEEE 802.3z 工作组的复杂些。

（4）万兆以太网。万兆以太网规范包含在 IEEE 802.3 标准的补充标准 IEEE 802.3ae 中。它扩展了 IEEE 802.3 协议和 MAC 规范，使其支持 10Gbps 的传输速率。除此之外，通过 WAN 界面子层 WIS（WAN Interface Sublayer），10 千兆位以太网也能被调整为较低的传输速率，如 9.584640 Gbps（OC-192），这就允许 10 千兆位以太网设备与同步光纤网络（SONET）STS-192c 传输格式相兼容。IEEE 802.3ae 具有下列万兆以太网标准。

- 10GBase-SR 和 10GBase-SW：主要支持短波（850 nm）多模光纤（MMF），光纤距离为 2 ～ 300m。10GBase-SR 主要支持“暗光纤”（Dark FIber）。暗光纤是指没有光传播并且不与任何设备连接的光纤。10GBase-SW 主要用于连接 SONET 设备，应用于远程数据通信。
- 10GBase-LR 和 10GBase-LW：主要支持长波（1310nm）单模光纤（SMF），光纤距离为 2m ～ 10km（约 32808 英尺）。10GBase-LW 主要用来连接 SONET 设备，10GBase-LR 则用来支持“暗光纤”。
- 10GBase-ER 和 10GBase-EW：主要支持超长波（1550nm）单模光纤（SMF），光纤距离为 2m ～ 40km（约 131233 英尺）。10GBase-EW 主要用来连接 SONET 设备，10GBase-ER 则用来支持“暗光纤”。
- 10GBase-LX4：采用波分复用技术，在单对光缆上以 4 倍光波长发送信号。系统运行在 1310nm 的多模或单模暗光纤方式下。该系统的设计目标是针对 2 ～ 300m 的多模光纤模式或 2m ～ 10km 的单模光纤模式。

3. 以太网卡接口的工作模式

以太网卡可以工作在半双工和全双工两种模式下。

（1）半双工。半双工传输模式可实现以太网载波监听多路访问冲突检测。传统的共享局域网是在半双工方式下工作的，在同一时间只能传输单一方向的数据。当两个方向的数据同时传输时会产生冲突，从而降低以太网的效率。

（2）全双工。全双工传输采用点对点连接。这种安排不会产生冲突，因为它们使用双绞线中两个独立的线路，等于没有安装新的介质就提高了带宽。在全双工模式下，冲突检测电路不可用，因此每个全双工连接只用一个端口，用于点对点连接。标准以太网的传输效率可达到 50% ～ 60% 的带宽，全双工在两个方向都提供 100% 的效率。

2.1.3 交换式及共享式以太网

1. 冲突域（Collision Domain）与广播域 (Broadcast Domain)

交换机的工作原理

网络互联设备可以将网络划分为不同的冲突域、广播域。但是，由于不同的网络互联设备可能工作在 OSI/RM 的不同层次上。因此，它们划分冲突域、广播域的效果也就各不相同。

（1）冲突域。在以太网中，当两个数据帧同时被发送到物理传输介质上并完全或部分重叠时，就发生了数据冲突。当冲突发生时，物理网段上的数据都不再有效。

冲突域是指发生冲突的网段。在同一个冲突域中的每一个节点都能收到所有被发送的帧，冲突域大了，有可能导致一连串的冲突，最终导致信号传送失败。

冲突是影响以太网性能的重要因素。由于冲突的存在使得传统的以太网在负载超过 40% 时，效率将明显下降。产生冲突的原因有很多，如，同一冲突域中节点的数量越多，产生冲突的可能性就越大；此外，诸如数据分组的长度（以太网的最大帧长度为 1518 字节）、网络的直径等因素也会影响冲突的产生。因此，当以太网的规模增大时，就必须采取措施控制冲突的扩散。通常的办法是使用网桥和交换机将网络分段，将一个大的冲突域划分为若干小冲突域。

（2）广播域。如果一个数据报文的目标地址是这个网段的广播地址或者目标计算机的 MAC 地址是 FF-FF-FF-FF-FF-FF，那么这个数据报文就会被这个网段的所有计算机接收并响应，这就叫作广播。通常广播用来进行 ARP 寻址等用途，但是广播域的无法控制也会对网络健康带来严重影响，主要是带宽和网络延迟。

广播域是指网络中的一组设备的集合，即同一广播包能到达的所有设备成为一个广播域。当这些设备中的一个发出一个广播时，所有其他的设备都能接收到这个广播帧。

（3）三种网络设备的冲突域和广播域。集线器的所有端口都在一个冲突域和一个广播域；交换机的所有端口都在一个广播域，每个端口是一个冲突域；路由器的每个端口是一个冲突域也是一个广播域。下面引入一个通俗的比喻来帮助理解网络设备的冲突域和广播域：

将一栋大楼类比为局域网，每个人（类比为主机）有自己的房间（房间类比为网卡，房号就是物理地址，即 MAC 地址），里面的人（主机）人手一个对讲机，由于工作在同一频道，所以一个人说话，其他人都能听到，这就是广播（向所有主机发送数据包），只有目标才会回应，其他人虽然听得见但是不理（丢弃包），这些能听到广播的所有对讲机设备就构成了一个广播域。而这些对讲机的集合就是集线器，每个对讲机就像是集线器上的端口。大家都知道，对讲机在说话时是不能收听的，必须松开对讲键才能收听，这种同一时刻只能收或者发的工作模式就是半双工。而且多个对讲机同一时刻只能有一个人说话才能听清楚，如果两个人或者更多的人一起说就会产生冲突，没法听清楚，这就构成了一个冲突域。

集线器和交换机的所有端口都在一个广播域里，路由器上的每个端口自成一个广播域。

有一天楼里的人受不了这种低效率的通信，所以升级了设备，换成每人一个内线电话（类比为交换机，每个电话都相当于交换机上的一个端口），每人都有一个内线号码（逻辑地址，即 IP 地址）。电话是点对点的通信设备，不会影响到其他人，起冲突的只会限制在本地，一个电话号码的线路相当于一个冲突域。而电话号码就像是交换机上的端口号，也就是说，交换机上每个端口自成一个冲突域，所以整个大的冲突域被分割成若干的小冲突域了。而且，电话在接听的同时可以说话，这样的工作模式就是全双工。这就是交换机比集线器性能更好的原因之一。

2. 共享式以太网

共享式以太网的典型代表是使用 10Base-2/10Base-5 的总线型网络和以集线器为核心的星型网络。

总线型网络采用同轴缆作为传输介质，连接简单，但由于它存在的固有缺陷，采用共享的访问机制易造成网络拥塞，已经逐渐被以交换机为核心的星型网络所代替。

在使用集线器的以太网中，集线器将很多以太网设备集中到一台中心设备上，这些设备都连接到集线器中的同一物理总线结构中。从本质上讲，以集线器为核心的以太网同原来的总线型以太网无根本区别。

集线器并不处理或检查其上的通信量，仅通过将一个端口接收的信号重复分发给其他端口来扩展物理介质。所有连接到集线器的设备共享同一介质，其结果是它们也共享同一冲突域、广播域和带宽。因此集线器和它所连接的设备组成了一个单一的冲突域。如果一个节点发出一个广播信息，集线器会将这个广播传播给所有同它相连的节点，因此它也是一个单一的广播域。

共享式以太网存在的弊端：由于所有的节点都接在同一冲突域中，不管一个帧从哪里来或到哪里去，所有的节点都能接受到这个帧。随着节点的增加，大量的冲突将导致网络性能急剧下降。

3. 交换式以太网

用交换式网络替代共享式网络的好处如下：

- 减少冲突。交换机将冲突隔绝在每一个端口（每个端口都是一个冲突域），避免了冲突的扩散。
- 提升带宽。接入交换机的每个节点都可以使用全部的带宽，而不是各个节点共享带宽。

利用交换机连接的局域网称为交换式局域网，如图 2-4 所示。交换式网络避免了共享式网络的不足，将每一单播数据包独立地从源端口送至目的端口，避免了与其他端口发生碰撞，提高了网络的实际吞吐量。交换机对数据的转发是以终端计算机的 MAC 地址为基础的。

4. 交换机对数据帧的转发方式

（1）直接交换方式（Cut-Through）。不接收完整个转发的帧，只收到帧中最前面的源地址和目的地址即可。根据目的地址找到相应的交换机端口，并将该帧发送到该端口。

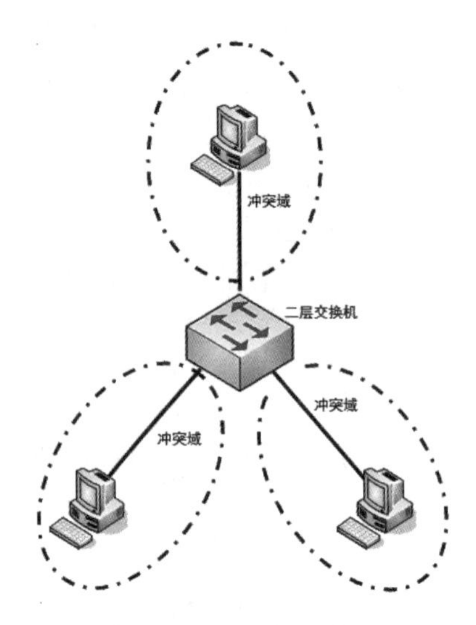

图 2-4　交换式局域网

优点：速度快、延时小。

缺点：在转发帧时不进行错误校验，可靠性相对较低；另外，不能对不同速率的端口进行转发，100Mbps 到 10Mbps 时就需要缓冲帧。

（2）存储转发交换方式（Store-and-Forward）。该交换方式与直接交换方式类似，不同处在于该方式要把信息帧全部接收到内部缓冲区中，并对信息帧进行校验，一旦发现错误就通知源发送站重新发送帧。

优点：可靠性高，能支持不同速率端口之间的信息转发。

缺点：延迟时间长；交换机内的缓冲存储器有限，当负载较重时，易造成帧的丢失。

（3）改进的直接交换方式。将前两者结合起来，在收到帧的前 64 字节后，判断帧的帧头字段是否正确。

特点：对于短的帧，交换延迟时间与直接交换方式相同；对于长的帧，交换延迟时间减少。

【任务实施】

交换机的基本命令

本任务的实施主要分为三部分：一是通过 Console 口登录交换机；二是练习交换机的基本配置命令；三是进行 Telnet 的相关配置，实现远程登录交换机，完成测试。本书涉及的交换机和路由器的相关配置实例，均以国内两大主流网络设备品牌——神州数码和 H3C 为例分别介绍，目的是让读者从思路上全面、系统地掌握交换机和路由器的主要配置方法。

1. 设备与配线

交换机一台、兼容 VT-100 的终端设备或能运行终端仿真程序的计算机一台、RS-232 电缆一根、RJ-45 接头的直通双绞线一根。

2. 通过 Console 口登录配置交换机

通过 Console 口登录配置交换机是交换机最基本、最直接的配置方式。当第一次配置交换机时，Console 口配置为唯一的配置手段，因为其他配置方式都必须在交换机上进行一些初始化配置。通过 Console 口登录配置交换机的操作步骤如下所述。

（1）用专用配置电缆将计算机的 RS-232 串口和交换机的 Console 口连接起来，如图 2-5 所示，设备加电启动。

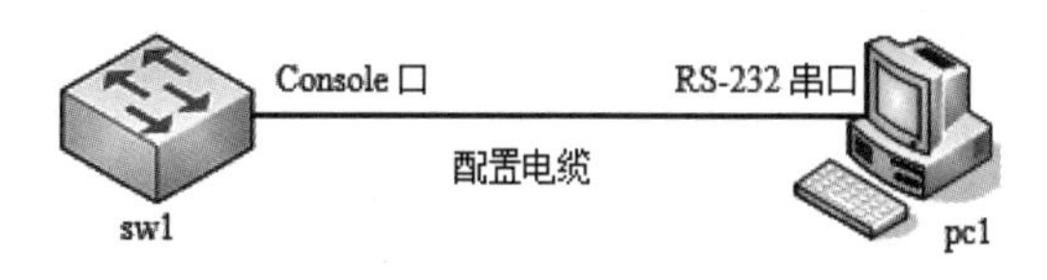

图 2-5　通过 Console 口登录配置交换机

（2）在计算机上启动超级终端，执行“开始”→“所有程序”→“附件”→“通信”→“超级终端”命令，打开“超级终端”程序，如图 2-6 所示。

（3）新建连接。在图 2-6 中执行“新建连接”命令，在弹出的界面中根据提示输入连接描述名称，然后单击“确定”按钮（以下配置以 Windows XP 为例），在弹出的界面中，在“连接时使用”下拉列表中选择 COM1，如图 2-7 所示。

图 2-6　“超级终端”程序

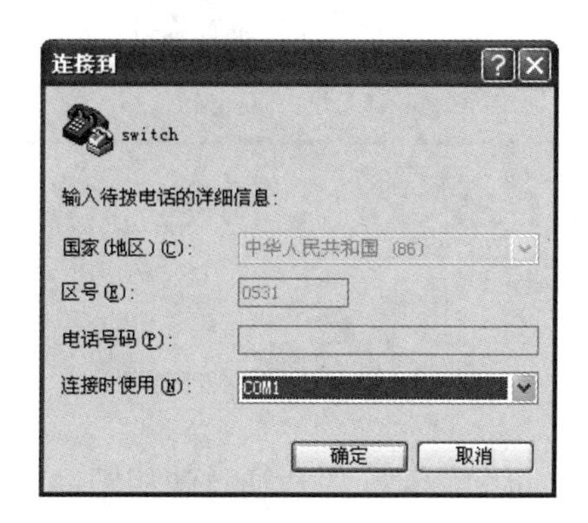

图 2-7　选择 COM1

（4）在图 2-7 中，单击“确定”按钮，打开“COM1 属性”对话框，单击“还原为默认值”按钮，设置 COM1 端口的属性为“每秒位数：9600、数据位：8、奇偶校验：无、停止位：1、数据流控制：无”，如图 2-8 所示。

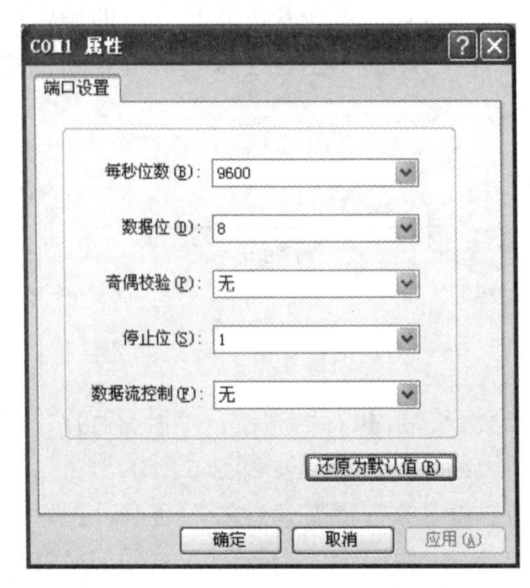

图 2-8　“COM1 属性”对话框

（5）给交换机加电，终端上显示设备自检信息，自检结束后提示用户按 Enter 键，之后将出现命令行提示符，此时即可进行交换机的相关配置和查看，如图 2-9 所示。

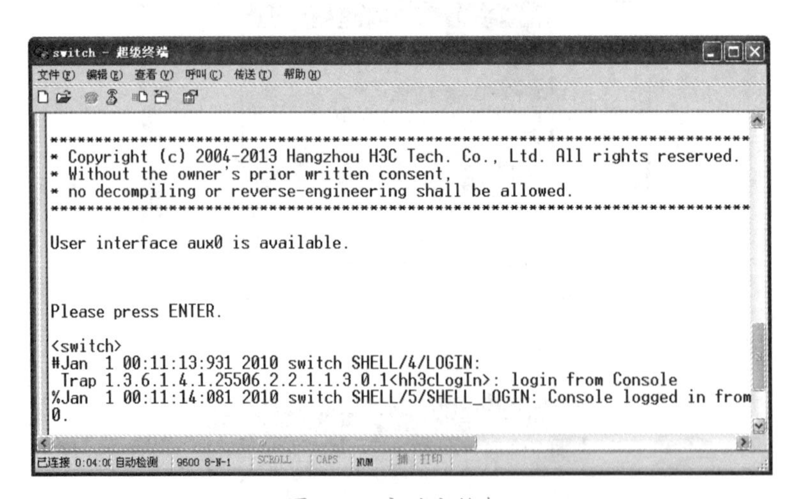

图 2-9　启动交换机

3. 交换机的基本配置命令

启动交换机后，可以通过命令查看交换机的运行状态，还可以进行交换机密码的设置等。

（1）获取交换机配置的帮助信息。用户通过在线帮助能够获取交换机配置过程中所需的相关帮助信息。命令行接口提供两种在线帮助：完全帮助、部分帮助。

1）完全帮助。

- 在任一命令模式下，输入 <?>，此时用户终端屏幕上会显示该命令模式下所有的命令及其简单描述。
- 输入一个命令，后接以空格分隔的 <?>，如果该位置为关键字，此时用户终端屏幕上会列出全部可选关键字及其描述。
- 输入一个命令，后接以空格分隔的 <?>，如果该位置为参数，此时用户终端屏幕上会列出有关的参数描述；输入 <?> 后，如果只出现 <cr>，表示该位置无参数，直接按 Enter 键即可执行命令。

2）部分帮助。

- 输入一个字符或一个字符串，其后紧接 <?>，此时用户终端屏幕上会列出以该字符或字符串开头的所有命令。
- 输入命令的某个关键字的前几个字母，然后按 Tab 键，如果以输入的字母开头的命令关键字唯一，用户终端屏幕上会显示完整的关键字。

（2）神州数码设备配置实例。

1）交换机进入特权模式密码的设置。

```
switch>enable（进入特权模式）
switch#config terminal（进入全局配置模式）
switch(config)#hostname sw1（设置交换机的主机名）
sw1(config)#enable password level  admin（开启管理级别）
sw1(config-line)#exit（返回）
sw1# show running-config（查看当前配置情况）
sw1# copy running-config（保存设置）
```

2）神州数码交换机的配置命令模式见表 2-2。

表 2-2　交换机的配置命令模式

模式	功能	提示符示例	进入命令	退出命令
用户命令	使用一些查看命令	Switch>	启动交换机后即进入	exit：断开与交换机的连接
特权命令	查看命令等	Switch#	在用户命令模式下使用 enable 命令	exit：返回用户命令模式
全局配置	配置全局参数	Switch(config)#	在特权命令模式下使用 configure terminal 命令	exit：返回特权命令模式
端口配置命令	配置接口参数	Switch (config-if)#	在全局配置模式下使用 interface FastEthernet 命令	exit：返回全局配置模式；end：返回特权命令模式
VLAN 配置	配置 VLAN 参数	Switch (config-vlan)	在全局配置模式下使用 vlan 命令	

3）神州数码交换机的配置命令。神州数码交换机的配置命令非常丰富，下面列出一些常用的配置命令。

- reload：特权模式下重启交换机。

- speed-duplex：端口模式下设置速度和双工。
- hostname：全局模式下修改交换机名称。
- show version：特权模式下显示版本号。
- show flash：特权模式下查看 flash 内存使用状况。
- show mac-address-table：查看 MAC 地址列表。
- show running-config：查看当前配置情况。
- no shutdown：打开以太网端口。
- shutdown：关闭以太网端口。

（3）H3C 设备配置实例。

1）交换机的密码设置。

在 AUX 用户接口视图下，可以设置 Console 用户登录的口令认证，有如下三种认证方式：

- None: 不需要口令认证。
- Password：需要简单的本地口令认证，包含明文（simple）和密文（cipher）。
- Scheme：通过 RADIUS 服务器或本地提供用户名和认证口令。

以下为 Password 认证方式配置命令：

```
<switch>system-view（进入系统试图）
System View: return to User View with Ctrl+Z.
[switch]sysname sw1（设置交换机的主机名）
[sw1]user-interface aux 0（进入控制台口）
[sw1-ui-aux0]authentication-mode password
[sw1-ui-aux0]set authenticaton password simple 123（设置验证口令）
[sw1-ui-aux0] quit（退出）
[sw1]quit
[sw1]save（保存）
```

2）H3C 交换机的常用操作及相应命令。

- system-view：进入系统视图模式。
- sysname：为设备命名。
- display current-configuration：显示当前配置情况。
- language-mode Chinese|English：中英文切换。
- interface Ethernet 1/0/1：进入以太网端口视图。
- port link-type Access|Trunk|Hybrid：设置端口访问模式。
- undo shutdown：打开以太网端口。
- shutdown：关闭以太网端口。
- quit：退出当前视图模式。
- vlan 10：创建 vlan 10 并进入 vlan 10 的视图模式。
- port access vlan 10：在端口模式下将当前端口加入到 vlan 10 中。
- port E1/0/2 to E1/0/5：在 VLAN 模式下将指定端口加入到当前 VLAN 中。
- port trunk permit vlan all：允许所有的 VLAN 通过。

4. 实现 Telnet 登录交换机

大部分交换机都支持 Telnet 功能，在 Telnet 功能开启的情况下，用户可以通过 Telnet 方式对交换机进行远程管理和维护。这种方式配置的前提是交换机和 Telnet 用户端都要进行相应的配置。

要实现 Telnet 登录交换机，需要完成以下两步：一是在交换机上配置 vlan 1 接口的 IP 地址和设置虚拟终端线路，保证交换机和 Telnet 用户具有连通性；二是将交换机连入网络后，进行 Telnet 登录测试。

（1）配置交换机 vlan 1 的 IP 地址和设置虚拟终端线路。通过 Console 口登录交换机（图 2-5）后，进行如下配置：

1）神州数码交换机配置实例。

```
sw1>enable
sw1#config terminal
sw1(config)#interface vlan 1                （接口 vlan 1）
sw1(config-if-vlan1)#ip address 192.168.1.1 255.255.255.0 （设置交换机的管理 IP 地址）
sw1(config-if-vlan1)#no shutdown            （开启端口）
sw1(config-if)#exit
sw1(config)#telnet-user test password 0/7 aaa（0 代表明文，7 代表密文，设置远程登录用户名为
                                            test，密码为 aaa）
```

2）H3C 交换机配置实例。

```
<sw1>system-view
System View: return to User View with Ctrl+Z.
[sw1]interface vlan 1
[sw1-Vlan-interface1]ip address 192.168.1.1 255.255.255.0
[sw1-Vlan-interface1]quit
[sw1]telnet server enable          （开启服务）
[sw1]user-interface vty 0 4        （设置虚拟用户端口同时允许 5 个用户可登录）
[sw1-ui-vty0-4]authentication-mode password （认证方式为使用密码认证）
[sw1-ui-vty0-4]set authentication password simple aaa （设置远程登录密码为 aaa）
[sw1-ui-vty0-4]user privilege level 3 （设置远程用户登录后的最高级别为 3）
```

注：这里有两个设置级别的命令，并不能互相取代，一个是设置该用户的级别，一个是设置全体远程登录用户的级别。

（2）将交换机连入网络中。

1）搭建环境。如图 2-10 所示，建立配置环境，将交换机连入网络中，并保证网络连通。刚才配置了交换机的 vlan 1 接口的 IP 地址为 192.168.1.1/24，计算机通过网卡和交换机的以太网接口相连，计算机的 IP 地址和交换机的 vlan 1 接口的 IP 地址必须在同一网段（192.168.1.0），如，设置计算机 pc1 的 IP 地址为 192.168.1.2/24，如图 2-11 所示。

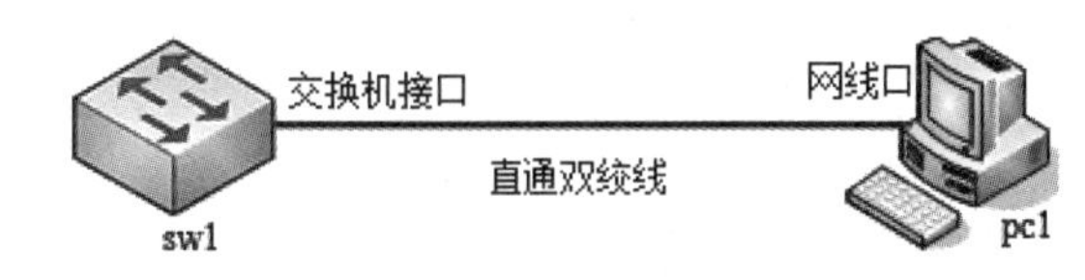

图 2-10 通过 Telnet 登录交换机

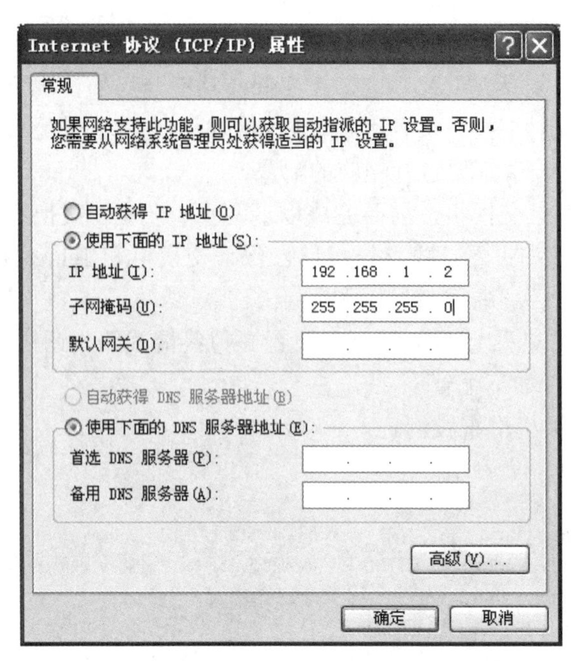

图 2-11 设置计算机的 IP 地址

2）运行 Telnet 程序。在计算机的“运行”窗口中运行 Telnet 程序，输入“telnet 192.168.1.1”，如图 2-12 所示。

图 2-12 运行 Telnet 程序

3）测试结果。在图 2-12 中，单击“确定”按钮，终端上会显示“Login authentication”，并提示用户输入已设置的登录口令，如图 2-13 所示，口令输入正确后则会出现交换机的命令行提示符。

【任务小结】

交换机是局域网中重要的数据转发设备，我们应能够熟练搭建网络环境，要反复练习交换机的基本配置命令，能够实现在连网的计算机上远程登录交换机，并进行相应的配置。

不同厂家的网络设备都设计了相应的仿真模拟器，如果缺乏网络设备，也可通过模拟仿真器来练习命令，完成配置。

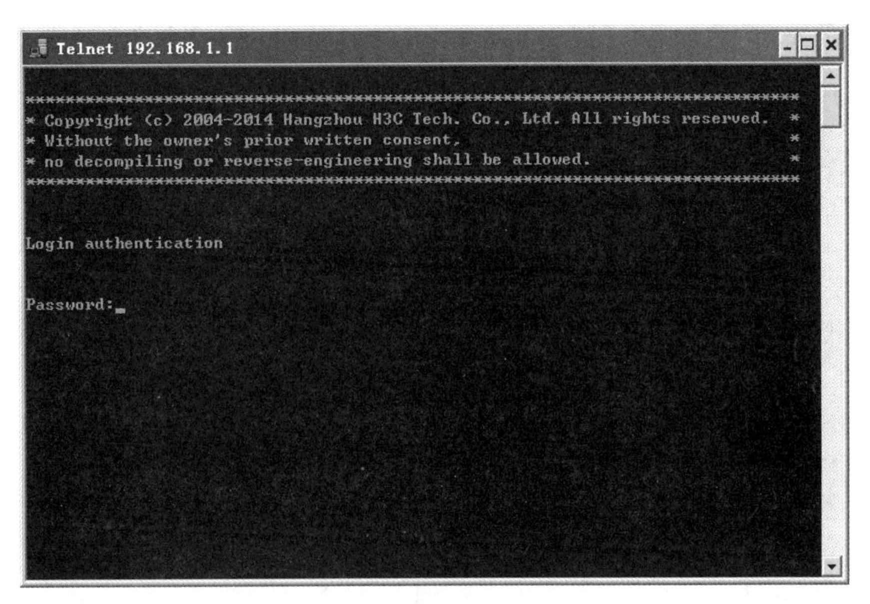

图 2-13　Telnet 交换机

【思政元素】

从讲解交换机工作原理引入华为公司自主创新的故事，鼓励学生自立自强，科技报国。

任务 2.2　虚拟局域网的划分

【任务分析】

本任务要求了解虚拟局域网产生的背景，并根据网络要求实现虚拟局域网的划分。

虚拟局域网的工作场景：某公司办公楼有财务部和技术部等部门，部门所有的计算机都只能使用一台交换机互联，并且要求各部门内部成员能够互相访问，两个不同的部门成员之间不能互相访问，要求对交换机进行适当的配置来满足这一要求。

【知识链接】

2.2.1　虚拟局域网概述

VLAN 技术的产生

1. 产生的背景

随着以太网技术的普及，以太网的规模也越来越大，从小型的办公环境到大型的园区网络，网络管理变得越来越复杂。首先，在采用共享介质的以太网中，所有结点位于同一冲突域中，同时也位于同一广播域中，即一个结点向网络中某些结点的广播会被网络中所有的结点所接收，造成很大的带宽资源和主机处理能力的浪费。为了解决传统以太网的冲突域问题，采用了交换机来对网段进行逻辑划分。但是，交换机虽然能解决冲突域问题，却不能克服广播域问题。例如，一个 ARP 广播就会被交换机转发到与其相连的所有网段中，当网络上有大量这样的广播存在时，不仅是对带宽的浪费，还会因过量的广播产生广播风暴。当交换网络规模增加时，网络广播风暴问题还会更加严重，并可能导致网络瘫痪。此外，在传统的以太网中，同一个物理网段中的结点也就是一个逻辑工作组，不同物理网段中的结点是不能直接相互通信的。这样，当用户由于某种原因在网络中移动但同时还要继续原来的逻辑工作组时，就必然需要进行新的网络连接乃至重新布线。

为了解决上述问题，虚拟局域网（Virtual Local Area Network，VLAN）应运而生。虚拟局域网是以局域网交换机为基础，通过交换机软件实现根据功能、部门、应用等因素将设备或用户组成虚拟工作组或逻辑网段的技术，其最大的特点是在组成逻辑网时无须考虑用户或设备在网络中的物理位置。虚拟局域网可以在一个交换机或者跨交换机实现。利用以太网交换机可以很方便地实现虚拟局域网。虚拟局域网其实只是局域网给用户提供的一种服务，而并不是一种新型局域网。

2. 定义

1996 年 3 月，IEEE 802 委员会发布了 IEEE 802.1Q VLAN 标准。目前，该标准得到全世界重要网络厂商的支持。

在 IEEE 802.1Q VLAN 标准中对虚拟局域网是这样定义的：虚拟局域网是由一些局域网网段构成的与物理位置无关的逻辑组。VLAN 技术允许网络管理者将一个物理的 LAN 逻辑地划分成不同的广播域，每一个 VLAN 都包含一组有着相同需求的计算机工作站，与物理上形成的 LAN 有着相同的属性。但由于它是逻辑地而不是物理地划分，所以同一个 VLAN 内的各个工作站无须被放置在同一个物理空间里，即这些工作站不一定属于同一个物理 LAN 网段。一个 VLAN 内部的广播和单播流量都不会转发到其他 VLAN 中，从而有助于控制流量、减少设备投资、简化网络管理、提高网络的安全性。

VLAN 是为解决以太网的广播问题和安全性而提出的一种协议，它在以太网帧的基础上增加了 4 个字节的 VLAN 头，包含两个字节的标签协议标识（TPID）和两个字节的标签控制信息（TCI）。TCI 字段又分为 User Priorty、CFI、VID（VLAN ID），具体格式如图 2-14 所示。

TPID	User Priority	CFI	VID
2B	3b	1b	12b

图 2-14　VLAN 头

（1）TPID（标签协议标识）：两个字节，用于标识帧的类型，其值为 0x8100 时表示 802.1Q/802.1P 的帧。设备可以根据这个字段判断对它接收与否。

（2）TCI（标签控制信息字段）：两个字节，包括用户优先级（User Priority）、规范格式指示器（Canonical Format Indicator，CFI）和 VID。

- User Priority：3bit（二进制位），表示帧的优先级，取值范围为 0 ～ 7，值越大优先级越高，用于 802.1p。
- CFI，1bit，值为 0 代表 MAC 地址是以太帧的 MAC，值为 1 代表 MAC 地址是 FDDI、令牌环网的帧。
- VID：12bit，表示 VLAN 的值。12 个 bit 共可以表示 4096（2^{12}）个 VLAN，实际上，由于 VID 0 和 4095 被 802.1Q 协议保留，所以 VLAN 的最大个数是 4094（1 ～ 4094）个。

虚拟局域网用 VLAN ID 把用户划分为更小的工作组，限制不同工作组间的用户二层互访，每个工作组就是一个虚拟局域网。

2.2.2 虚拟局域网的划分方法

VLAN 的类型

VLAN 在交换机上的实现方法可以大致划分为以下 4 类。

1. 基于端口划分的 VLAN

基于端口划分 VLAN 的方法是根据以太网交换机的端口来划分，比如将交换机的 1 ～ 3 端口划分为 VLAN 10，4 ～ 17 端口划分为 VLAN 20，18 ～ 24 端口划分为 VLAN 30，当然，这些属于同一 VLAN 的端口可以不连续，由管理员决定如何配置。如果有多个交换机，例如，可以指定交换机 1 的 1 ～ 6 端口和交换机 2 的 1 ～ 4 端口为同一 VLAN，即同一 VLAN 可以跨越数个以太网交换机。根据端口进行划分是目前定义 VLAN 的最广泛的方法，基于交换机接口号进行 VLAN 划分的映射关系见表 2-3。

表 2-3 基于交换机接口号划分 VLAN

接口	VLAN ID
Port1	VLAN 10
Port2	VLAN 10
Port3	VLAN 10
Port4	VLAN 20
…	…

这种划分方法的优点是定义 VLAN 成员时非常简单，只要将所有的端口都进行定义就可以了；缺点是如果某个 VLAN 的用户离开了原来的端口，到了一个新的交换机的某个端口时，就必须重新定义。

2. 基于 MAC 地址划分 VLAN

基于 MAC 地址划分 VLAN 的方法是根据每个主机的 MAC 地址来划分，即对每个 MAC 地址的主机都定义它属于哪个组。这种划分 VLAN 的方法的最大优点是当用户物理位置移动时，即从一个交换机换到其他的交换机时，VLAN 不用重新配置，所以，可以认为这种根据 MAC 地址的划分方法是基于用户的 VLAN。在交换机上配置完成后，会形成一张 VLAN 映射表。基于 MAC 地址划分 VLAN 的映射关系见表 2-4。

表 2-4　基于 MAC 地址划分 VLAN

MAC 地址	VLAN ID
MAC A	VLAN 10
MAC B	VLAN 10
MAC C	VLAN 10
MAC D	VLAN 20
…	…

这种方法的缺点是，初始化时所有的用户都必须进行配置，如果有几百个甚至上千个用户，配置是非常麻烦的。而且这种划分方法也导致了交换机执行效率的降低，因为在每一个交换机的端口都可能存在很多个 VLAN 组的成员，这样就无法限制广播包了。另外，对于使用笔记本电脑的用户来说，他们的网卡可能经常更换，这样，VLAN 就必须不停地进行配置。

3. 基于网络层协议划分 VLAN

按网络层协议来划分 VLAN，可分为 IP、IPX、DECnet、AppleTalk、Banyan 等 VLAN 网络。这种按网络层协议来划分的 VLAN 可使广播域跨越多个 VLAN 交换机。这对于希望针对具体应用和服务来组织用户的网络管理员来说是非常具有吸引力的。而且，用户可以在网络内部自由移动，但其 VLAN 成员身份仍然保持不变。在交换机上配置完成后，会形成一张 VLAN 映射表。基于网络层协议划分 VLAN 的映射关系见表 2-5。

表 2-5　基于网络层协议划分 VLAN

协议类型	VLAN ID
IP	VLAN 10
IP	VLAN 10
IP	VLAN 10
IPX	VLAN 20
…	…

这种方法的优点是即使用户的物理位置改变了，也不需要重新配置所属的 VLAN；而且可以根据协议类型来划分 VLAN，这对网络管理员来说很重要。另外，这种方法不需要附加的帧标签来识别 VLAN，从而减少网络的通信量。这种方法的缺点是效率低，因为检查每一个数据包的网络层地址是需要消耗处理时间的（相对于前面两种方法），一般的交换机芯片都可以自动检查网络上数据包的以太网帧头，但要让芯片能检查 IP

帧头，需要更高的技术，同时也更费时。

4. 基于网络层 IP 地址划分 VLAN

基于网络层 IP 地址所在子网进行的 VLAN 划分，既可减少手工配置 VLAN 的工作量，又可让用户自由地增加、移动和修改。基于网络层 IP 地址所在子网划分 VLAN 适用于对安全性需求不高，对移动性和简易管理需求较高的场景中。

基于网络层 IP 地址的划分思想是，把用户计算机的 IP 地址所在的子网与某个 VLAN 进行关联，不考虑用户计算机所连接的交换机端口，可以实现无论该用户计算机连接在哪台交换机的二层以太网端口上，都将保持所属的 VLAN 不变。在交换机上完成配置后，会形成一张 VLAN 映射表。这种方法的缺点同基于网络层协议划分 VLAN 一样。基于网络层 IP 地址划分 VLAN 的映射关系见表 2-6。

表 2-6　基于网络层 IP 地址划分 VLAN

IP 地址所在子网	VLAN ID
192.168.1.0/24	VLAN 10
192.168.1.0/24	VLAN 10
192.168.1.0/24	VLAN 10
192.168.2.0/24	VLAN 20
…	…

【任务实施】

本任务的实施主要分为两部分：一是根据网络要求基于交换机端口划分 VLAN；二是通过计算机进行测试，交换机同一个 VLAN 内的计算机相互连通，不同 VLAN 的计算机相互不联通。VLAN 的具体分配见表 2-7（本书中 ethernet 简写为 e），没有划分 VLAN 的其余端口均属于默认的 VLAN 1。

VLAN 划分的基本配置

表 2-7　VLAN 的具体分配

VLAN 号	包含的端口	VLAN 分配情况
VLAN 10	e0/1-5	技术部
VLAN 20	e0/6-10	财务部

默认情况下所有端口都属于 VLAN 1，并且端口是 access 端口，一个 access 端口只能属于一个 VLAN。如果端口是 access 端口，则把端口加入到另外一个 VLAN 的同时，系统自动把该端口从原来的 VLAN 中删除。

1. 设备与配线

交换机一台、兼容 VT-100 的终端设备或能运行终端仿真程序的计算机两台以上、RS-232 电缆一根、RJ-45 接头的直通双绞线若干。

基于端口的 VLAN 划分实例

2. 网络拓扑图

如图 2-15 所示搭建划分 VLAN 的网络，图中每个部门仅连接了一台计算机进行示意，读者在进行实训时，可以接入多台计算机，方便测试。

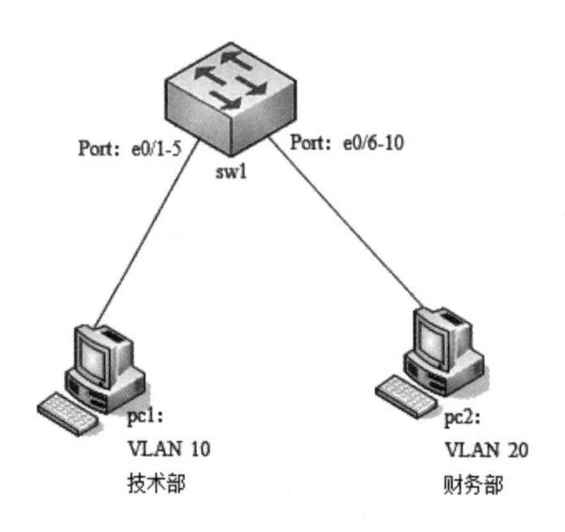

图 2-15　VLAN 的划分

3. 基于交换机端口划分 VLAN

（1）神州数码交换机配置实例。

```
sw1>enable
sw1#config terminal
sw1(config)#vlan 10                                （创建 VLAN 10）
sw1(config-vlan10)#name jsb                         （设置 VLAN 名）
sw1(config-vlan10)#exit

sw1(config)#vlan 20
sw1(config-vlan20)#name cwb
sw1(config-vlan20)exit
sw1(config)#interface ethernet 0/0/1-5              （进入 1 ～ 5 端口）
sw1(config-port-range)#switchport mode access       （设置端口为接入模式）
sw1(config-port-range)#switchport access vlan 10    （将端口划进 VLAN 10 中）
sw1(config-port-range)#interface ethernet 0/0/6-10
sw1(config-port-range)#switchport mode access
sw1(config-port-range)#switchport access vlan 20
sw1(config-port-range)#exit
```

基于交换机端口划分 VLAN 完成后，交换机的 VLAN 信息如下：

```
sw1#show vlan   （显示 VLAN 信息）
VLAN   Name          Type         Media      Ports
----   ------------- ------------ ---------  ---------------------
1      default       Static       ENET       Ethernet0/11 Ethernet0/12
                                             Ethernet0/13 Ethernet0/14
                                             Ethernet0/15 Ethernet0/16
                                             Ethernet0/17 Ethernet0/18
                                             Ethernet0/19 Ethernet0/20
```

```
                                            Ethernet0/21 Ethernet0/22
                                            Ethernet0/23 Ethernet0/24
10      jsb         Static      ENET        Ethernet0/1 Ethernet0/2
                                            Ethernet0/3 Ethernet0/4
                                            Ethernet0/5
20      cwb         Static      ENET        Ethernet0/6 Ethernet0/7
                                            Ethernet0/8 Ethernet0/9
                                            Ethernet0/10
```

（2）H3C 交换机配置实例。

```
<sw1>system-view
[sw1]vlan 10（创建 VLAN 10）
[sw1-vlan10]name jsb
[sw1-vlan10]port ethernet 0/1 to ethernet 0/5（将交换机的 1 ～ 5 端口添加到 VLAN 10 中）
[sw1-vlan10]vlan 20
[sw1-vlan20]name cwb
[sw1-vlan20]port ethernet 0/6 to ethernet 0/10
[sw1-vlan20]quit
[sw1]display vlan （显示 VLAN 信息）
```

基于交换机端口划分 VLAN 完成后，交换机的 VLAN 信息如下：

```
[sw1]display vlan （显示 VLAN 信息）
 Total 3 VLAN exist(s).
 The following VLANs exist:
  1(default), 10, 20,
[sw1]display vlan 10    （显示 VLAN 10 信息）
 VLAN ID: 10
 VLAN Type: static
 Route Interface: not configured
 Description: VLAN 0010
 Name: jsb
 Tagged   Ports:
   GigabitEthernet1/0/25    GigabitEthernet1/0/26
 Untagged Ports:
   Ethernet0/1          Ethernet0/2          Ethernet0/3
   Ethernet0/4          Ethernet0/5
[sw1]display vlan 20    （显示 VLAN 20 信息）
 VLAN ID: 20
 VLAN Type: static
 Route Interface: not configured
 Description: VLAN 0020
 Name: cwb
 Tagged   Ports:
   GigabitEthernet1/0/25    GigabitEthernet1/0/26
 Untagged Ports:
   Ethernet0/6          Ethernet0/7          Ethernet0/8
   Ethernet0/9          Ethernet0/10
```

4. VLAN 测试

通过两台计算机进行测试。设置两台计算机的 IP 地址分别如下：

```
pc1: 192.168.1.1/24
pc2: 192.168.1.2/24
```

本任务划分了两个 VLAN，分别是 VLAN 10 和 VLAN 20，交换机 e0/1-5 端口接入了 VLAN 10，e0/6-10 端口接入了 VLAN 20。

将两台计算机分别接在交换机的同一个 VLAN 端口，如 e0/1-5（或 e0/6-10）中的任意两个端口，可以相互 ping 通，见表 2-8。图 2-16 给出了在计算机 pc1 上 ping 通 pc2 的结果。

若将两台计算机接在不同 VLAN 的端口上，一台计算机接在 e0/1-5（或 e0/6-10）中的一个端口，另一台计算机接在 e0/6-10（或 e0/1-5）中的一个端口，则不能 ping 通，见表 2-8。

表 2-8　测试验证

pc1 位置	Pc2 位置	动作	结果
e0/1-5	e0/1-5	192.168.1.1 ping 192.168.1.2	通
e0/6-10	e0/6-10	192.168.1.1 ping 192.168.1.2	通
e0/1-5	e0/6-10	192.168.1.1 ping 192.168.1.2	不通
e0/6-10	e0/1-5	192.168.1.1 ping 192.168.1.2	不通

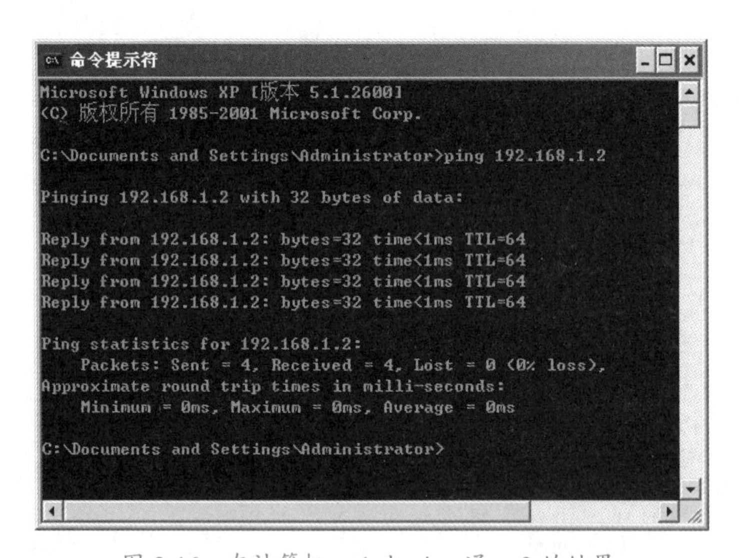

图 2-16　在计算机 pc1 上 ping 通 pc2 的结果

【任务小结】

本任务要求学生分组进行【任务实施】，可以 3-4 人一组，首先由各小组讨论实施步骤，清点所需实训设备，再进行具体实践操作。学生操作过程中要互相讨论，并由教师给予指导。

本任务是通过一台交换机完成 VLAN 的划分（VLAN 的划分也可以跨交换机实施，实现跨交换机相同 VLAN 间通信将在任务 2.3 中重点介绍）。

任务 2.3 交换机的级联

【任务分析】

VLAN 技术原理

本任务要求对跨交换机的虚拟局域网进行划分，实现相同 VLAN 间通信。

你受聘于一家公司工作，公司安排你做网络管理员工作。要求你在办公楼的两台交换机中分别划分虚拟局域网，并且使每个虚拟局域网中的成员能够互相访问，两个不同的虚拟局域网成员之间不能互相访问。

跨交换机 VLAN 标签操作

跨交换机虚拟局域网的工作场景：某公司办公楼有财务部和技术部等部门，各部门可能分布于不同的楼层，办公室计算机连接在两台交换机上，要求在两台交换机中分别划分虚拟局域网，各部门内部成员能够互相访问，两个不同的部门成员之间不能互相访问。

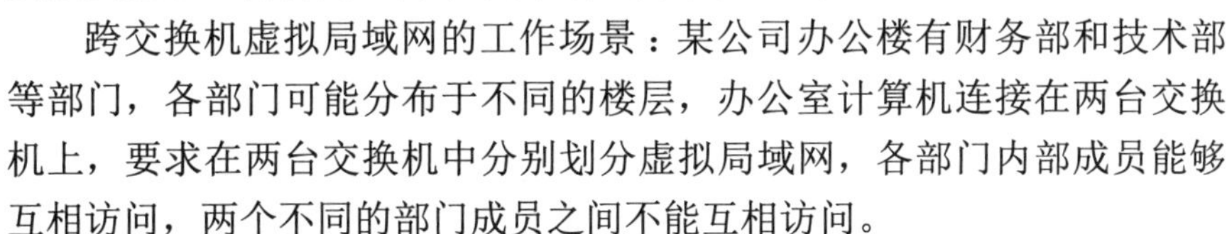

【任务实施】

Trunk 链路基本命令

本任务的实施是在熟悉“任务 2.2　虚拟局域网的划分”的基础上，对两台交换机的级联接口进行设置，实现跨交换机相同 VLAN 间通信。两台交换机上划分的 VLAN 端口可以相同，也可以不同。

VLAN 的具体分配见表 2-9。本任务在两台交换机上进行 VLAN 的划分采用相同的设置。没有划分 VLAN 的其余端口均属于默认的 VLAN 1。

表 2-9　基于端口的跨交换机的 VLAN 划分

交换机 sw1、sw2 的 VLAN 划分相同		
VLAN 号	包含的端口	VLAN 分配情况
VLAN 10	e0/1-5	技术部
VLAN 20	e0/6-10	财务部
VLAN 1	e0/24	级联接口

1. 设备与配线

交换机两台，兼容 VT-100 的终端设备或能运行终端仿真程序的计算机两台以上，RS-232 电缆两根，RJ-45 接头的直通双绞线、交叉双绞线若干。

2. 网络拓扑图

跨交换机 VLAN 划分实例

如图 2-17 所示搭建跨交换机划分 VLAN 的网络，图中每个交换机的每个部门仅连接了一台计算机进行示意，读者在进行实训时，可以接入多台计算机，方便测试。

3. 跨交换机基于端口划分 VLAN

在交换机 sw1、sw2 的配置命令相同。下面列出交换机 sw1 的所有配置命令，与“任务 2.2　虚拟局域网的划分”相比，本任务的配置命令增加了两台交换机级联接口的配置。

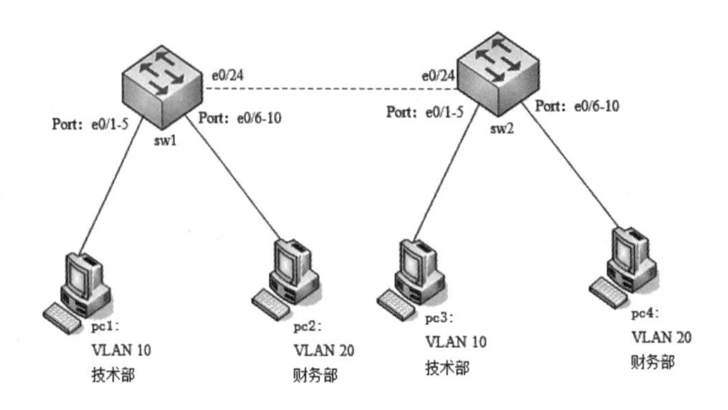

图 2-17　跨交换机 VLAN 的划分

（1）神州数码交换机配置实例。

```
sw1>enable
sw1#config terminal
sw1(config)#vlan 10
sw1(config-vlan10)#name jsb
sw1(config-vlan10)#exit
sw1(config)#vlan 20
sw1(config-vlan20)#name cwb
sw1(config-vlan20)exit
sw1(config)#interface ethernet0/0/1-5
sw1(config-port-range)#switchport mode access
sw1(config-port-range)#switchport access vlan 10
sw1(config-port-range)#interface ethernet0/0/6-10
sw1(config-port-range)#switchport mode access
sw1(config-port-range)#switchport access vlan 20
sw1(config-port-range)#interface ethernet 0/24（进入级联接口）
sw1(config-ethernet0/24)#switchport mode trunk （设置该端口为 trunk 模式）
sw1(config-ethernet0/24)#switchport trunk allowed vlan all（设置该端口允许所有 VLAN 通过）
sw1(config-ethernet0/24)#exit
sw1(config)#exit
sw1#show vlan
```

（2）H3C 交换机配置实例。

```
<sw1>system-view
[sw1]vlan 10
[sw1-vlan10]name jsb
[sw1-vlan10]port ethernet 0/1 to ethernet 0/5
[sw1-vlan10]vlan 20
[sw1-vlan20]name cwb
[sw1-vlan20] port ethernet 0/6 to ethernet 0/10
[sw1-vlan20] interface ethernet 0/24（进入级联接口）
[sw1-Ethernet0/24]port link-type trunk（设置该端口为 trunk 模式）
[sw1-Ethernet0/24]port trunk permit vlan all（设置该端口允许所有 VLAN 通过）
```

```
[sw1-Ethernet0/24]quit
[sw1]display vlan
[sw1]display vlan 10
[sw1]display vlan 20
```

4. 跨交换机 VLAN 测试

通过 4 台计算机进行测试。设置 4 台计算机的 IP 地址分别如下：

```
pc1: 192.168.1.1/24
pc2: 192.168.1.2/24
pc3: 192.168.1.3/24
pc4: 192.168.1.4/24
```

本任务划分了两个 VLAN，分别是 VLAN 10 和 VLAN 20，交换机 e0/1-5 端口接入了 VLAN 10，e0/6-10 端口接入了 VLAN 20。两台交换机之间的级联接口均为 f0/24。

将计算机分别接在两台交换机的同一个 VLAN 端口，如交换机 sw1 和 sw2 的 e0/1-5（或 e0/6-10）中各任意一个端口，可以相互 ping 通，见表 2-10，即两台交换机之间 VLAN 10 的计算机可以互通，VLAN 20 的计算机可以互通。图 2-18 给出了在计算机 pc1 上 ping 通 pc3 的结果。

将计算机接在两台交换机不同 VLAN 的端口上，如一台计算机接在交换机 sw1 的 e0/1-5（或 e0/6-10）中的一个端口，另一台计算机接在交换机 sw2 的 e0/6-10（或 e0/1-5）中的一个端口，则不能 ping 通，见表 2-10。图 2-18 给出了在计算机 pc1 上 ping 不通 pc4 的结果。

表 2-10 测试验证

pc1 位置	pc2 位置	pc3 位置	pc4 位置	动作	结果
sw1 的 e0/1-5		sw2 的 e0/1-5		192.168.1.1 ping 192.168.1.3	通
	sw1 的 e0/6-10		sw2 的 e0/6-10	192.168.1.2 ping 192.168.1.4	通
sw1 的 e0/1-5			sw2 的 e0/6-10	192.168.1.1 ping 192.168.1.4	不通
	sw1 的 e0/6-10	sw2 的 e0/1-5		192.168.1.2 ping 192.168.1.3	不通

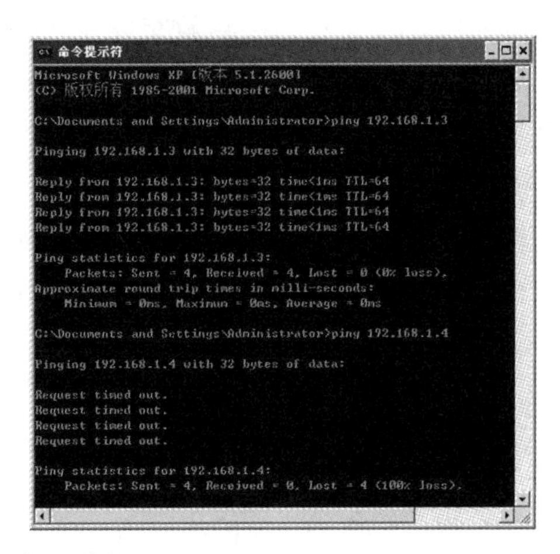

图 2-18 在计算机 pc1 上 ping 通 pc3、ping 不通 pc4 的结果

【任务小结】

本任务要求学生分组进行【任务实施】，可以 3 ～ 4 人一组，在熟练完成“任务 2.2　虚拟局域网的划分”的基础上，将两台交换机的级联接口设置为 trunk 模式，并设置该接口允许所有 VLAN 通过，实现跨交换机相同 VLAN 间通信。

任务 2.4　VLAN 间通信配置

【任务分析】

划分 VLAN 的主要目的是减小广播域，控制广播风暴的发生，提高安全性，并不是阻止不同 VLAN 间的计算机通信。本任务正是通过三层交换机的配置来实现不同 VLAN 间的通信。

【知识链接】

VLAN 间的通信方法

2.4.1　VLAN 间的通信

实现不同 VLAN 间的通信主要有以下方法。

1. 通过路由器实现 VLAN 间的通信

使用路由器实现 VLAN 间通信时，路由器与交换机的连接方式有两种。

（1）通过路由器的不同物理接口与交换机上的每个 VLAN 分别连接。这种方式的优点是管理简单，缺点是网络扩展难度大，每增加一个新的 VLAN，都需要消耗路由器的端口和交换机上的访问链接，而且还需要重新布设一条网线，而路由器通常不会带有太多 LAN 接口。新建 VLAN 时，为了对应增加的 VLAN 所需的端口，就必须将路由器升级成带有多个 LAN 接口的高端产品，这部分成本及重新布线所带来的开销，都导致这种接线法成为一种不受欢迎的办法。

（2）通过路由器的逻辑子接口与交换机的各个 VLAN 连接。由于这种方式是在一个物理端口上设置多个逻辑子接口的方式实现网络扩展，因此网络扩展比较容易且成本较低，只是对路由器的配置要复杂一些。

2. 用三层交换机实现 VLAN 间的通信

目前市场上有许多三层以上的交换机，在这些交换机中，厂家通过硬件或软件的方式将路由功能集成到交换机中来实现 VLAN 间的通信。

2.4.2　三层交换机

三层交换机
相关知识

1. 产生的背景

出于安全和管理方便的考虑，主要是为了减小广播风暴的危害，必须把大型局域网按功能或地域等划分成一个个小的局域网，这就使 VLAN 技术在网络中得以大量应用，而各个不同 VLAN 间的通信都要经过路由器来完成转发。随着网间互访量的不断增加，单纯使用路由器来实现网间访问已不现实，因为路由器端口数量有限，而且路由速度较慢，限制了网络的规模和访问速度。基于这种情况，三层交换机应运而生。三层交换机是为 IP 设计的，接口类型简单，拥有很强的二层包处理能力，非常适用于大型局域网内的数据路由与交换。它既可以工作在协议第三层替代或部分完成传统路由器的功能，同时又具有几乎第二层交换的速度，且价格相对便宜。

在企业网和校园网中，一般会将三层交换机用在网络的核心层，用三层交换机上的千兆端口或百兆端口连接不同的子网或 VLAN。三层交换机出现的最重要的目的是加快大型局域网内部的数据交换，所具备的路由功能也多是围绕这一目的而展开的，所以它的路由功能没有同一档次的专业路由器强。其在安全、协议支持等方面还有许多欠缺，因此并不能完全取代路由器工作。

在实际应用过程中，典型的做法如下：处于同一个局域网中的各个子网的互联以及局域网中 VLAN 间的路由，用三层交换机来代替路由器；只有局域网与公网互联之间要实现跨地域的网络访问时，才使用专业路由器。

2. 三层交换机的结构

传统的交换技术是在 OSI/RM 中的第二层（即数据链路层）进行操作的，而三层交换技术是在网络模型中的第三层实现了数据包的高速转发。简单地说，三层交换机就是“二层交换机 + 基于硬件的路由器”。

那么三层交换是怎样实现的呢？三层交换的技术细节非常复杂，大家可以这样简单地理解：三层交换技术就是“二层交换技术 + 三层转发技术”，可将三层交换机看作由一台路由器和一台二层交换机构成。

假设两个使用 IP 协议的站点 A、B 通过第三层交换机进行通信，发送站点 A 在开始发送时，把自己的 IP 地址与 B 站的 IP 地址比较，判断 B 站是否与自己在同一子网内。若目的站 B 与发送站 A 在同一子网内，则进行二层的转发。若两个站点不在同一子网内，则当发送站 A 要与目的站 B 通信时，必须要通过路由器进行路由。主机 A 向主机 B 发送的第 1 个数据包必须要经过三层交换机中的路由处理器进行路由才能到达主机 B，但是当以后的数据包再向主机 B 发送时，就不必再经过路由处理器处理了，因为三层交换机有“记忆”路由的功能。

三层交换机的路由记忆功能是由路由缓存实现的。当一个数据包发往三层交换机时，三层交换机首先在它的缓存列表里进行检查，看看路由缓存里有没有相应的记录，如果有记录就直接调取缓存的记录进行路由，而不再经过路由处理器进行处理，从而大大提高了数据包的路由速度；如果三层交换机在路由缓存中没有发现相应的记录，便将数据包发往路由处理器进行处理，处理之后再转发数据包。

三层交换机由于仅仅在路由过程中才需要三层处理，绝大部分数据都通过二层交换转发，因此三层交换机的速度很快，接近二层交换机的速度，同时比同一档次路由器的价格低得多。

3. 三层交换机的应用

（1）网络骨干少不了三层交换。在校园网、城域教育网中，从骨干网、城域网骨干、汇聚层都有三层交换机的用武之地，尤其是核心骨干网，一定要用三层交换机，否则整个网络成千上万台的计算机都在一个子网中，不仅毫无安全可言，也会因为无法分割广播域而无法隔离广播风暴。

如果采用传统的路由器，虽然可以隔离广播，但是性能却得不到保障。而三层交换机的性能非常强，既有三层路由的功能，又具有二层交换的网络速度。二层交换是基于 MAC 寻址，三层交换则是转发基于第三层地址的业务流；除了必要的路由决定过程外，大部分数据转发过程由二层交换处理，提高了数据包转发的效率。

三层交换机通过使用硬件交换机构实现了 IP 的路由功能，其优化的路由软件使得路由过程效率提高，解决了传统路由器软件路由的速度问题。因此可以说，三层交换机具有“路由器的功能及交换机的性能”。

（2）连接子网少不了三层交换。同一网络上的计算机如果超过一定数量，就很可能因为网络上大量的广播而导致网络传输效率低下。为了避免在大型交换机上进行广播所引起的广播风暴，可将其进一步划分为多个 VLAN。但是这样做将导致一个问题：VLAN 之间的通信必须通过路由器来实现。但是传统路由器又难以胜任 VLAN 之间的通信任务，因为相对于局域网的网络流量来说，传统的普通路由器的路由能力太弱。

而且千兆级路由器的价格也是非常昂贵的。如果使用三层交换机上的千兆端口或百兆端口连接不同的子网或 VLAN，就可在保持性能的前提下，经济地解决子网划分之后子网之间必须依赖路由器进行通信的问题，因此三层交换机是连接子网的理想设备。

4. 三层交换机的特点

与二层交换机相比，三层交换机具有以下特点：

（1）高可扩充性。三层交换机在连接多个子网时，子网只是与第三层交换模块建立逻辑连接，不像传统外接路由器那样需要增加端口，从而节省了校园网、城域教育网再建的费用。

（2）高性价比。三层交换机具有连接大型网络的能力，功能基本上可以取代某些传统路由器，但是价格却接近二层交换机。

（3）内置安全机制。三层交换机与普通路由器一样，具有访问列表的功能，可以实现不同 VLAN 间的单向或双向通信。如果在访问列表中进行设置，可以限制用户访问特定的 IP 地址。

访问列表不仅可以用于禁止内部用户访问某些站点，也可以用于防止校园网、城域教育网外部的非法用户访问校园网、城域教育网内部的网络资源，从而提高网络的安全。

（4）适合多媒体传输。三层交换机具有 QoS 的控制功能，可以给不同的应用程序分配不同的带宽。

1）在校园网、城域教育网中传输视频流时，可以专门为视频传输预留一定量的专用带宽，相当于在网络中开辟了专用通道，其他的应用程序不能占用这些预留的带宽，因此能够保证视频流传输的稳定性。而普通的二层交换机没有这种特性，因此在传输视频数据时，就会出现视频忽快忽慢的抖动现象。

2）视频点播（VOD）也是教育网中经常使用的业务。但是由于有些视频点播系统使用广播来传输，而广播包是不能实现跨网段的，这样 VOD 就不能实现跨网段进行；如果采用单播形式实现 VOD，虽然可以实现跨网段，但是支持的同时连接数就非常少，一般几十个连接就占用了全部带宽。而三层交换机具有组播功能，VOD 的数据包以组播的形式发向各个子网，既实现了跨网段传输，又保证了 VOD 的性能。

（5）计费功能。在高校校园网及有些地区的城域教育网中，很可能有计费的需求，三层交换机可以识别数据包中的 IP 地址信息，因此可以统计网络中计算机的数据流量，按流量计费；也可以统计计算机连接在网络上的时间，按时间进行计费。而普通的二层交换机就难以同时做到这两点。

【任务实施】

VLAN 间通信的基本命令

本任务的实施是在熟悉“任务 2.2　虚拟局域网的划分”的基础上，增加一台三层交换机，从而实现不同 VLAN 间的通信。

交换机 sw1 的 VLAN 划分见表 2-11，没有划分 VLAN 的其余端口均属于默认的 VLAN 1。三层交换机 sw2 的 VLAN 设置见表 2-12。计算机的网络设置见表 2-13。

表 2-11　交换机 sw1 的 VLAN 划分

VLAN 号	包含的端口	VLAN 分配情况
VLAN 10	e0/1-5	技术部
VLAN 20	e0/6-10	财务部
VLAN 1	e0/24	级联接口

表 2-12　三层交换机 sw2 的 VLAN 设置

e0/24 为级联接口		
VLAN 号	IP 地址	子网掩码
VLAN 10	192.168.1.254	255.255.255.0
VLAN 20	192.168.2.254	255.255.255.0

表 2-13　计算机的网络设置

计算机	IP 地址	子网掩码	默认网关
pc1	192.168.1.1	255.255.255.0	192.168.1.254
pc2	192.168.2.1	255.255.255.0	192.168.2.254

1. 设备与配线

二层交换机一台，三层交换机一台，兼容 VT-100 的终端设备或能运行终端仿真程序的计算机两台以上，RS-232 电缆两根，RJ-45 接头的直通双绞线、交叉双绞线若干。

实现 VLAN 间通信实例

2. 网络拓扑图

如图 2-19 所示搭建网络，图中交换机的每个部门仅连接了一台计算机进行示意，读者在进行实训时，可以接入多台计算机，方便测试。

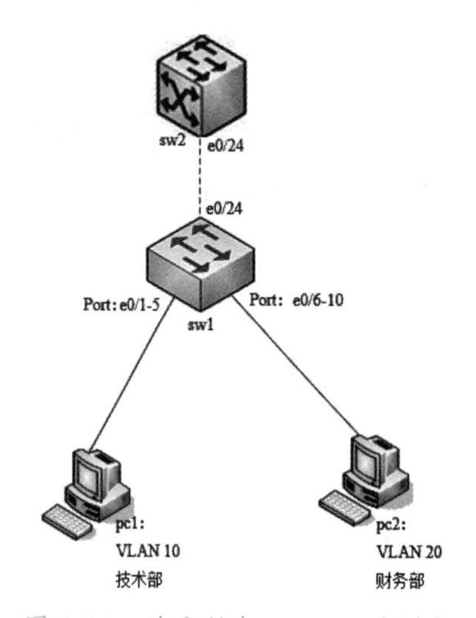

图 2-19　跨交换机 VLAN 的划分

3. 不同 VLAN 的通信

本任务中，交换机 sw1 的配置命令与“任务 2.3　交换机的级联”中的交换机 sw1 的配置命令完全相同，在此不再重复。下面给出三层交换机 sw2 的所有配置命令。

（1）神州数码交换机配置实例。

```
sw2>enable
sw2#config terminal
sw2(config)#vlan 10
sw2(config-vlan10)#exit
sw2(config)#interface vlan 10
sw2(config-if-vlan10)#ip address 192.168.1.254 255.255.255.0（设置 VLAN 接口 10 的 IP 地址）
sw2(config-if-vlan10)#exit
```

```
sw2(config)#vlan 20
sw2(config-vlan20)#exit
sw2(config)#interface vlan 20
sw2(config-vlan 20)#ip address 192.168.2.254 255.255.255.0（设置 VLAN 接口 20 的 IP 地址）
sw2(config-vlan20)#exit
sw2(config)#interface ethernet 0/24
sw2(config-ethernet0/24)# switchport mode trunk
sw2(config-ethernet0/24)#switchport trunk allowed vlan all
```

（2）H3C 交换机配置实例。

```
<sw2>system-view
[sw2]vlan 10
[sw2-vlan10]interface vlan 10
[sw2-Vlan-interface10]ip address 192.168.1.254 255.255.255.0（设置 VLAN 接口 10 的 IP 地址）
[sw2-Vlan-interface10]vlan 20
[sw2-Vlan20]interface vlan 20
[sw2-Vlan-interface20]ip address 192.168.2.254 255.255.255.0（设置 VLAN 接口 20 的 IP 地址）
[sw2-Vlan-interface20]interface ethernet 0/24
[sw2-Ethernet0/24]port link-type trunk
[sw2-Ethernet0/24]port trunk permit vlan all
[sw2-Ethernet0/24]quit
[sw2]display vlan
```

4. 不同 VLAN 间通信的测试

通过两台计算机进行测试，计算机的 IP 地址设置见表 2-13，计算机 pc1 的 TCP/IP 属性设置如图 2-20 所示。

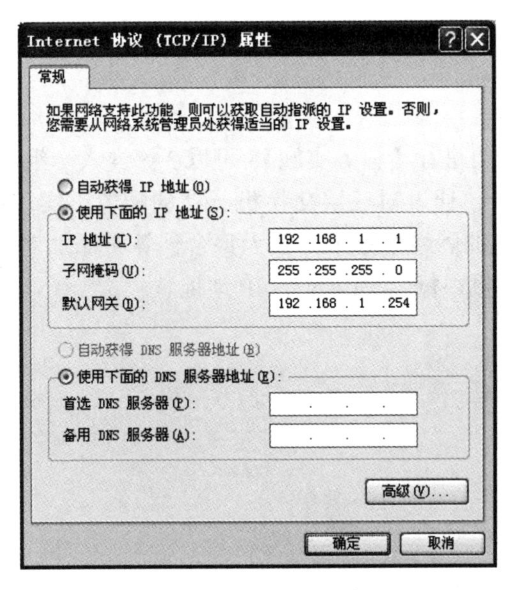

图 2-20　pc1 的 TCP/IP 属性设置

本任务划分了两个 VLAN，分别是 VLAN 10 和 VLAN 20；交换机 sw1 的 e0/1-5 端口接入了 VLAN 10，e0/6-10 端口接入了 VLAN 20；两台交换机之间的级联接口均为 e0/24。

表 2-14　测试验证

pc1 位置	pc2 位置	动作	结果
sw1 的 e0/1-5	sw1 的 e0/6-10	192.168.1.1 ping 192.168.2.1	通

将计算机分别接在交换机 sw1 的不同 VLAN 端口，如一台计算机接在 e0/1-5（或 e0/6-10）中的一个接口，另一台计算机接在 e0/6-10（或 e0/1-5）中的一个接口，则能 ping 通，见表 2-14。图 2-21 给出了在计算机 pc1 上 ping 通 pc2 的结果。

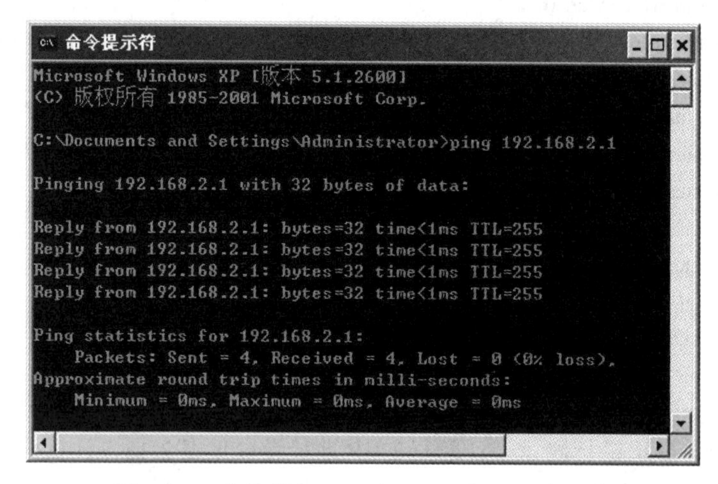

图 2-21　在计算机 pc1 上 ping 通 pc2 的结果

【任务小结】

本任务要求学生分组进行【任务实施】，可以 3 ～ 4 人一组，在熟练完成“任务 2.3 交换机级联”的基础上，通过对三层交换机 sw2 的配置，实现不同 VLAN 间的通信。值得注意的是，本任务的网络配置中，要为每台计算机添加对应的网关，这里的网关地址为对应的三层交换机中每个 VLAN 的 IP 地址。

任务 2.5　交换式局域网的组建

【任务分析】

本任务要求通过组建并测试交换式局域网，熟悉局域网所使用的基本设备和线缆，掌握交换机的配置与调试过程，具体包括以下几个方面的实训操作：

网络组建实例分析

- 设备的准备和安装。
- 制作非屏蔽双绞线。
- 远程登录交换机。
- VLAN 的划分。
- VLAN 间的通信。
- 测试网络连通性。

本任务的组网要求：某公司有财务部、技术部、销售部等部门，且各部门的计算机分布在不同的楼层，需要两个交换机连接。公司要求组建局域网，划分 VLAN，实现 VLAN 间的通信，控制广播风暴的发生，提高网络性能，且能实现远程管理交换机。

二层交换机配置命令

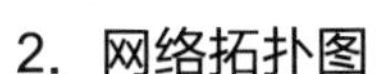

【任务实施】

1. 设备与配线

二层交换机一台，三层交换机一台，兼容 VT-100 的终端设备或能运行终端仿真程序的计算机两台以上，RS-232 电缆两根，RJ-45 接头的直通双绞线、交叉双绞线若干。

三层交换机配置命令

2. 网络拓扑图

如图 2-22 所示搭建网络，图中每台交换机的每个部门仅连接了一台计算机进行示意，读者在进行实训时，可以接入多台计算机，方便测试。

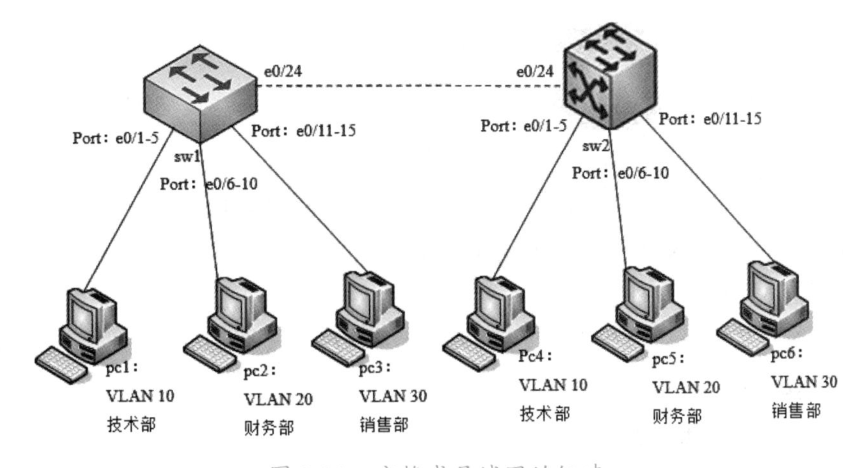

图 2-22　交换式局域网的组建

二层交换机 sw1 和三层交换机 sw2 的 VLAN 划分相同，见表 2-15，没有划分 VLAN 的其余端口均属于默认的 VLAN 1。交换机 sw1、sw2 远程登录接口和 sw2 的 VLAN 接口的设置见表 2-16。计算机的网络设置见表 2-17。

表 2-15　交换机 sw1 的 VLAN 划分

交换机 sw1、sw2 的 VLAN 划分相同		
VLAN 号	包含的端口	VLAN 分配情况
VLAN 10	e0/1-5	技术部
VLAN 20	e0/6-10	财务部
VLAN 30	e0/11-15	销售部
VLAN 1	e0/24	级联接口

表 2-16　交换机相关的 IP 地址设置

交换机	VLAN 号	IP 地址	子网掩码	默认网关
sw1	VLAN 1	192.168.4.1	255.255.255.0	192.168.4.254
sw2	VLAN 1	192.168.4.254	255.255.255.0	无
sw2	VLAN 10	192.168.1.254	255.255.255.0	无
sw2	VLAN 20	192.168.2.254	255.255.255.0	无
sw2	VLAN 30	192.168.3.254	255.255.255.0	无

表 2-17　计算机的网络设置

计算机	IP 地址	子网掩码	默认网关
pc1	192.168.1.1	255.255.255.0	192.168.1.254
pc2	192.168.2.1	255.255.255.0	192.168.2.254
pc3	192.168.3.1	255.255.255.0	192.168.3.254
pc4	192.168.1.2	255.255.255.0	192.168.1.254
pc5	192.168.2.2	255.255.255.0	192.168.2.254
pc6	192.168.3.2	255.255.255.0	192.168.3.254

组建网络的具体要求如下：

（1）对交换机 sw1、sw2 划分 VLAN，实现跨交换机相同 VLAN 的计算机互相可以 ping 通，不同 VLAN 的计算机不能 ping 通。

（2）实现 VLAN 间通信。

（3）对交换机 sw1、sw2 进行 Telnet 配置，密码统一为 123，实现远程管理交换机。

3. 网络配置

（1）神州数码交换机配置实例。

1）交换机 sw1 的配置。

① 对交换机 sw1 划分 VLAN、设置级联接口。

```
sw1>enable
sw1#config terminal
sw1(config)#vlan 10
sw1(config-vlan10)#name jsb
```

```
sw1(config-vlan10)#exit
sw1(config)#vlan 20
sw1(config-vlan20)#name cwb
sw1(config-vlan20)#exit
sw1(config)#vlan 30
sw1(config- vlan 30)#name xsb
sw1(config-vlan30)exit
sw1(config)#interface ethernet0/0/1-5
sw1(config-port-range)#switchport mode access
sw1(config-port-range)#switchport access vlan 10
sw1(config-port-range)#interface ethernet0/0/6-10
sw1(config-port-range)#switchport mode access
sw1(config-port-range)#switchport access vlan 20
sw1(config-port-range)#interface ethernet0/0/11-15
sw1(config-port-range)#switchport mode access
sw1(config-port-range)#switchport access vlan 30
sw1(config-port-range)#interface ethernet 0/24
sw1(config-fastethernet0/24)# switchport mode trunk
sw1(config-fastethernet0/24)#switchport trunk allowed vlan all
sw1(config-fastethernet0/24)#exit
sw1#show vlan
```

② 对交换机 sw1 设置 Telnet。

```
sw1(config)#interface vlan 1
sw1(config-if-vlan1)#ip address 192.168.4.1 255.255.255.0
sw1(config-if-vlan1)#no shutdown
sw1(config-if)#exit
sw1(config)#ip route 0.0.0.0 0.0.0.0 192.168.4.254（设置网关）
sw1(config)#telnet-user sw1 password 0 123（设置 Telnet 登录名和口令）
```

2）交换机 sw2 的配置。

① 对交换机 sw2 划分 VLAN、设置级联接口。

配置命令与“①对交换机 sw1 划分 VLAN、设置级联接口”相同。

② 对交换机 sw2 设置 VLAN 间通信。

```
sw2>enable
sw2#config terminal
sw2(config)#interface vlan 10
sw2(config-if-vlan10)#ip address 192.168.1.254 255.255.255.0
sw2(config)#interface vlan 20
sw2(config-if-vlan20)#ip address 192.168.2.254 255.255.255.0
sw2(config-if-vlan20)#interface vlan 30
sw2(config-if-vlan30)#ip address 192.168.3.254 255.255.255.0
sw2(config-if-vlan30)#interface vlan 1
sw2(config-if-vlan10)#ip address 192.168.1.254 255.255.255.0
sw2(config-if-vlan10)#exit
```

③ 对交换机 sw2 设置 Telnet。

```
sw2(config)#telnet-user sw2 password 0 123
```

（2）H3C 交换机配置实例。

1）交换机 sw1 的配置。

① 对交换机 sw1 划分 VLAN、设置级联接口。

```
<sw1>system-view
[sw1]vlan 10
[sw1-vlan10]name jsb
[sw1-vlan10]port ethernet 0/1 to ethernet 0/5
[sw1-vlan10]vlan 20
[sw1-vlan20]name cwb
[sw1-vlan20]port ethernet 0/6 to ethernet 0/10
[sw1-vlan20]vlan 30
[sw1-vlan20]name xsb
[sw1-vlan20]port ethernet 0/11 to ethernet 0/15
[sw1-vlan20]interface ethernet 0/24
[sw1-Ethernet0/24]port link-type trunk
[sw1-Ethernet0/24]port trunk permit vlan all
[sw1-vlan20]quit
[sw1]display vlan
[sw1]display vlan 10
[sw1]display vlan 20
[sw1]display vlan 30
```

② 对交换机 sw1 设置 Telnet。

```
<sw1>system-view
[sw1]interface vlan 1
[sw1-Vlan-interface1]ip address 192.168.4.1 255.255.255.0
[sw1-Vlan-interface1]quit
[sw1]ip route-static 0.0.0.0 0.0.0.0 192.168.4.254（设置网关）
[sw1]telnet server enable
[sw1]user-interface vty 0 4
[sw1-ui-vty0-4]authentication-mode password
[sw1-ui-vty0-4]set authentication password simple 123
[sw1-ui-vty0-4]user privilege level 3
```

2）交换机 sw2 的配置。

① 对交换机 sw2 划分 VLAN、设置级联接口。

配置命令与“①对交换机 sw1 划分 VLAN、设置级联接口”相同。

② 对交换机 sw2 设置 VLAN 间通信。

```
<sw2>system-view
[sw2]interface vlan 10
[sw2-Vlan-interface10]ip address 192.168.1.254 255.255.255.0
[sw2-Vlan-interface10]interface vlan 20
[sw2-Vlan-interface20]ip address 192.168.2.254 255.255.255.0
[sw2-Vlan-interface20]interface vlan 30
[sw2-Vlan-interface30]ip address 192.168.3.254 255.255.255.0
[sw2-Vlan-interface30]interface vlan 1
[sw2-Vlan-interface1]ip address 192.168.4.254 255.255.255.0
```

③ 对交换机 sw2 设置 Telnet。

```
[sw2]telnet server enable
[sw2]user-interface vty 0 4
[sw2-ui-vty0-4]authentication-mode password
[sw2-ui-vty0-4]set authentication password simple 123
[sw2-ui-vty0-4]user privilege level 3
```

4. 测试

通过联网的计算机进行测试。计算机的 IP 属性设置见表 2-17。本任务划分了三个 VLAN，分别是 VLAN 10、VLAN 20 和 VLAN 30。交换机 sw1、sw2 的 e0/1-5 端口接入了 VLAN 10，e0/6-10 端口接入了 VLAN 20，e0/11-15 端口接入了 VLAN 30。两台交换机之间的级联接口均为 e0/24，通过三层交换机 sw2 实现 VLAN 的通信。

以计算机 pc1 接入 sw1 的 e0/1-5 中一个端口为例，将另一台计算机分别接在交换机 sw1、sw2 的不同 VLAN 端口，进行测试，结果全部能 ping 通，实现了 VLAN 的互通，见表 2-18。

表 2-18　测试验证

以计算机 pc1 接入 sw1 的 f0/1-5 中的一个端口为例进行测试			
另一台计算机的位置	是否属于相同 VLAN	动作	结果
sw1 的 e0/1-5	同一 VLAN	192.168.1.1 ping 192.168.1.2	通
sw1 的 e0/6-10	不同 VLAN	192.168.1.1 ping 192.168.2.1	通
sw2 的 e0/6-10	不同 VLAN	192.168.1.1 ping 192.168.2.2	通
sw1 的 e0/11-15	不同 VLAN	192.168.1.1 ping 192.168.3.1	通
sw2 的 e0/11-15	不同 VLAN	192.168.1.1 ping 192.168.3.2	通
远程登录交换机 sw1：在任一计算机上 telnet 192.168.4.1			
远程登录交换机 sw2：在任一计算机上 telnet 192.168.4.254			

在任一计算机的“运行”窗口中输入“telnet 192.168.4.1”，即可远程登录交换机 sw1 并进行配置。

在任一计算机的“运行”窗口中输入“telnet 192.168.4.254”，或将此命令中的 IP 地址改成其他三个 VLAN 接口地址中的任意一个（192.168.1.254、192.168.2.254、192.168.3.254），即可远程登录交换机 sw2 并进行配置。

【任务小结】

本任务属于综合实训，要求学生分组进行【任务实施】，通过任务的完成，训练组建并测试交换式局域网的能力；可熟练制作非屏蔽双绞线；能正确配置交换机的远程登录，进行 VLAN 的划分，实现 VLAN 间的通信并完成相应测试。

【思政元素】

实训时，通过“胡双钱的故事”，鼓励学生在组网操作过程中要有精益求精的“工匠精神”，引导学生每次实训后保持实训环境的整洁，爱惜实训设备，培养学生的 6S 职业素养。

【同步训练】

一、选择题

1. 总线型网络、星型网络是按照网络的（ ）来划分的。
   A. 使用性质　B. 传输介质　C. 拓扑结构　D. 覆盖范围
2. 交换机工作在 OSI/RM 七层模型的（ ）。
   A. 一层　B. 二层　C. 三层　D. 三层以上
3. 网络中用集线器或交换机连接各计算机的结构，该网络属于（ ）。
   A. 总线结构　B. 环型结构　C. 星型结构　D. 网状结构
4. 下面不属于网卡功能的是（ ）。
   A. 实现介质访问控制　B. 实现数据链路层的功能
   C. 实现物理层的功能　D. 实现调制和解调功能
5. 在 IEEE 802.3 的标准网络中，10Base-TX 所采用的传输介质是（ ）。
   A. 粗缆　B. 细缆　C. 双绞线　D. 光纤
6. 通常以太网采用了（ ）协议以支持总线型的结构。
   A. 总线型　B. 环型
   C. 令牌环　D. 载波侦听与冲突检测 CSMA/CD
7. 通过 Console 口管理交换机时，在超级终端里默认设置为（ ）。
   A. 波特率：9600，数据位：8，停止位：1，奇偶校验：无
   B. 波特率：57600，数据位：8，停止位：1，奇偶校验：有
   C. 波特率：9600，数据位：6，停止位：2，奇偶校验：有
   D. 波特率：57600，数据位：6，停止位：1，奇偶校验：无
8. 下列属于数据链路层设备的是（ ）。
   A. 路由器　B. 交换机　C. 集线器　D. 调制解调器
9. 以下（ ）不是增加 VLAN 带来的好处。
   A. 交换机灵活配置　B. 机密数据可以得到保护
   C. 广播可以得到控制　D. 隔绝通信
10. 在局域网的建设中，（ ）网段不是我们可以使用的保留网段。
   A. 10.0.0.0　B. 172.16.0.0 ～ 172.31.0.0
   C. 192.168.0.0　D. 224.0.0.0 ～ 239.0.0.0

二、填空题

1. 网卡又称为网络适配器，它的英文缩写为 ________。
2. 用于连接两个不同类型局域网的互联设备称为 ________。
3. 以太网交换机的数据转发方式可以分为直接交换、________、________。
4. VLAN（Virtual Local Area Network）的中文名为 ________。
5. 以太网交换机是根据接收到的数据帧的 ________ 来学习 MAC 地址表的。

项目 3　中小型企业网

本项目能够为用户提供最节省的方式划分子网，合理分配 IP 地址，并组建中小型企业网。其中路由器的配置以国内两大主流网络设备品牌——神州数码和 H3C 的路由器为例分别进行介绍。重点掌握子网划分的原则和方法、路由器的基本配置、静态路由及动态路由的配置、中小型企业网的组建。

本项目将通过以下 5 个任务完成教学目标：

- 子网划分。
- 路由器的基本配置。
- 路由器静态路由协议配置。
- 路由器动态路由协议配置。
- 中小型企业网的组建。

【思政育人目标】

- 进行路由协议的配置时，要注意路由器各接口的通断情况，培养学生耐心细致的分析问题能力，提高找出问题原因、排除故障的能力。
- 在进行网络组建实训时，要关闭防火墙，进行连通测试，培养学生注重细节、勤于思考、分析问题的能力。
- 在进行小组展示汇报时，要培养学生表达、交流、沟通的能力。

【知识能力目标】

- 掌握 IPv4 地址的定义、表示方法、结构与分类、子网掩码。
- 熟悉路由器的基本配置命令。
- 熟悉路由表信息。
- 熟悉 RIP 路由的特点。
- 熟悉 OSPF 路由的特点。
- 掌握交换机、路由器等配置的相关知识。
- 能够通过 Telnet 登录路由器并实现管理。
- 能够根据需求为用户合理分配 IP 地址。
- 能够使用静态路由协议实现网络之间的互通。
- 能够使用 RIP 路由协议实现网络之间的互通。
- 能够使用 OSPF 路由协议实现网络之间的互通。
- 能够根据要求配置与调试交换机路由器等各种网络设备。
- 能够进行连通性测试。

任务 3.1 子网划分

【任务分析】

本任务要求掌握子网划分的方法，能够根据组网要求为用户划分子网，并合理分配 IP 地址。

【知识链接】

3.1.1 子网 ID

在项目 1 中已经提到，子网掩码的格式同 IP 地址一样，是 32 位的二进制数，由连续的 1 和连续的 0 组成。为了方便理解，通常采用点分十进制数表示。

子网掩码是与 IP 地址结合使用的一种技术，它的作用主要有两个：一是用来确定 IP 地址中的网络号和主机号；二是用来将一个大型 IP 网络划分成若干较小的子网络。

A、B、C 类网络的默认子网掩码分别为 /8、/16、/24，其对应的主机 ID 位数分别为 24、16、8。为了满足不同的组网要求，可以将本来属于主机 ID 的部分改变为子网 ID，如图 3-1 所示。

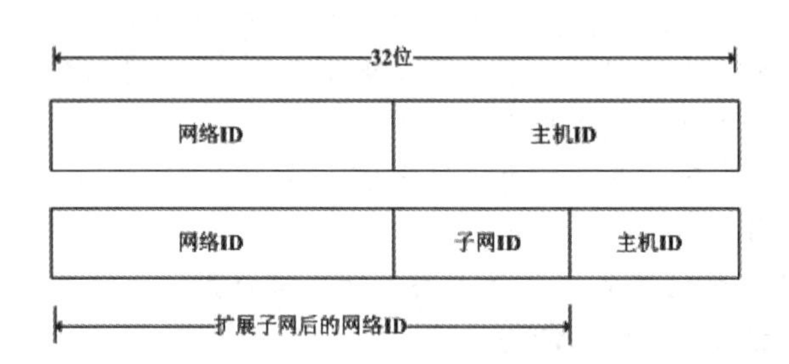

图 3-1 主机 ID 划分为子网 ID 和主机 ID

3.1.2 子网划分概述

在规划 IP 地址时，常常会遇到下面的问题。一个企业或公司由于网络规模增加、网络冲突增加或吞吐性能下降等多种因素，需要对内部网络进行分段。而根据 IP 网络的特点，需要为不同的网段分配不同的网络号，于是当分段数量不断增加时，对 IP 地址资源的需求也随之增加。即使不考虑是否能申请到所需的 IP 资源，要对大量具有不同网络号的网络进行管理也是一件非常复杂的事情，至少要将所有这些网络号对外网公布。更何况随着 Internet 规模的增大，32 位的 IP 地址空间已出现了严重的资源紧缺。

子网划分原理

为了解决 IP 地址资源短缺的问题，同时也为了提高 IP 地址资源的利用率，引入了子网划分技术。

子网划分是指由网络管理员将一个给定的网络分为若干更小的部分，这些更小的部分称为子网（Subnet）。当网络中的主机总数未超出所给定的某类网络可容纳的最大主机数，但内部又要划分成若干分段进行管理时，就可以采用子网划分的方法。

例如，某规模较大的公司申请了一个 B 类 IP 地址 166.133.0.0。如果采用标准子网掩码 255.255.0.0 而不进一步划分子网，那么 166.133.0.0 网络中的所有主机（最多共 65534 台）都将处于同一个广播域下，网络中充斥的大量广播数据包将导致网络最终不可用。该问题的解决方案是进行子网划分。

子网划分就是借用主机号的一部分充当子网号。也就是说，经过划分后的子网因为其主机数量减少，已经不需要原来那么多位作为主机标识了，从而可以将这些多余的主机位用作子网标识。

【任务实施】

不可变长的子网划分实例

子网划分是一个单位内部的事情，本单位以外的网络看不见这个网络有多少个子网。当有数据到达该网络时，路由器将 IP 地址与子网掩码进行“与”运算，得到网络 ID 和子网 ID，进而判断该数据是发往哪个子网的，一旦找到匹配对象，路由器就知道应该使用哪个接口，以向目的主机发送数据。划分子网后，路由器 RA 看到的网络仍是子网划分前的 166.33.0.0，如图 3-2 所示。

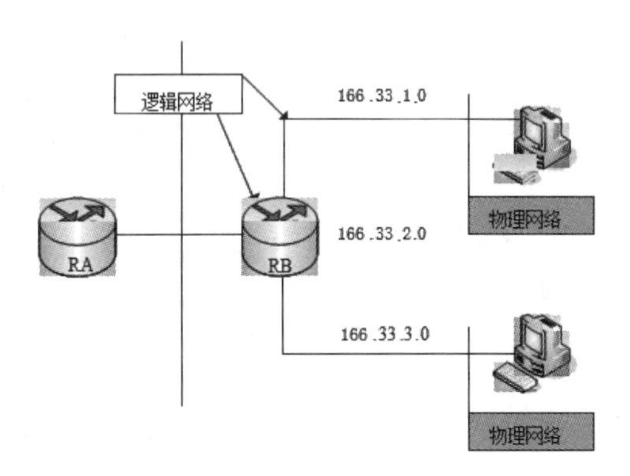

图 3-2　划分子网

1. 不可变长的子网划分

在 RFC 文档中，RFC 950 规定了子网划分的规范，其中对网络地址中的子网号进行了如下的规定：

- 由于网络号全为 0 代表的是本网络，所以网络地址中的子网号也不能全为 0。子网号全为 0 时，表示本子网网络。
- 由于网络号全为 1 表示的是广播地址，所以网络地址中的子网号也不能全为 1。全为 1 的地址用于向子网广播。

子网划分其实是相对于某类网络的IP地址来说的。A类的第一段是网络号(前8位)，B类地址的前两段是网络号（16位），C类的前三段是网络号（前24位）。而子网划分的作用就是在各类IP地址的基础上，从它们的主机号部分借出相应的位数用作网络号，也就是增加网络号的位数。各类网络可以用来再划分的位数：A类有24位可以借，B类有16位可以借，C类有8位可以借。可以再划分的位数就是主机号的位数。但实际上不可以都借出来，因为IP地址中必须要有主机号的部分，而且主机号部分剩下一位是没有意义的，剩下一位的时候不是代表主机号就是代表广播号，所以在实际中可以借的位数是这些数字再减去2。

在划分子网之前，需要确定所需要的子网数和每个子网的最大主机数。有了这些信息后，就可以定义每个子网的子网掩码、网络地址（网络号＋子网号）的范围和主机号的范围。划分子网的步骤如下：

- 确定需要多少子网号来唯一标识网络上的每一个子网。
- 定义一个符合网络要求的子网掩码。
- 确定标识每一个子网的网络地址。
- 确定每一个子网上所使用的主机地址的范围。

下面以C类网络为例说明子网划分的过程。

某公司拥有一个C类网络192.168.1.0，其标准子网掩码为255.255.255.0。公司有技术部和销售部两个部门，计划划分两个子网，每个子网的主机数不超过60台，请进行子网划分，满足组网要求。

（1）确定子网掩码。将一个C类的地址划分为两个子网，必然要从代表主机号的第4个字节中取出若干位用于划分子网。若取出一位，根据子网划分规则，无法使用；若取出三位，可以划分6个子网，似乎可行，但子网的增多也表示每个子网可容纳的主机数减少，6个子网中每个子网可容纳的主机数为30，而实际的要求是每个子网需要60个主机号；若取出两位，可以划分两个子网，每个子网可容纳62个主机号（全为0和全为1的主机号不能分配给主机），因此，取出两位划分子网是可行的，子网掩码为255.255.255.192，如图3-3所示。

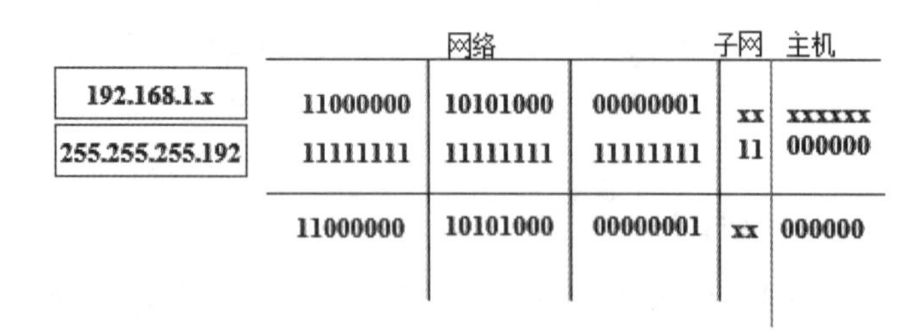

图3-3 确定子网掩码

（2）计算子网网络ID。子网ID的位数确定后，子网掩码也就相应地确定了，是255.255.255.192，如图3-4所示，可能的子网ID有4个：00、01、10、11。其中可用的子网ID为01和10，即192.168.1.64和192.168.1.128。

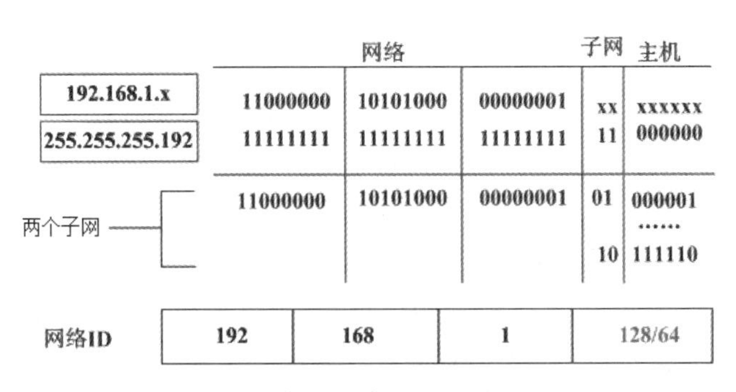

图 3-4 借两位产生了两个子网

（3）确定每个子网的主机地址。用原来默认的主机地址减去两个子网位，剩下的就是主机位了，共有 8–2=6 位，则每个子网最多可容纳 64–2=62 个主机（在子网内主机 ID 不能全为 1 和全为 0）其中：

- 子网 192.168.1.64 的 IP 地址范围为 192.168.1.65 ～ 192.168.1.126，广播地址为 192.168.1.127。
- 子网 192.168.1.128 的 IP 地址范围为 192.168.1.129 ～ 192.168.1.190，广播地址为 192.168.1.191。

最终的网络拓扑结构如图 3-5 所示。

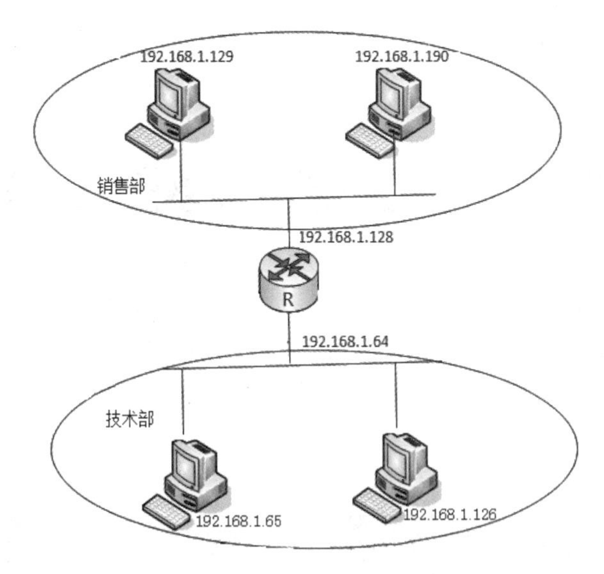

图 3-5 划分子网后的网络拓扑结构图

注意：因为同一网络中的所有主机必须使用相同的网络 ID，所以同一网络中所有主机必须使用相同的子网掩码。例如，152.56.0.0/16 与 152.56.0.0/24 就是不同的网络 ID。网络 ID 为 152.56.0.0/16 表明有效主机 IP 地址范围为 152.56.0.1 ~ 152.56.255.254；网络 ID 为 152.56.0.0/24 表明有效主机 IP 地址范围是 152.56.0.1 ~ 152.56.0.254。显然，这些网络 ID 代表不同的 IP 地址范围。

可变长子网划分实例

2. 可变长的子网划分

可变长子网掩码（VLSM）是为了解决在一个网络系统中使用多种层次的子网化 IP 地址的问题而发展起来的。这种方法只能在所用的路由协议［如开放式最短路径优先协议（OSPF）和增强内部网关路由选择协议（EIGRP）］都支持的情况下才能使用。由于 RIP 版本 1 的出现早于 VLSM 而无法支持 VLSM，RIP 版本 2 则可以支持 VLSM。

VLSM 允许一个组织在同一个网络地址空间中使用多个子网掩码。利用 VLSM 可以使管理员把子网继续划分为子网，使寻址效率达到更高。

VLSM 是一种可将子网划分为不同大小子网的网络分配机制，在每个子网上保留足够的主机数的同时，把一个网分成多个子网时有更大的灵活性。

在实际的应用中，某一个网络中需要有不同规模的子网。比如，一个单位中的各个网络包含不同数量的主机就需要创建不同规模的子网。

例如，一个 B 类的网络为 135.41.0.0，需要的配置如下：一个能容纳 32000 台主机的子网、15 个能容纳 2000 台主机的子网和 8 个能容纳 254 台主机的子网。如何进行子网划分呢？

不使用全 0 和全 1 子网这个规定是源于 RFC 950 标准，但后来 RFC 950 在 RFC 1878 标准中被废止了。为了叙述方便，此例的子网划分可以使用全 0 和全 1 子网。

（1）一个能容纳 32000 台主机的子网。用主机号中的一位进行子网划分，产生两个子网：135.41.0.0/17 和 135.41.128.0/17。这种子网划分允许每个子网有多达 32766 台主机。选择 135.41.0.0/17 作为网络号能满足一个子网容纳 32000 台主机的需求，具体见表 3-1。

表 3-1　一个能容纳 32000 台主机的子网

子网编号	子网网络（点分十进制）	子网网络（网络前缀）
1	135.41.0.0 255.255.128.0	135.41.0.0/17

（2）15 个能容纳 2000 台主机的子网。再使用主机号中的四位对子网网络 135.41.128.0/17 进行子网划分，就可以划分 16 个子网，即 135.41.128.0/21、135.41.136.0/21、……、135.41.240.0/21、135.41.248.0/21，从这 16 个子网中选择前 15 个子网网络就可以满足需求，具体见表 3-2。

表 3-2　15 个能容纳 2000 台主机的子网

子网编号	子网网络（点分十进制）	子网网络（网络前缀）
1	135.41.128.0 255.255.248.0	135.41.128.0/21
2	135.41.136.0 255.255.248.0	135.41.136.0/21
3	135.41.144.0 255.255.248.0	135.41.144.0/21
4	135.41.152.0 255.255.248.0	135.41.152.0/21
5	135.41.160.0 255.255.248.0	135.41.160.0/21
6	135.41.168.0 255.255.248.0	135.41.168.0/21

续表

子网编号	子网网络（点分十进制）	子网网络（网络前缀）
7	135.41.176.0 255.255.248.0	135.41.176.0/21
8	135.41.184.0 255.255.248.0	135.41.184.0/21
9	135.41.192.0 255.255.248.0	135.41.192.0/21
10	135.41.200.0 255.255.248.0	135.41.200.0/21
11	135.41.208.0 255.255.248.0	135.41.208.0/21
12	135.41.216.0 255.255.248.0	135.41.216.0/21
13	135.41.224.0 255.255.248.0	135.41.224.0/21
14	135.41.232.0 255.255.248.0	135.41.232.0/21
15	135.41.240.0 255.255.248.0	135.41.240.0/21

（3）8 个能容纳 254 台主机的子网。再用主机号中的三位对子网网络 135.41.248.0/21 [第（2）步骤中所划分的第 16 个子网] 进行划分，可以产生 8 个子网。各子网的网络地址分别为 135.41.248.0/24、135.41.249.0/24、135.41.250.0/24、135.41.251.0/24、135.41.252.0/24、135.41.253.0/24、135.41.254.0/24、135.41.255.0/24。每个子网可以包含 254 台主机，具体见表 3-3。

表 3-3　8 个能容纳 254 台主机的子网

子网编号	子网网络（点分十进制）	子网网络（网络前缀）
1	135.41.248.0 255.255.255.0	135.41.248.0/24
2	135.41.249.0 255.255.255.0	135.41.249.0/24
3	135.41.250.0 255.255.255.0	135.41.250.0/24
4	135.41.251.0 255.255.255.0	135.41.251.0/24
5	135.41.252.0 255.255.255.0	135.41.252.0/24
6	135.41.253.0 255.255.255.0	135.41.253.0/24
7	135.41.254.0 255.255.255.0	135.41.254.0/24
8	135.41.255.0 255.255.255.0	135.41.255.0/24

最终的网络拓扑结构如图 3-6 所示。

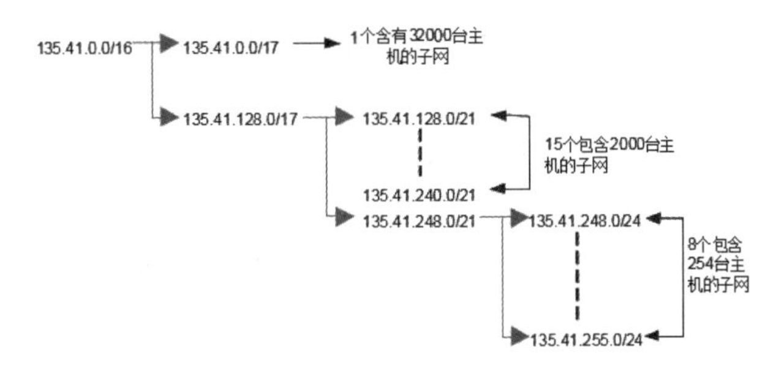

图 3-6　划分子网后的网络拓扑结构图

【任务小结】

本任务要求学生分组进行【任务实施】，可以 3 ～ 4 人一组。进行【任务实施】前要充分理解子网划分的意义和过程，并能够利用局域网正确测试。同一个子网内的 IP 地址（设置计算机 TCP/IP 属性时，要正确设置子网掩码）能够 ping 通，不同子网内的 IP 地址不能 ping 通。

本任务中提到的 RFC 950 标准规定不应该使用全 0 和全 1 子网的原因：

假设有一个网络 192.168.1.0/24，我们现在需要两个子网，那么按照 RFC 950 标准，应该使用 /26 而不是 /25，得到两个可以使用的子网 192.168.1.64 和 192.168.1.128。

对于 192.168.1.0/24，网络地址是 192.168.1.0，广播地址是 192.168.1.255。

对于 192.168.1.0/26，网络地址是 192.168.1.0，广播地址是 192.168.1.63。

对于 192.168.1.64/26，网络地址是 192.168.1.64，广播地址是 192.168.1.127。

对于 192.168.1.128/26，网络地址是 192.168.1.128，广播地址是 192.168.1.191。

对于 192.168.1.192/26，网络地址是 192.168.1.192，广播地址是 192.168.1.255。

可以看出，对于第一个子网，网络地址和主网络的网络地址是重叠的；对于最后一个子网，广播地址和主网络的广播地址也是重叠的。这样的重叠将导致极大的混乱。比如，一个发往 192.168.1.255 的广播是发给主网络的还是子网的？这就是 RFC 950 标准不建议使用全 0 和全 1 子网的原因。

然而，不使用全 0 和全 1 子网进行子网划分，会造成 IP 地址浪费严重，后来 IETF 就研究出了其他一些技术，比如可变长子网掩码 VLSM，后来在此基础上研究出了无类别域间路由 CIDR，即消除了传统的 A、B、C 等分类以及划分子网，而采用网络前缀和主机号的方式来分配 IP 地址，这使得 IP 地址的利用率更好。就目前来说，现在可以使用全 0 和全 1 子网。我们现在学习时，强调子网划分时要去掉全 0 和全 1 子网的原因如下：

（1）目前有些网络建设较早，设备没有更新，老设备可能不支持 CIDR，那么也就不支持全 0 和全 1 的子网了。

（2）可使私有地址丰富。构建企业网时，一般是使用私有地址来分配内部主机，小企业使用 C 类的 192.168.0.0 网络，中型企业使用 172.16.0.0、10.0.0.0 网络。

任务 3.2 路由器的基本配置

【任务分析】

本任务要求了解路由选择的过程与方法，能够通过 Console 口和 Telnet 登录路由器，完成对路由器的基本配置。

本任务的工作场景：

通过 Console 口配置路由器，在设备初始化或者没有进行其他方式的配置管理准备时，只能使用 Console 口进行本地配置管理。Console 口配置是路由器最基本、最直接的配置方式，当第一次配置路由器时，Console 口配置是配置的唯一手段。

通过 Telnet 登录路由器，适用于局域网覆盖范围较大时，路由器分别放置在不同的地点的情形，如果每次配置路由器都到其所在地点现场配置，网络管理员的工作量会很大。这时，可以在路由器上进行 Telnet 配置，以后再需要配置路由器时，管理员就可以远程以 Telnet 方式登录配置。

【知识链接】

路由器工作原理

3.2.1 路由器的组成

如图 3-7 所示，路由器主要由 4 部分组成。

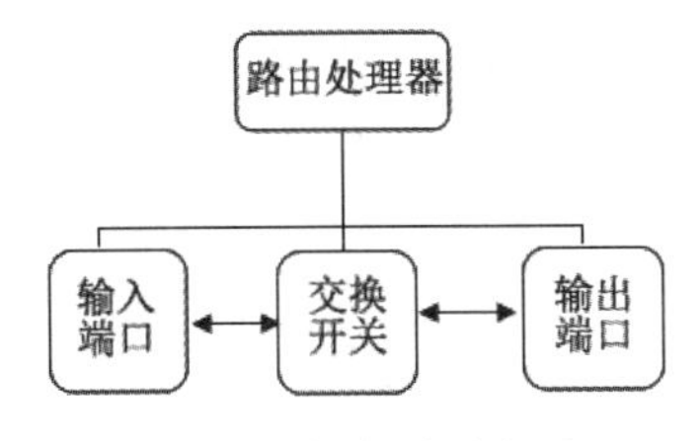

图 3-7 路由器的组成

（1）输入端口。输入端口是物理链路和输入包的进口处。该端口通常由线卡提供，一块线卡一般支持 4 个、8 个或 16 个端口。一个输入端口具有许多功能；第一，进行数据链路层的封装和解封装；第二，在转发表中查找输入包目的地址从而决定目的端口（称为路由查找）；第三，为了提供 QoS，端口要对收到的包分成几个预定义的服务级别；第四，端口可能要运行诸如 SLIP（串行线网际协议）和 PPP（点对点协议）这样的数据链路层协议，或者诸如 PPTP（点对点隧道协议）这样的网络层协议。

（2）交换开关。一旦路由查找完成，必须用交换开关将包发送到其输出端口。交换开关可以使用不同的技术来实现该功能。迄今为止使用最多的交换开关技术是总线开关、交叉开关和共享存储器。

（3）输出端口。在包被发送到输出链路之前对包存储，可以实现复杂的调度算法以支持优先级等要求。与输入端口一样，输出端口同样要能支持数据链路层的封装和解封装，以及许多较高级协议。

（4）路由处理器。路由处理器计算转发表实现路由协议，并运行对路由器进行配置和管理的软件。同时，它还处理那些目的地址不在路由转发表中的包。

3.2.2 路由器的存储组件

路由器的存储组件由 4 部分组成，分别是 NVRAM、SDRAM、BootROM 和 Flash，如图 3-8 所示。

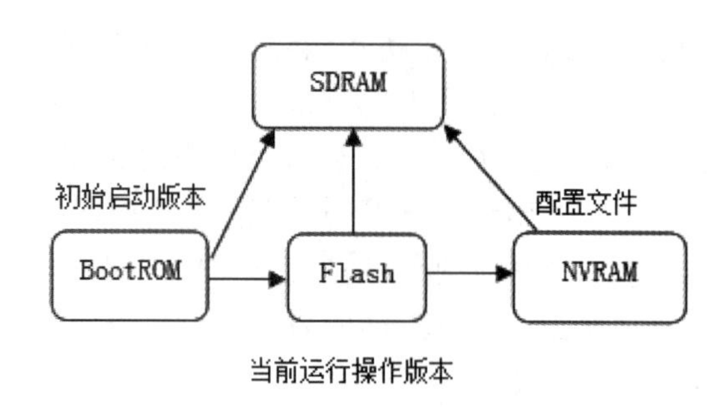

图 3-8　路由器的存储组件

NVRAM：非易失性存储器。它的内容掉电是不丢失的。这里通常存储路由器的启动配置文件。

SDRAM：主 RAM。它的内容掉电是丢失的。这里通常存放当前正在运行的配置文件和正在使用的路由表以及其他缓存数据等。

BootROM：启动只读存储器。这里存放相当于路由器自举程序的系统文件，其中的内容不可写，只可读，通常用于异常错误的恢复等操作。

Flash：闪式内存。它的内容也是掉电不丢失的，通常用来存放路由器当前使用的软件版本。

3.2.3　启动过程

（1）系统硬件加电自检。运行 BootROM 中的硬件检测程序，检测各组件能否正常工作。完成硬件检测后，开始软件初始化工作。

（2）软件初始化过程。运行 BootROM 中的引导程序，进行初步引导工作。

（3）寻找并载入操作系统文件。操作系统文件可以存放在多处，至于到底采用哪一个操作系统，是通过命令设置指定的。

（4）操作系统装载完毕，系统在 NVRAM 中搜索保存的 Startup-Config 文件，根据此文件内容进行系统配置。如果 NVRAM 中存在 Startup-Config 文件，则将该文件调入 RAM 中并逐条执行；否则，系统默认无配置，直接进入用户操作模式进行路由器初始配置。

（5）根据网络的数据传输和其他数据包的传输和处理，陆续将路由表的表项增加完整，即可进行正常的数据转发。

【任务实施】

1. 通过 Console 口登录路由器

路由器的基本配置

（1）连接路由器到配置终端。搭建本地配置环境，如图 3-9 所示，只需将配置口电缆的 RJ-45 的一端与路由器的配置口相连，DB9 的一端与计算机的串口相连。

（2）建立新的连接。打开配置终端，建立新的连接。如果使用计算机进行配置，需要在计算机上运行终端仿真程序，建立新的连接，如图 3-10

所示，输入新连接的名称，然后单击“确定”按钮。

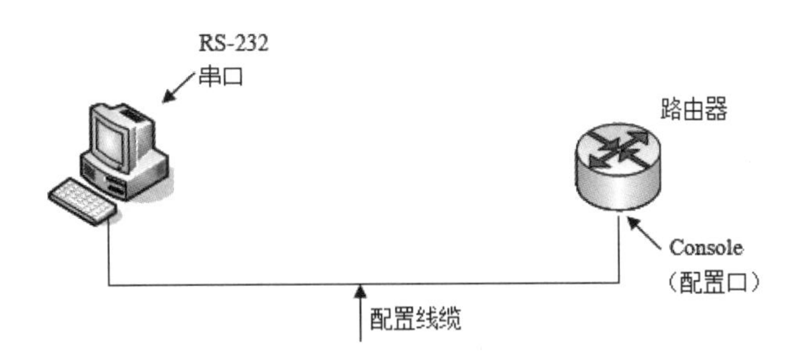

图 3-9 通过 Console 口进行本地配置

图 3-10 建立新的连接

（3）选择连接接口。在弹出的如图 3-11 所示的窗口中设置连接接口。在“连接时使用”一栏选择连接的串口（注意选择的串口应与配置电缆实际连接的串口一致）。

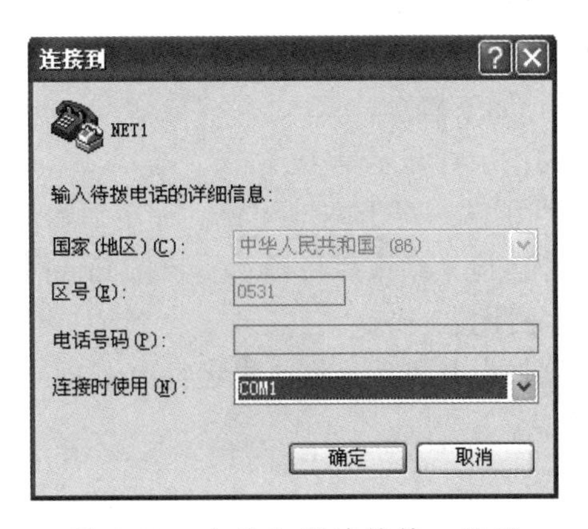

图 3-11 本地配置连接接口设置

（4）设置终端参数。Windows XP 超级终端参数设置如图 3-12 所示，即在串口的“属性”对话框中设置“每秒位数”为 9600，“数据位”为 8，“奇偶校验位”为“无”，“停止位”为 1，“数据流控制”为“无”，然后单击“确定”按钮，返回超级终端窗口。

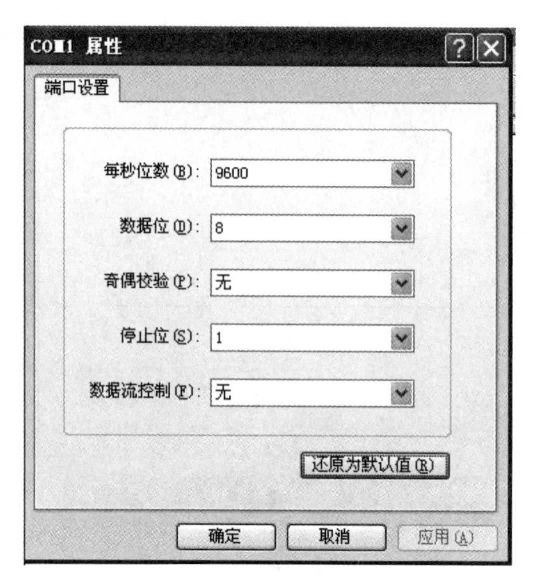

图 3-12　串口参数设置

（5）启动路由器。

1）路由器加电之前应进行如下检查。

- 电源线和地线连接是否正确。
- 供电电压与路由器的要求是否一致。
- 配置电缆连接是否正确，配置用计算机或终端是否已经打开并设置完毕。

注意：加电之前要确认设备供电电源开关的位置，以便在发生事故时能够及时切断供电电源。

2）路由器加电。

- 打开路由器供电开关。
- 打开路由器电源开关（将路由器电源开关置于 ON 位置）。

3）路由器加电后要进行如下检查。

- 路由器前面板上的指示灯显示是否正常。
- 配置终端显示是否正常。对于本地配置，加电后可在配置终端上直接看到启动界面。启动（即自检）结束后将提示用户按 Enter 键，当出现命令行提示符 Router> 时即可进行配置。

（6）启动过程。路由器加电开机后，将首先运行 BootROM 程序，终端屏幕上将显示如图 3-13 所示的系统信息。

说明：

如果超级终端无法连接到路由器，请按照以下顺序进行检查。

（1）检查计算机和路由器之间的连接处是否松动，要确保路由器已经开机。

（2）确保计算机选择了正确的 COM 口及默认登录参数。

（3）如果还是无法排除故障，因为路由器并不是出厂设置，可能路由器的速率设置不是 9600bps。总之应逐一进行检查。

（4）尝试使用计算机的另一个 COM 口和路由器的 Console 口连接，确保连接正常，输入默认参数进行登录。

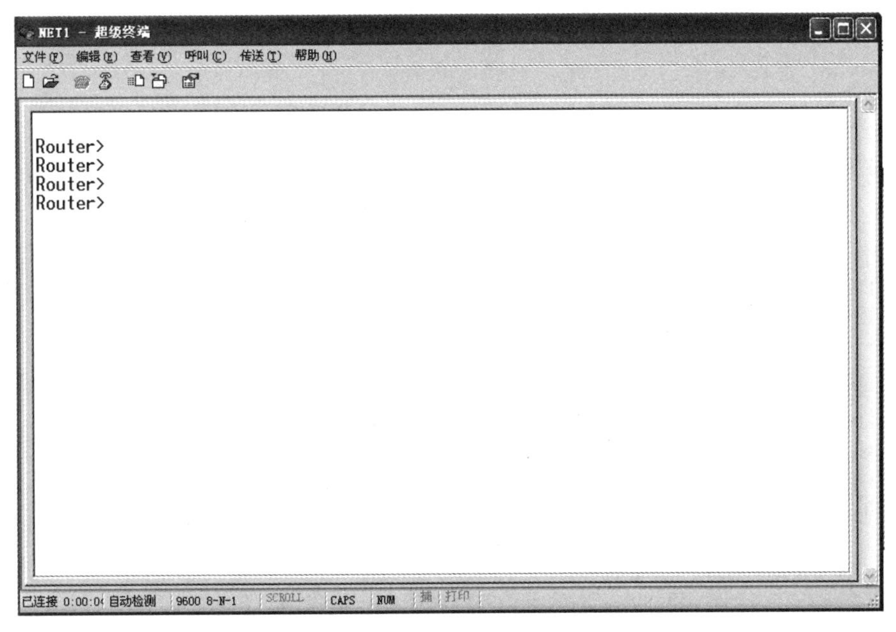

图 3-13　路由器登录界面

2. 通过 Telnet 登录路由器

要实现 Telnet 登录交换机，需要完成以下两步：一是在路由器上配置接口的 IP 地址和设置虚拟终端线路，保证路由器和 Telnet 用户具有连通性；二是将路由器连入网络后，进行 Telnet 登录测试。

（1）配置路由器接口的 IP 地址和设置虚拟终端线路。通过 Console 口登录路由器后进行如下配置。

1）神州数码设备配置实例。

```
Router>enable（由用户模式转换为特权模式）
Router#config（由特权模式转换为全局配置模式）
Router_config#hostname R1
R1_config#interface gigabitEthernet 0/0
（进入以太网接口模式，本书中将 gigabitEthernet 简写为 g）
R1_config_g0/0#ip address 192.168.1.1 255.255.255.0
（为此接口配置 IP 地址，此地址为计算机的默认网关）
R1_config_g0/0#no shutdown（激活该端口，默认为关闭状态）
R1_config#aaa authentication login default local
R1_config#username R1 password 0 123
R1_config#line console 0
R1_config_line# login authentication default
R1_config#line vty 0 4
（进入路由器的 VTY 虚拟终端下，“vty0 4”表示 vty0 到 vty4，共 5 个虚拟终端）
R1_config_line# login authentication default（登录时进行密码验证）
```

```
R1_config_line#exit
R1_config# aaa authentication enable default enable
R1_config#exit（由线路模式转换为全局配置模式）
R1_config#enable password 456（设置进入路由器特权模式的密码）
R1_config#exit（由全局配置模式转换为特权模式）
R1#write（将正在运行的配置文件保存到启动配置文件）
Saving current configuration...
OK!
（系统提示保存成功）
```

2）H3C 设备配置实例。

```
<R1>system-view
[R1]interface g0/0（进入以太网接口模式）
[R1-GigabitEthernet0/0]ip address 192.168.1.1 255.255.255.0
[R1-Gigabitethernet0/0]undo shutdown
[R1]telnet server enable
[R1]user-interface vty 0 4     （进入路由器的 VTY 虚拟终端）
[R1-ui-vty0-4]authentication-mode password   （设置验证模式）
[R1-ui-vty0-4]set authentication password simple 123（设置验证密码）
 [R1-ui-vty0-4]user privilege level 3（设置用户级别）
```

（2）将路由器连入网络中。

1）搭建环境。如图 3-14 所示建立配置环境，将路由器连入网络中，并保证网络连通。前面配置了路由器接口 g0/0 的 IP 地址为 192.168.1.1/24，计算机通过网卡和路由器的以太网接口相连，计算机的 IP 地址和路由器 g0/0 接口的 IP 地址必须在同一网段（192.168.1.0）。如，设置计算机 pc1 的 IP 地址为 192.168.1.2/24（IP 地址只要在 192.168.1.2 ～ 192.168.1.254 的范围内，不冲突就可以），默认网关为 192.168.1.1。具体设置如图 3-15 所示。

图 3-14　通过 Telnet 登录交换机

在运行 Telnet 程序前，可以首先测试计算机与路由器的连通性，确保能够 ping 通。具体如图 3-16 所示。

2）运行 Telnet 程序。在计算机的“运行”窗口中运行 Telnet 程序，输入“telnet 192.168.1.1”，如图 3-17 所示。

3）测试结果。在图 3-17 中单击“确定”按钮，打开“Telnet 192.168.1.1”窗口，系统会提示输入已设置的用户名或口令，终端上会显示信息“Login authentication”，如图 3-18 所示，根据提示输入正确口令后，则会出现路由器的命令行提示符。

说明：通过 Telnet 配置路由器时，请不要轻易改变路由器的 IP 地址（因为修改可能导致 Telnet 连接断开）；如有必要修改，须输入路由器的新 IP 地址，重新建立连接。

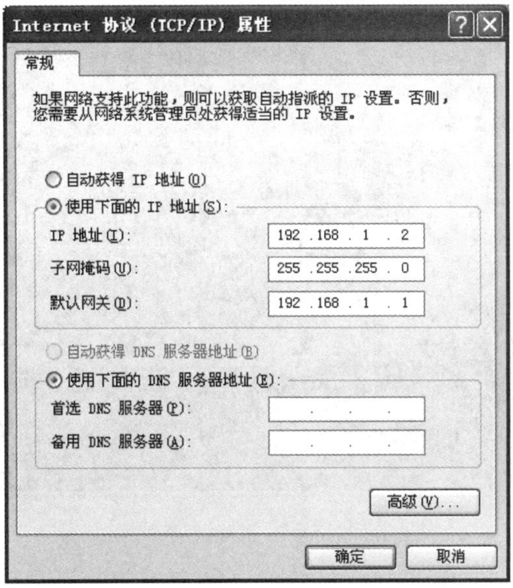

Internet 协议（TCP/IP）属性

常规

如果网络支持此功能，则可以获取自动指派的 IP 设置。否则，您需要从网络系统管理员处获得适当的 IP 设置。

○自动获得 IP 地址(O)
◉使用下面的 IP 地址(S):
IP 地址(I): 192 . 168 . 1 . 2
子网掩码(U): 255 . 255 . 255 . 0
默认网关(D): 192 . 168 . 1 . 1

○自动获得 DNS 服务器地址(B)
◉使用下面的 DNS 服务器地址(E):
首选 DNS 服务器(P):
备用 DNS 服务器(A):

高级(V)...

确定 取消

图 3-15 设置计算机的 IP 地址

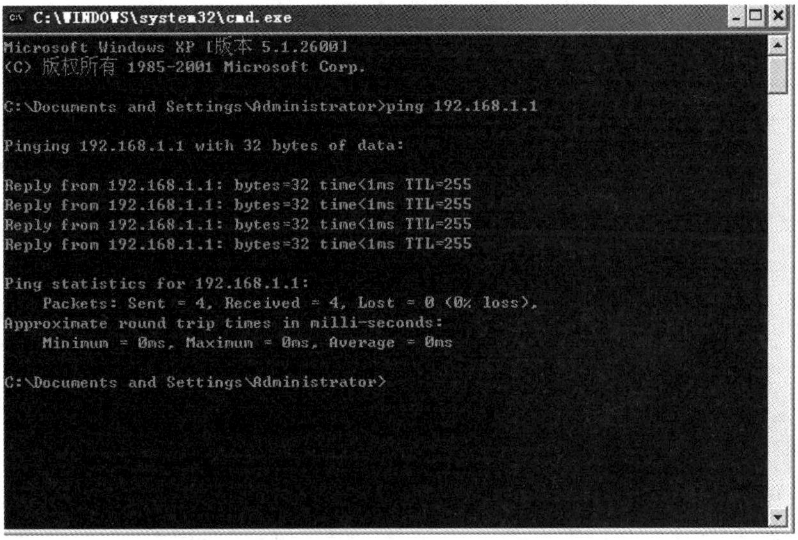

C:\WINDOWS\system32\cmd.exe

```
Microsoft Windows XP [版本 5.1.2600]
(C) 版权所有 1985-2001 Microsoft Corp.

C:\Documents and Settings\Administrator>ping 192.168.1.1

Pinging 192.168.1.1 with 32 bytes of data:

Reply from 192.168.1.1: bytes=32 time<1ms TTL=255
Reply from 192.168.1.1: bytes=32 time<1ms TTL=255
Reply from 192.168.1.1: bytes=32 time<1ms TTL=255
Reply from 192.168.1.1: bytes=32 time<1ms TTL=255

Ping statistics for 192.168.1.1:
    Packets: Sent = 4, Received = 4, Lost = 0 (0% loss),
Approximate round trip times in milli-seconds:
    Minimum = 0ms, Maximum = 0ms, Average = 0ms

C:\Documents and Settings\Administrator>
```

图 3-16 通过 ping 命令测试连通性

图 3-17 运行 Telnet 程序

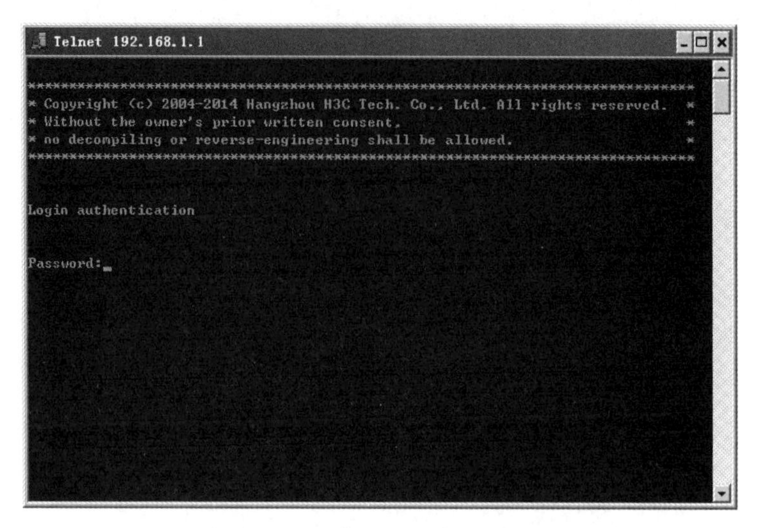

图 3-18　通过 Telnet 登录路由器

【任务小结】

本任务要求分组实施，学生每 3 ～ 5 人一组，讨论实施方案，共同解决实训中出现的问题。要掌握路由器的基本配置，确保路由器与计算机的连通性，能够实现远程登录。

【思政元素】

通过对如何避免黑客在企业网内窃取数据问题的引入，引导学生虽然可以掌握黑客的技术，但不能做违法的事情，使学生树立诚信意识并增强遵纪守法的社会责任感。

任务 3.3　路由器静态路由协议配置

【任务分析】

本任务要求了解路由器的路由过程，熟悉路由表的结构，能够正确配置静态路由，实现网络连通。

【知识链接】

3.3.1　IP 路由过程

路由器提供了将异构网互联的机制，实现了将一个数据包从一个网络发送到另一个网络。路由就是指导 IP 数据包发送的路径信息。

（1）如图 3-19 所示，当主机 A 要向另一个主机 B 发送数据包时，先要检查目的主机 B 是否与源主机 A 连接在同一个网络上。

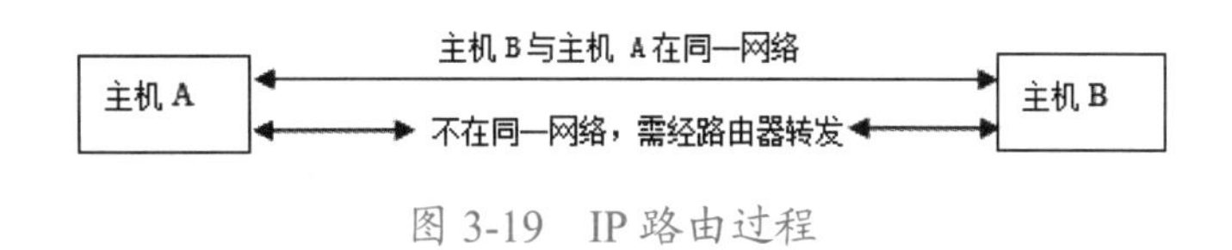

图 3-19　IP 路由过程

（2）如果目的主机 B 与源主机 A 在同一个网络，就将数据包直接交付给目的主机 B 而不需要通过路由器。

（3）如果目的主机 B 与源主机 A 不在同一个网络上，则应将数据包发送给本网络上的某个路由器，由该路由器按照转发表指出的路由将数据包转发给下一个路由器，直到到达直接连接目的网络的路由设备，由它将数据包发向目的节点，如图 3-20 所示。

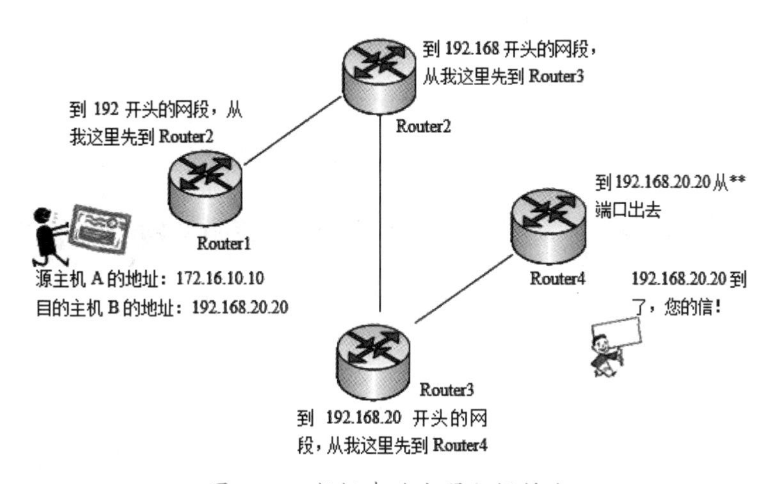

图 3-20　数据在路由器之间转发

3.3.2　路由表

路由器转发数据包的关键是路由表。每个路由器中都保存着一张路由表，表中每条路由项都指明数据包到达某子网或某主机应通过路由器的哪个物理端口发送，然后可到达该路径的下一个路由器，或者不再经过别的路由器而传送到直接相连的网络中的目的主机。

1. 路由表的结构

不同厂商的路由器，其路由表的结构略有不同，图 3-21 与图 3-22 所示分别为神州数码路由器与 H3C 路由器的路由表，其中均包含以下主要关键项。

目的地址（Destination）：用来标识 IP 包的目的地址或目的网络。

输出接口（Interface）：将数据包转发时所使用的网络接口。这是一个端口号或其他类型的逻辑标识符。

下一跳 IP 地址（NextHop）：至目的地的网络路径上，下一个路由器接口的 IP 地址，只有当目的 IP 地址所在的网络与路由器不直接相连时，路由器表中才出现此项。

另外，路由表中还包含路由的来源、路由的优先级、路由权等信息。

路由来源代码符号表

```
C3640#show ip route
Codes: C - connected, S - static, I - IGRP, R - RIP, M - mobile, B - BGP
       D - EIGRP, EX - EIGRP external, O - OSPF, IA - OSPF inter area
       N1 - OSPF NSSA external type 1, N2 - OSPF NSSA external type 2
       E1 - OSPF external type 1, E2 - OSPF external type 2, E - EGP
       i - IS-IS, L1 - IS-IS level-1, L2 - IS-IS level-2, ia - IS-IS inter area
       * - candidate default, U - per-user static route, o - ODR
       P - periodic downloaded static route

Gateway of last resort is 192.168.1.2 to network 0.0.0.0

     169.254.0.0/24 is subnetted, 1 subnets
C       169.254.0.0 is directly connected, FastEthernet1/0
S    192.168.4.0/24 [1/0] via 10.0.0.2
     10.0.0.0/24 is subnetted, 1 subnets
C       10.0.0.0 is directly connected, Serial0/0
     11.0.0.0/24 is subnetted, 1 subnets
C       11.0.0.0 is directly connected, Serial0/1
C    192.168.1.0/24 is directly connected, FastEthernet0/0
R    192.168.2.0/24 [120/1] via 10.0.0.2, 00:00:18, Serial0/0
C    192.168.3.0/24 is directly connected, Loopback0
S*   0.0.0.0/0 [1/0] via 192.168.1.2
C3640#_
```

路由信息（条目）表

图 3-21 神州数码路由器的路由表

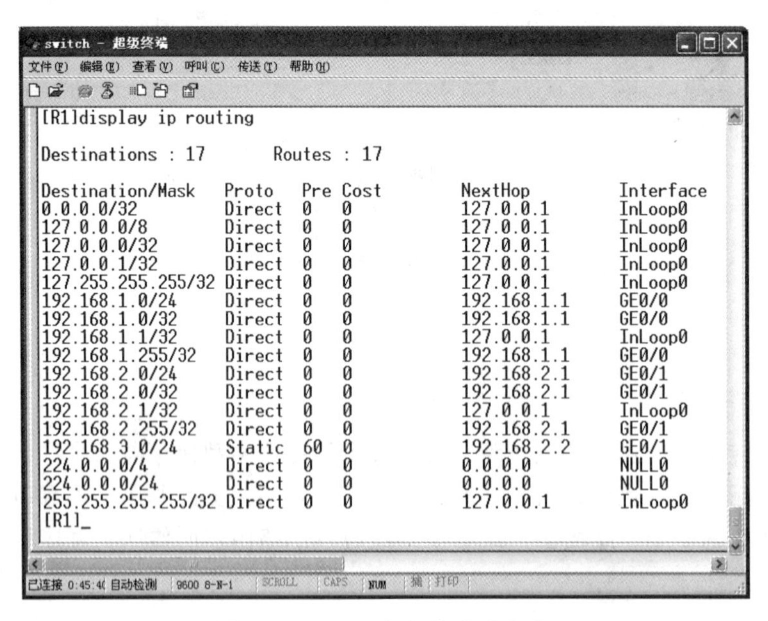

[R1]display ip routing

Destinations : 17 Routes : 17

Destination/Mask	Proto	Pre	Cost	NextHop	Interface
0.0.0.0/32	Direct	0	0	127.0.0.1	InLoop0
127.0.0.0/8	Direct	0	0	127.0.0.1	InLoop0
127.0.0.0/32	Direct	0	0	127.0.0.1	InLoop0
127.0.0.1/32	Direct	0	0	127.0.0.1	InLoop0
127.255.255.255/32	Direct	0	0	127.0.0.1	InLoop0
192.168.1.0/24	Direct	0	0	192.168.1.1	GE0/0
192.168.1.0/32	Direct	0	0	192.168.1.1	GE0/0
192.168.1.1/32	Direct	0	0	127.0.0.1	InLoop0
192.168.1.255/32	Direct	0	0	192.168.1.1	GE0/0
192.168.2.0/24	Direct	0	0	192.168.2.1	GE0/1
192.168.2.0/32	Direct	0	0	192.168.2.1	GE0/1
192.168.2.1/32	Direct	0	0	127.0.0.1	InLoop0
192.168.2.255/32	Direct	0	0	192.168.2.1	GE0/1
192.168.3.0/24	Static	60	0	192.168.2.2	GE0/1
224.0.0.0/4	Direct	0	0	0.0.0.0	NULL0
224.0.0.0/24	Direct	0	0	0.0.0.0	NULL0
255.255.255.255/32	Direct	0	0	127.0.0.1	InLoop0

[R1]_

图 3-22 H3C 路由器的路由表

2. 路由的来源

在路由表中有一个字段指明了路由的来源，即路由是如何生成的。路由的来源主要有三种：

（1）直连路由协议。只要路由器的接口配置正确，直连路由协议就会形成。直连路由协议的特点是开销小，配置简单，无须人工维护，只能发现本接口所属网段的路由。

（2）静态路由协议。静态路由协议是一种特殊的路由，它由管理员手工配置而成。通过静态路由协议的配置可建立一个互通的网络。其特点如下：

- 静态添加、静态删除。
- 必须要管理员参与才能完成。
- 实时性差。
- 稳定性好。
- 静态路由协议无开销，配置简单，适合简单拓扑结构的网络。

（3）动态路由协议。当网络拓扑结构十分复杂时，手工配置静态路由协议的工作量大且容易出现错误，这时就可用动态路由协议，让其自动发现和修改路由，无须人工维护。但动态路由协议开销大，配置复杂。其特点如下：

- 通过路由器之间的通告获得路由信息。
- 一次启用，不需要管理员再参与。
- 实时性强。
- 稳定性不好。

动态路由协议包括各种网络层协议。根据是否在一个自治域内部使用，动态路由协议分为内部网关协议（IGP）和外部网关协议（EGP）。这里的自治域指一个具有统一管理机构、统一路由策略的网络。自治域内部采用的路由选择协议称为内部网关协议，常用的有 RIP、OSPF；外部网关协议主要用于多个自治域之间的路由选择，常用的是 BGP 和 BGP-4。

RIP、OSPF 协议将在本项目的后面章节中具体介绍。

BGP 是为 TCP/IP 互联网设计的外部网关协议，用于多个自治域之间。它既不是基于纯粹的链路状态算法，也不是基于纯粹的距离向量算法。它的主要功能是与其他自治域的 BGP 交换网络可达信息。各个自治域可以运行不同的内部网关协议。BGP 更新信息包括网络号 / 自治域路径的成对信息，自治域路径包括到达某个特定网络须经过的自治域串，这些更新信息通过 TCP 传送出去，以保证传输的可靠性。

为了满足 Internet 日益扩大的需要，BGP 还在不断地发展。在最新的 BGP-4 中，还可以将相似路由合并为一条路由。

3. 路由优先级（Preference）

对于到达相同的目的地，不同的路由协议（包括静态路由协议）可能发现不同的路由，但并非这些路由都是最优的。事实上，在某一时刻，到某一目的地的当前路由仅能由唯一的路由协议来决定。这样，各路由协议（包括静态路由协议）都被赋予了一个优先级。当存在多个路由信息源时，具有较高优先级（数值越小表明优先级越高）的路由协议发现的路由将成为最优路由，并被加入路由表中。表 3-4 和表 3-5 分别列出了神州数码路由器和 H3C 路由器的不同路由协议默认的优先级。

表 3-4　神州数码路由器的不同路由协议默认优先级

路由信息源	缺省优先级
直连路由协议	0
静态路由协议	1
EIGRP	90
IGRP	100
OSPF	110
RIP	120
未知路由	255

表 3-5　H3C 路由器的不同路由协议默认优先级

路由信息源	缺省优先级
直连路由协议	0
静态路由协议	60
IS-IS	15
IBGP	255
OSPF	10
RIP	100
EBGP	255
未知路由	256

4. 路由权

路由权（Cost）表示到达这条路由所指的目的地址的代价。通常路由权值会受到线路延迟、带宽、线路占有率、线路可信度、跳数、最大传输单元等因素的影响，不同的动态路由协议会选择其中的一种或几种因素来计算权值（如 RIP 只用跳数来计算权值）。该路由权值只在同一种路由协议内有比较意义，不同的路由协议之间的路由权值没有可比性，也不存在换算关系。比如，OSPF 发现到网络 A 的两条路由，那么路由权值小的那条将会被选用。路由权用于判断同一协议的路由优劣。

【任务实施】

静态路由配置

1. 设备与配线

路由器两台、兼容 VT-100 的终端设备或能运行终端仿真程序的计算机两台以上、RS-232 电缆一根、RJ-45 接头的交叉双绞线若干。

2. 网络拓扑图

如图 3-23 所示搭建网络，图中每个连接局域网的路由器接口仅连接了一台计算机进行示意，读者在进行实训时，可以接入多台计算机，方便测试。

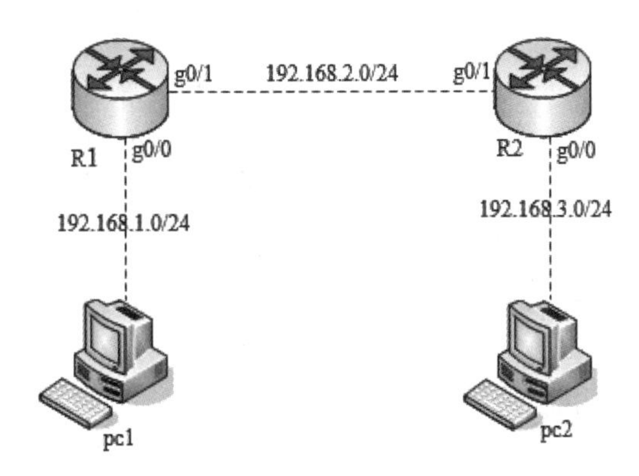

图 3-23　静态路由协议网络配置

本任务的实施主要分为两部分：一是根据网络要求配置路由器；二是通过计算机进行测试。本网络共有三个 C 类网络，分别是 192.168.1.0/24、192.168.2.0/24、192.168.1.0/24，各设备的网络配置见表 3-6。

表 3-6　各设备的网络配置

设备	接口	IP 地址	子网掩码	默认网关
路由器 R1	g0/0	192.168.1.1	255.255.255.0	无
路由器 R1	g0/1	192.168.2.1	255.255.255.0	无
路由器 R2	g0/0	192.168.3.1	255.255.255.0	无
路由器 R2	g0/1	192.168.2.2	255.255.255.0	无
计算机 pc1	网卡	192.168.1.2	255.255.255.0	192.168.1.1
计算机 pc2	网卡	192.168.3.2	255.255.255.0	192.168.3.1

3. 路由器配置

（1）神州数码设备配置实例。

1）路由器 R1、R2 接口的配置。

① 路由器 R1 接口的配置。

```
Router>enable
Router#config
Router_config#hostname R1
R1_config#interface g0/0
R1_config_g0/0#ip address 192.168.1.1 255.255.255.0
R1_config_g0/0#no shutdown
R1_config#interface g0/1
R1_config_g0/1#ip address 192.168.2.1 255.255.255.0
```

```
R1_config_g0/1#no shutdown
```

② 路由器 R2 接口的配置同路由器 R1 类似。

当路由器 R1、R2 接口的 IP 地址配置完成后，路由器直连的网络就会出现在路由表中。如在路由器 R1 上使用显示路由表的命令 R1#show ip route，显示结果的主要内容如下。

```
R1#show ip route
Codes: C - connected, S - static, R - RIP, B - BGP, BC - BGP connected
    D - DEIGRP, DEX - external DEIGRP, O - OSPF, OIA - OSPF inter area
    ON1 - OSPF NSSA external type 1, ON2 - OSPF NSSA external type 2
    OE1 - OSPF external type 1, OE2 - OSPF external type 2
    DHCP - DHCP type
    C 192.168.1.0   is directly connected, GigabitEthernet 0/0
    C 192.168.2.0   is directly connected, GigabitEthernet 0/1
```

2）路由器 R1、R2 静态路由协议的配置。

① 路由器 R1 静态路由协议的配置。

```
R1_config#ip route 192.168.3.0 255.255.255.0 192.168.2.2
（配置到达非直连的网络 192.168.3.0 的路由，下一跳为 192.168.2.2）
```

② 路由器 R2 静态路由协议的配置。

```
R2_config#ip route 192.168.1.0 255.255.255.0 192.168.2.1
（配置到达非直连的网络 192.168.1.0 的路由，下一跳为 192.168.2.1）
```

（2）显示路由器 R1、R2 的路由表。

当所有路由器配置完成后才可以查看完整的路由表。如在路由器 R1 上使用显示路由表的命令 R1#show ip route，显示结果的主要内容如下。

```
R1#show ip route
Codes: C - connected, S - static, R - RIP, B - BGP, BC - BGP connected
    D - DEIGRP, DEX - external DEIGRP, O - OSPF, OIA - OSPF inter area
    ON1 - OSPF NSSA external type 1, ON2 - OSPF NSSA external type 2
    OE1 - OSPF external type 1, OE2 - OSPF external type 2
    DHCP - DHCP type
    C 192.168.1.0   is directly connected, GigabitEthernet 0/0
    C 192.168.2.0   is directly connected, GigabitEthernet 0/1
    S 192.168.3.0/24 [1/0] via  192.168.2.2
```

如上所示，在路由器 R1 上添加了一条到达网络 192.168.3.0/24 的静态路由。路由器 R2 上显示的路由表结果与路由器 R1 的类似。

（3）H3C 设备配置实例。

1）路由器 R1、R2 接口的配置。

① 路由器 R1 接口的配置。

```
<R1>system-view
[R1]interface g0/0
[R1-GigabitEthernet0/0]ip address 192.168.1.1 255.255.255.0
[R1-Gigabitethernet0/0]undo shutdown
[R1-Gigabitethernet0/0]interface g0/1
[R1-Gigabitethernet0/1]ip address 192.168.2.1 255.255.255.0
[R1-Gigabitethernet0/1]undo shutdown
```

② 路由器 R2 接口的配置与路由器 R1 类似。

当路由器 R1、R2 接口的 IP 地址配置完成后，路由器直连的网络就会出现在路由表中。如在路由器 R1 上使用显示路由表的命令 [R1]display ip routing，显示结果的主要内容如下。

```
[R1]display ip routing
Destination/Mask  Proto  Pre Cost  NextHop      Interface
192.168.1.0/24    Direct 0   0     192.168.1.1  GE0/0
192.168.2.0/24    Direct 0   0     192.168.2.1  GE0/1
```

2）路由器 R1、R2 静态路由协议的配置。

① 路由器 R1 静态路由协议的配置。

```
[R1]ip route-static 192.168.3.0 255.255.255.0 192.168.2.2
（配置到达非直连的网络 192.168.3.0 的路由，下一跳为 192.168.2.2）
```

② 路由器 R2 静态路由协议的配置。

```
[R2]ip route-static 192.168.1.0 255.255.255.0 192.168.2.1
（配置到达非直连的网络 192.168.1.0 的路由，下一跳为 192.168.2.1）
```

3）显示路由器 R1、R2 的路由表。

当所有路由器配置完成后才可以查看完整的路由表。如在路由器 R1 上使用显示路由表的命令 [R1]display ip routing，显示结果的主要内容如下。

```
[R1]display ip routing
Destination/Mask  Proto  Pre Cost  NextHop      Interface
192.168.1.0/24    Direct 0   0     192.168.1.1  GE0/0
192.168.2.0/24    Direct 0   0     192.168.2.1  GE0/1
192.168.3.0/24    Static 60  0     192.168.2.2  GE0/1
```

如上所示，在路由器 R1 上添加了一条到达网络 192.168.3.0/24 的静态路由。路由器 R2 上显示的路由表结果与路由器 R1 的类似。

4. 测试网络连通性

计算机的 IP 属性设置见表 3-7，在计算机和路由器上分别测试网络连通性。

（1）在计算机 pc1、pc2 上测试。如表 3-7 所列，计算机 pc1 可以 ping 通所有节点的 IP 地址，三个网络互通。在计算机 pc2 上的测试与在 pc1 上的测试类似。

表 3-7 测试验证

以计算机 pc1 为例进行测试			
设备接口	相应 IP 地址	动作	结果
R1 的 g0/0	192.168.1.1	192.168.1.2 ping 192.168.1.2	通
R1 的 g0/1	192.168.2.1	192.168.1.2 ping 192.168.2.1	通
R2 的 g0/0	192.168.2.2	192.168.1.2 ping 192.168.2.2	通
R2 的 g0/1	192.168.3.1	192.168.1.2 ping 192.168.3.1	通
计算机 pc2 网卡	192.168.3.2	192.168.1.2 ping 192.168.3.2	通

（2）在路由器 R1、R2 上测试。在路由器 R1、R2 上使用 ping 命令测试每个节点的连通性，测试结果应均能连通。图 3-24 为在 H3C 路由器 R1 上 ping 通计算机 pc2 的界面。

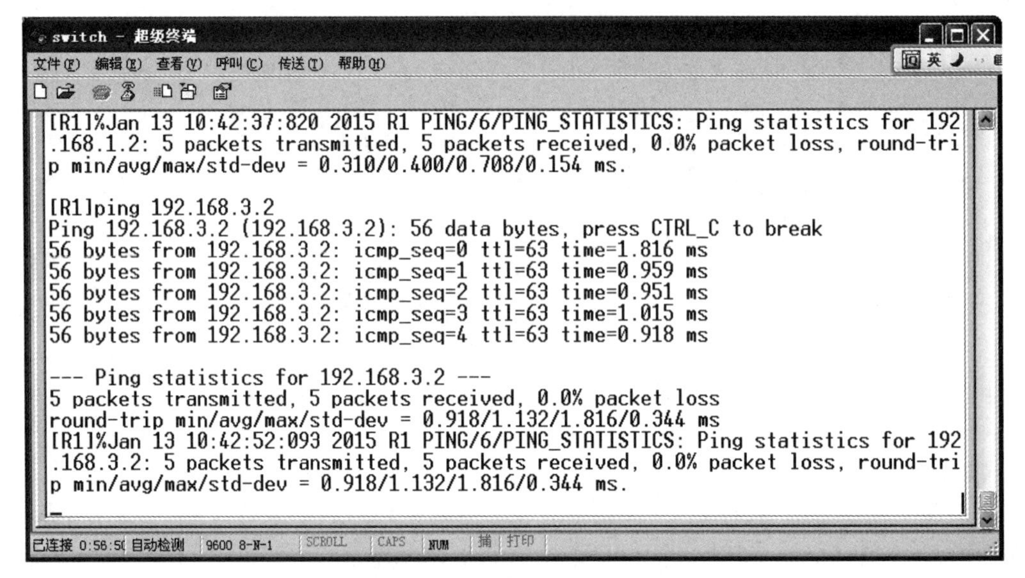

图 3-24 在路由器 R1 上 ping 通计算机 pc2 的界面

如果是神州数码的路由器，应在特权模式下使用 ping 命令，如 R1#ping 192.168.3.2。

【任务小结】

本任务要求分组实施，学生每 3 ～ 5 人一组，讨论实施方案，共同解决实训中出现的问题。

在路由器中，只要正确配置了接口地址并打开接口，在路由表中就可以看到直连路由表项，则该路由器直连的网络就通了。配置静态路由协议时只需要配置非直连的网络即可。

本任务要求学生熟悉路由表结构，了解不同的路由协议的优先级和路由权值，并能够通过查看路由表进行排错。

任务 3.4 路由器动态路由协议配置

【任务分析】

本任务要求了解路由器的动态路由协议，能够正确配置 RIP 和 OSPF 路由，实现网络连通。

【知识链接】

RIP 路由协议

3.4.1 路由信息协议

路由信息协议（Routing Information Protocol，RIP）是一种较为简单的内部网关协议（Interior Gateway Protocol，IGP），主要用于规模较小的网络中。RIP 的基本思想：路由器周期性地向其相邻路由器广播自己知道的路由信息，用于通知相邻路由器自己可以到达的网络以及到达该网络的距离（通常用“跳数”表示），相邻路由器可以根据收到的路由信息修改和刷新自己的路由表；路由器启动时初始化自己的路由表，初始路由表包含所有去往与该路由器直接相连的网络路径；初始路由表中各路径的距离均为 0；各路由器周期性地向其相邻的路由器广播自己的路由表信息。

RIP 具有以下特点：

（1）RIP 是自治系统内部使用的协议，即内部网关协议，使用的是距离矢量算法。

（2）RIP 使用 UDP 的 520 端口进行 RIP 进程之间的通信。

（3）RIP 主要有两个版本：RIPv1 和 RIPv2。RIPv1 协议的具体描述在 RFC 1058 中，RIPv2 是对 RIPv1 协议的改进，其协议的具体描述在 RFC 2453 中。

（4）RIP 以跳数作为网络度量值。

（5）RIP 采用广播或组播进行路由更新，其中 RIPv1 使用广播，而 RIPv2 使用组播（224.0.0.9）。

（6）RIP 支持主机被动模式，即 RIP 允许主机只接收和更新路由信息而不发送信息。

（7）RIP 支持默认路由传播。

（8）RIP 的网络直径不超过 15 跳，为 16 跳时则认为网络不可达。

（9）RIPv1 是有类路由协议，RIPv2 是无类路由协议，即 RIPv2 的报文中含有掩码信息。

OSPF 路由协议

3.4.2 开放式最短路径优先路由

开放式最短路径优先（Open Shortest Path First，OSPF）是一个内部网关协议，用于在单一自治系统（Autonomous System，AS）内决策路由，是对链路状态路由协议的一种实现。

链路是路由器接口的另一种说法，因此 OSPF 也称为接口状态路由协议。OSPF 通过路由器之间的通告网络接口的状态来建立链路状态数据库，生成最短路径树。每个 OSPF 路由器使用这些最短路径构造路由表。

作为一种链路状态的路由协议，OSPF 将链路状态组播数据 LSA（Link State Advertisement）传送给在某一区域内的所有路由器，这一点与距离矢量路由协议不同。运行距离矢量路由协议的路由器是将部分或全部的路由表传递给与其相邻的路由器。

1．Router-ID

每一台 OSPF 路由器只有一个 Router-ID，Router-ID 通过 IP 地址的形式来表示。确定 Router-ID 的方法如下：

- 手工指定 Router-ID。

- 路由器上活动 Loopback 接口中 IP 地址最大的（也就是数字最大的）如 C 类地址优先于 B 类地址。一个非活动的接口的 IP 地址是不能被选为 Router-ID 的。
- 如果没有活动的 Loopback 接口，则选择活动物理接口 IP 地址最大的作为 Router-ID。

2. OSPF 区域

因为 OSPF 路由器之间会将所有的链路状态（LSA）相互交换，毫不保留，当网络规模达到一定程度时，LSA 将形成一个庞大的数据库，势必会给 OSPF 计算带来巨大的压力。为了降低 OSPF 计算的复杂程度，缓存计算压力，OSPF 采用分区域计算，将网络中所有 OSPF 路由器划分成不同的区域，每个区域负责各自区域精确的 LSA 传递与路由计算，然后再将一个区域的 LSA 简化和汇总之后转发到另外一个区域，这样一来，在区域内部，拥有网络精确的 LSA，而在不同区域，则传递简化的 LSA。为了能够尽量设计成无环网络，区域的划分采用了 Hub-Spoke 的拓朴架构，也就是采用核心与分支的拓朴，如图 3-25 所示。

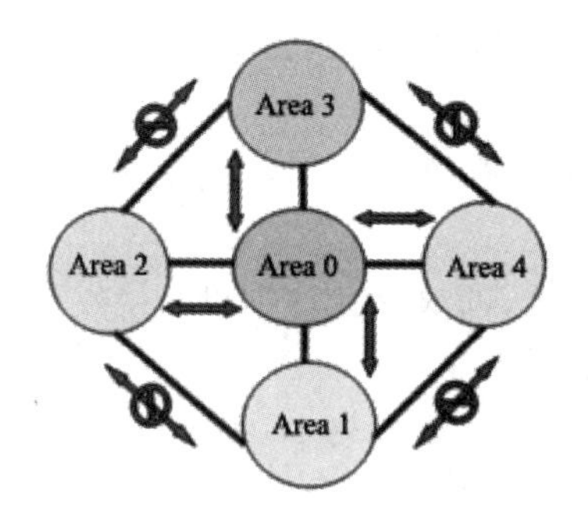

图 3-25　Hub-Spoke 的拓朴架构

区域的命名可以采用整数数字，如 1、2、3、4；也可以采用 IP 地址的形式，如 0.0.0.1、0.0.0.2。因为采用了 Hub-Spoke 的架构，所以必须定义出一个核心，然后其他部分都与核心相连，OSPF 的区域 0 就是所有区域的核心，称为 BackBone 区域（骨干区域），而其他区域称为 Normal 区域（常规区域）。理论上，所有的常规区域应该直接和骨干区域相连，且常规区域只能和骨干区域交换 LSA。

3. 邻居（Neighbor）

OSPF 只有邻接状态才会交换 LSA，路由器会将链路状态数据库中所有的内容毫不保留地发给所有邻居。要想在 OSPF 路由器之间交换 LSA，必须先形成 OSPF 邻居，OSPF 邻居靠发送 Hello 包来建立和维护。Hello 包会在启动了 OSPF 的接口上周期性地发送。在不同的网络中，发送 Hello 包的间隔也会不同，当超过 4 倍的 Hello 时间，也就是 Dead 时间过后还没有收到邻居的 Hello 包时，邻居关系将被断开。

两台 OSPF 路由器必须满足 4 个必备条件，才能形成 OSPF 邻居。4 个必备条件如下：

- Area-id（区域号码）：即路由器之间必须配置在相同的 OSPF 区域，否则无法形成邻居。

- Hello and Dead Interval（Hello 时间与 Dead 时间）：即路由器之间的 Hello 时间和 Dead 时间必须一致，否则无法形成邻居。
- Authentication（认证）：路由器之间必须配置相同的认证密码，如果密码不同，则无法形成邻居。
- Stub Area Flag（末节标签）：路由器之间的末节标签必须一致，即处在相同的末节区域内，否则无法形成邻居。

【任务实施】

RIP 路由协议配置

1. 设备与配线

路由器两台，兼容 VT-100 的终端设备或能运行终端仿真程序的计算机两台以上，RS-232 电缆一根，RJ-45 接头的交叉双绞线若干。

OSPF 路由协议配置

2. 网络拓扑图

本任务的网络拓扑如图 3-26 所示（与“图 3-23　静态路由协议网络配置”相同），各设备的网络配置与“表 3-6　各设备的网络配置”相同。

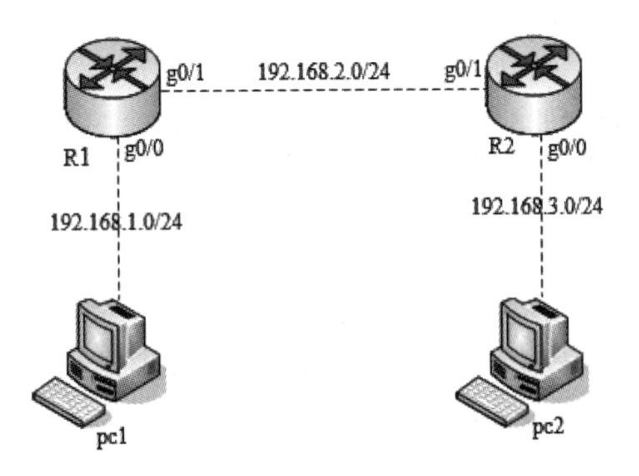

图 3-26　动态路由协议网络配置

本任务的实施主要侧重于通过动态路由协议的配置来实现网络连通：一是 RIP 的配置；二是 OSPF 的配置。

3. 路由器配置

（1）神州数码设备配置实例。

1）路由器 R1、R2 接口的配置。

与“任务 3.3　路由器静态路由协议配置”相应部分相同。

2）路由器的 RIP 配置。

① 路由器 R1 的 RIP 配置。

```
R1_config#router rip     （启动 RIP）
R1_config_rip#network 192.168.1.0（通告直连的网络）
R1_config_rip#network 192.168.2.0
```

② 路由器 R2 的 RIP 配置。

```
R2_config#router rip
R2_config_rip#network 192.168.2.0
R2_config_rip#network 192.168.3.0
```

③ 显示路由器 R1、R2 的路由表。

当所有路由器配置完成后才可以查看完整的路由表。如在路由器 R1 上使用显示路由表的命令 R1#show ip route，显示结果的主要内容如下。

```
R1#show ip route
Codes: C - connected, S - static, R - RIP, B - BGP, BC - BGP connected
    D - DEIGRP, DEX - external DEIGRP, O - OSPF, OIA - OSPF inter area
    ON1 - OSPF NSSA external type 1, ON2 - OSPF NSSA external type 2
    OE1 - OSPF external type 1, OE2 - OSPF external type 2
    DHCP - DHCP type
    C 192.168.1.0   is directly connected, GigabitEthernet 0/0
    C 192.168.2.0   is directly connected, GigabitEthernet 0/1
    R 192.168.3.0/24 [120/1] via  192.168.2.2   GigabitEthernet 0/1
```

如上所示，在路由器 R1 上产生了一条到达网络 192.168.3.0/24 的 RIP 路由。路由器 R2 上显示的路由表结果与路由器 R1 的类似。

3）路由器的 OSPF 配置。

① 路由器 R1 的 OSPF 配置。

```
R1_config#router ospf 1      （启动 OSPF 路由）
R1_config_ospf_1#network 192.168.1.0 255.255.255.0 area 0（通告直连的网络）
R1_config_ospf_1#network 192.168.2.0 255.255.255.0 area 0
```

② 路由器 R2 的 OSPF 配置。

```
R2_config#router ospf 1
R2_config_ospf_1#network 192.168.2.0 255.255.255.0 area 0
R2_config_ospf_1#network 192.168.3.0 255.255.255.0 area 0
```

③ 显示路由器 R1、R2 的路由表。

当所有路由器配置完成后才可以查看完整的路由表。如在路由器 R1 上使用显示路由表的命令 R1#show ip route，显示结果的主要内容如下。

```
R1#show ip route
Codes: C - connected, S - static, R - RIP, B - BGP, BC - BGP connected
    D - DEIGRP, DEX - external DEIGRP, O - OSPF, OIA - OSPF inter area
    ON1 - OSPF NSSA external type 1, ON2 - OSPF NSSA external type 2
    OE1 - OSPF external type 1, OE2 - OSPF external type 2
    DHCP - DHCP type
    C 192.168.1.0   is directly connected, GigabitEthernet 0/0
    C 192.168.2.0   is directly connected, GigabitEthernet 0/1
    O 192.168.3.0/24 [120/1] via  192.168.2.2   GigabitEthernet 0/1
```

如上所示，在路由器 R1 上产生了一条到达网络 192.168.3.0/24 的 OSPF 路由。路由器 R2 上显示的路由表结果与路由器 R1 的类似。

（2）H3C 设备配置实例。

1）路由器 R1、R2 接口的配置。

与“任务 3.3　路由器静态路由协议配置”相应部分相同。

2）路由器的 RIP 配置。

① 路由器 R1 的 RIP 配置。

```
[R1]rip                （启动 RIP 路由）
[R1-rip-1]network 192.168.1.0（通告直连的网络）
[R1-rip-1]network 192.168.2.0
```

② 路由器 R2 的 RIP 配置。

```
[R2]rip                （启动 RIP 路由）
[R2-rip-1]network 192.168.2.0（通告直连的网络）
[R2-rip-1]network 192.168.3.0
```

③ 显示路由器 R1、R2 的路由表。

当所有路由器配置完成后才可以查看完整的路由表。如在路由器 R1 上使用显示路由表的命令 [R1]display ip route，显示结果的主要内容如下。

```
[R1]display ip routing
Destination/Mask  Proto      Pre Cost   NextHop       Interface
192.168.1.0/24    Direct  0    0        192.168.1.1   GE0/0
192.168.2.0/24    Direct  0    0        192.168.2.1   GE0/1
192.168.3.0/24    RIP    100   1        192.168.2.2   GE0/1
```

如上所示，在路由器 R1 上产生了一条到达网络 192.168.3.0/24 的 RIP 路由。路由器 R2 上显示的路由表结果与路由器 R1 的类似。

3）路由器的 OSPF 配置。

① 路由器 R1 的协议配置。

```
[R1]ospf 1              （启动 OSPF 路由）
[R1-ospf-1]area 0
[R1-ospf-1-area-0.0.0.0]network 192.168.1.0 0.0.0.255（通告直连的网络）
[R1-ospf-1-area-0.0.0.0]network 192.168.2.0 0.0.0.255
```

OSPF 在通告直连网络时使用的不是子网掩码，而是通配符掩码，其正好与子网掩码相反。

② 路由器 R2 的 OSPF 配置。

```
[R2]ospf 1              （启动 OSPF 路由）
[R2-ospf-1]area 0
[R2-ospf-1-area-0.0.0.0]network 192.168.3.0 0.0.0.255（通告直连的网络）
[R2-ospf-1-area-0.0.0.0]network 192.168.2.0 0.0.0.255
```

③ 显示路由器 R1、R2 的路由表。

当所有路由器配置完成后才可以查看完整的路由表。如在路由器 R1 上使用显示路由表的命令 [R1]display ip route，显示结果的主要内容如下。

```
[R1]display ip routing
Destination/Mask  Proto        Pre Cost   NextHop       Interface
192.168.1.0/24    Direct  0      0        192.168.1.1   GE0/0
192.168.2.0/24    Direct  0      0        192.168.2.1   GE0/1
192.168.3.0/24    O_INTRA 10     2        192.168.2.2   GE0/1
```

如上所示，在路由器 R1 上产生了一条到达网络 192.168.3.0/24 的 OSPF 路由。路由器 R2 上显示的路由表结果与路由器 R1 的类似。

4. 测试网络连通性

测试步骤与“任务 3.3　路由器静态路由协议配置”相应部分完全相同。

【任务小结】

本任务要求分组实施，学生每 3 ～ 5 人一组，讨论实施方案，共同解决实训中出现的问题。

动态路由协议 RIP 和 OSPF 的配置命令相对比较简单，这两种动态路由协议均可以实现网络连通。实训时，可以选择其一来完成任务，也可以作为两个实训任务来实施。

任务 3.5　中小型企业网的组建

【任务分析】

本任务要求了解中小型企业网的组建并对其进行测试，掌握路由器的配置与调试过程，具体包括以下几个方面的实训操作：

网络组建实例分析

- 子网划分。
- 远程登录路由器。
- 路由协议的配置。
- 测试网络连通性。

本任务的工作场景：

某公司包括总公司和分公司两部分，总公司和分公司之间用专线连接，总公司和分公司分别使用一台路由器连接局域网；现在要求在路由器上进行适当的配置，实现总公司和分公司各部门网络间的互通。

公司现拥有一个 C 类网络 192.168.1.0/24，其中总公司和分公司联网的计算机不超过 50 台。采用不可变长的子网划分方法，为网络中所有的计算机和网络设备配置合适的 IP 地址。

【任务实施】

规划子网

1. 设备与配线

路由器两台、兼容 VT-100 的终端设备或能运行终端仿真程序的计算机两台以上、RS-232 电缆一根、RJ-45 接头的直通双绞线若干。

2. 网络拓扑图

如图 3-27 所示搭建网络（本书中 serial 简写为 s），图中每个连接局域网的交换机接口仅连接了一台计算机进行示意，读者在进行实训时，可以接入多台计算机，方便测试。

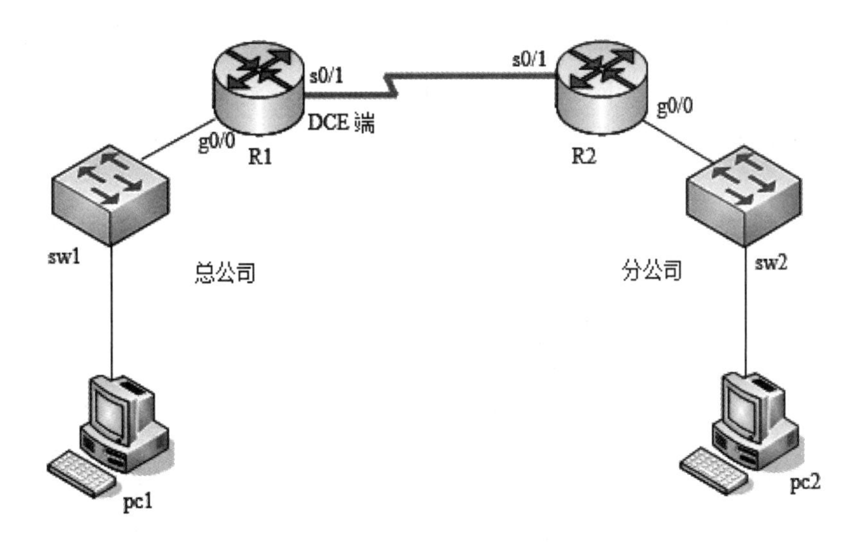

图 3-27　某公司网络组建拓扑图

组网具体要求如下：

（1）规划 IP 地址：将 C 类网络 192.168.1.0/24 进行子网划分，根据下列要求规划各网络设备接口的 IP 地址。

1）对于路由器 R1、R2 的 g0/0 接口，配置子网中可用的最大 IP 地址。

2）对于交换机 sw1、sw2 的管理地址，配置该子网中可用的第二大 IP 地址。

3）对于路由器 R1、R2 的 s0/1 接口，配置子网中可用的两个最小 IP 地址。

4）对于图示中的每台计算机使用子网中的最小 IP 地址。

（2）配置路由器：对路由器 R1、R2 进行配置，路由协议以静态路由协议为例，实现全网连通。、

（3）远程登录：对路由器 R1、R2 和交换机 sw1、sw2 进行 Telnet 配置，密码统一为 123，实现设备的远程管理。

本任务的实施主要分为 4 部分：一是根据网络要求规划子网；二是配置路由器，实现全网连通；三是实现设备远程登录；四是通过计算机进行测试。

3. 规划子网

本网络共划分三个子网，对于 C 类网络 192.168.1.0/24 来说，需从主机位中取出两位作为子网号（此处全 0 和全 1 的子网均可用），子网掩码为 /26，即 255.255.255.192。4 个子网对应的网络地址、可用的 IP 地址范围和广播地址见表 3-8。

表 3-8　规划子网

子网号	网络地址	可用的 IP 地址范围	广播地址	子网掩码
00	192.168.1.0	192.168.1.1 ~ 192.168.1.62	192.168.1.63	255.255.255.192
01	192.168.1.64	192.168.1.65 ~ 192.168.1.126	192.168.1.127	255.255.255.192
10	192.168.1.128	192.168.1.129 ~ 192.168.1.190	192.168.1.191	255.255.255.192
11	192.168.1.192	192.168.1.193 ~ 192.168.1.254	192.168.1.255	255.255.255.192

本网络选用前三个子网，分别是 192.168.1.0/26、192.168.1.64/26、192.168.1.128/26，各设备的网络配置见表 3-9。

表 3-9　各设备的网络配置

设备	接口	IP 地址	子网掩码	默认网关
路由器 R1	g0/0	192.168.1.62	255.255.255.192	无
路由器 R1	s0/1	192.168.1.65	255.255.255.192	无
路由器 R2	g0/0	192.168.1.190	255.255.255.192	无
路由器 R2	s0/1	192.168.1.66	255.255.255.192	无
交换机 sw1	VLAN 1	192.168.1.61	255.255.255.192	192.168.1.62
交换机 sw2	VLAN 1	192.168.1.189	255.255.255.192	192.168.1.190
计算机 pc1	网卡	192.168.1.1	255.255.255.192	192.168.1.62
计算机 pc2	网卡	192.168.1.129	255.255.255.192	192.168.1.190

4. 配置路由器

（1）神州数码设备配置实例。

1）路由器 R1、R2 接口的配置。

① 路由器 R1 接口的配置。

```
R1>enable
R1#config
R1_config#interface g0/0
R1_config_if_gigabitethernet 0/0#ip address 192.168.1.62 255.255.255.192
R1_config_if_gigabitethernet 0/0#no shutdown
R1_config#interface serial0/1
R1_config_if_serial0/1#ip address 192.168.1.65 255.255.255.192
R1_config_if_serial0/1#no shutdown
```

② 路由器 R2 接口的配置与路由器 R1 类似。

2）路由器 R1、R2 静态路由协议的配置。

① 路由器 R1 静态路由协议的配置。

```
R1_config#ip route 192.168.1.128 255.255.255.192 192.168.1.66
```

② 路由器 R2 静态路由协议的配置。

```
R2_config#ip route 192.168.1.0 255.255.255.192 192.168.1.65
```

3）显示路由器 R1、R2 的路由表。

当所有路由器配置完成后才可以查看完整的路由表。如在路由器 R1 上使用显示路由表的命令 R1#show ip route，显示结果的主要内容如下。

```
R1#show ip route
Codes: C - connected, S - static, R - RIP, B - BGP, BC - BGP connected
    D - DEIGRP, DEX - external DEIGRP, O - OSPF, OIA - OSPF inter area
    ON1 - OSPF NSSA external type 1, ON2 - OSPF NSSA external type 2
    OE1 - OSPF external type 1, OE2 - OSPF external type 2
    DHCP - DHCP type
    S 192.168.1.128 [1/0]       via 192.168.1.66
    C 192.168.1.0      is directly connected, GigabitEthernet 0/0
    C 192.168.1.64     is directly connected,Serial 0/1
```

如上所示，在路由器 R1 上添加了一条到达网络 192.168.1.128/26 的静态路由。路由器 R2 上显示的路由表结果与路由器 R1 的类似。

（2）H3C 设备配置实例。

1）路由器 R1、R2 接口的配置。

① 路由器 R1 接口的配置。

```
<R1>system-view
[R1]interface g0/0
[R1-GigabitEthernet 0/0]ip address 192.168.1.62 255.255.255.192
[R1-GigabitEthernet 0/0] undo shutdown
[R1-GigabitEthernet 0/0]interface s0/1
[R1-Serial0/1]#clock rate 64000
[R1-Serial0/1]ip address 192.168.1.65 255.255.255.192
[R1-Serial0/1]undo shutdown
```

② 路由器 R2 接口的配置与路由器 R1 类似。

2）路由器 R1、R2 静态路由协议的配置。

① 路由器 R1 静态路由协议的配置：

```
[R1]ip route-static 192.168.1.128  255.255.255.192  192.168.1.66
```

② 路由器 R2 静态路由协议的配置：

```
[R2]ip route-static 192.168.1.0 255.255.255.192 192.168.1.65
```

3）显示路由器 R1、R2 的路由表。

当所有路由器配置完成后才可以查看完整的路由表。如在路由器 R1 上使用显示路由表的命令 [R1]display ip route，显示结果的主要内容如下。

```
[R1]display ip routing
Destination/Mask  Proto     Pre Cost     NextHop        Interface
192.168.1.0/26    Direct  0   0          192.168.1.62   GE0/0
192.168.1.64/26   Direct  0   0          192.168.1.65   S0/1
192.168.1.128/26  Static  60  0          192.168.1.66   S0/1
```

如上所示，在路由器 R1 上添加了一条到达网络 192.168.1.128/26 的静态路由。路由器 R2 上显示的路由表结果与路由器 R1 的类似。

5. 实现设备远程登录

（1）神州数码设备配置实例。

1）交换机 sw1 设置 Telnet。

```
sw1(config)#interface vlan 1
sw1(config-if-vlan1)#ip address 192.168.1.61 255.255.255.192
sw1(config-if-vlan1)#no shutdown
sw1(config-if)#exit
sw1(config)#ip route 0.0.0.0 0.0.0.0 192.168.1.62
sw1(config)#telnet-user sw1 password 0 123
```

2）交换机 sw2 设置 Telnet。

```
sw2(config)#interface vlan 1
sw2(config-if-vlan1)#ip address 192.168.1.189 255.255.255.192
sw2(config-if-vlan1)#no shutdown
sw2(config-if)#exit
sw2(config)#ip route 0.0.0.0 0.0.0.0 192.168.1.190
sw2(config)#telnet-user sw2 password 0 123
```

3）路由器 R1 设置 Telnet。

```
R1_config#aaa authentication login default local
R1_config#username router password 0 123
R1_config#line console 0
R1_config_line# login authentication default
R1_config#line vty 0 4
R1_config_line#login authentication default
R1_config_line#exit
R1_config# aaa authentication enable default enable
```

4）路由器 R2 设置 Telnet。

```
R2_config#aaa authentication login default local
R2_config#username router password 0 123
R2_config#line console 0
R2_config_line# login authentication default
R2_config#line vty 0 4
R2_config_line# login authentication default
R2_config_line#exit
R2_config#aaa authentication enable default enable
```

（2）H3C 设备配置实例。

1）交换机 sw1 设置 Telnet。

```
<sw1>system-view
[sw1]interface vlan 1
[sw1-Vlan-interface1]ip address 192.168.1.61 255.255.255.192
[sw1-Vlan-interface1]quit
[sw1]ip route-static 0.0.0.0 0.0.0.0 192.168.1.62
[sw1]telnet server enable
[sw1]user-interface vty 0 4
[sw1-ui-vty0-4]authentication-mode password
[sw1-ui-vty0-4]set authentication password simple 123
[sw1-ui-vty0-4]user privilege level 3
```

2）交换机 sw2 设置 Telnet。

```
<sw2>system-view
[sw2]interface vlan 1
[sw2-Vlan-interface1]ip address 192.168.1.189 255.255.255.192
[sw2-Vlan-interface1]quit
[sw2]ip route-static 0.0.0.0 0.0.0.0 192.168.1.190
```

```
[sw2]telnet server enable
[sw2]user-interface vty 0 4
[sw2-ui-vty0-4]authentication-mode password
[sw2-ui-vty0-4]set authentication password simple 123
[sw2-ui-vty0-4]user privilege level 3
```

3）路由器 R1 设置 Telnet。

```
<R1>system-view
[R1]telnet server enable
[R1]user-interface vty 0 4
[R1-ui-vty0-4]authentication-mode password
[R1-ui-vty0-4]set authentication password simple 123
[R1-ui-vty0-4]user privilege level 3
```

4）路由器 R2 设置 Telnet。

```
<R2>system-view
[R2]telnet server enable
[R2]user-interface vty 0 4
[R2-ui-vty0-4]authentication-mode password
[R2-ui-vty0-4]set authentication password simple 123
[R2-ui-vty0-4]user privilege level 3
```

6. 测试

网络测试

计算机的 IP 属性设置见表 3-10，在计算机和路由器上分别进行测试。

（1）在计算机 pc1、pc2 上进行测试。如表 3-10 所列，计算机 pc1 可以 ping 通所有节点的 IP 地址，三个网络互通。在计算机 pc2 上的测试与在 pc1 上的测试类似。

表 3-10　测试验证

以计算机 pc1 为例进行测试			
设备接口	相应 IP 地址及子网掩码	动作	结果
R1 的 g0/0	192.168.1.62/26	192.168.1.1 ping 192.168.1.62	通
R1 的 s0/1	192.168.1.65/26	192.168.1.1 ping 192.168.1.65	通
R2 的 g0/0	192.168.1.190/26	192.168.1.1 ping 192.168.1.190	通
R2 的 s0/1	192.168.1.66/26	192.168.1.1 ping 192.168.1.66	通
计算机 pc2 网卡	192.168.1.129/26	192.168.1.1 ping 192.168.1.129	通
远程登录交换机 sw1：telnet 192.168.1.61			
远程登录交换机 sw2：telnet 192.168.1.189			
远程登录路由器 R1：telnet 192.168.1.62 或 telnet 192.168.1.65			
远程登录路由器 R2：telnet 192.168.1.190 或 telnet 192.168.1.66			

（2）在路由器 R1、R2 上进行测试。在路由器 R1、R2 上使用 ping 命令测试每个节点的连通性，测试结果应均能连通。图 3-28 为在 H3C 路由器 R1 上 ping 通计算机 pc1 的界面。如果是神州数码的路由器，应在特权模式下使用 ping 命令，如 R1#ping 192.168.1.1。

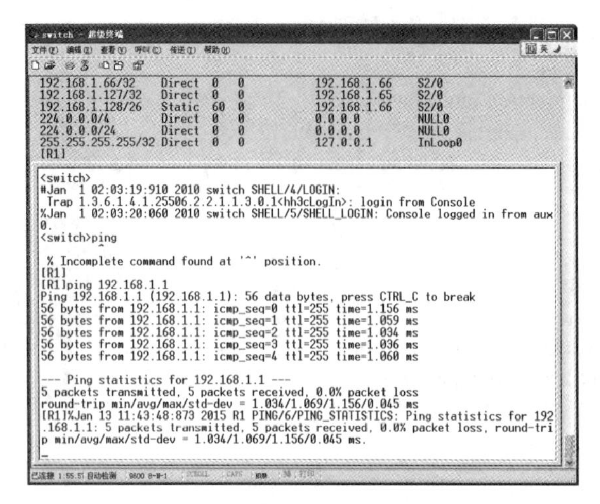

图 3-28　在路由器 R1 上 ping 通计算机 pc1 的界面

【任务小结】

本任务要求分组实施，学生每 3 ～ 5 人一组，讨论实施方案，共同解决实训中出现的问题。

本任务属于综合实训，涉及路由器的基本配置、子网划分、静态路由协议配置、交换机和路由器的远程登录等实训操作，【任务实施】难度较大，需要读者理清思路，反复练习配置命令。

本任务中采用的是不可变长的子网划分方法，每个子网可用的 IP 地址有 62 个，在只有串口线连接的网络中，仅使用了两个 IP 地址，造成了 IP 地址的浪费。请读者试着采用可变长的子网划分方法，达到既可满足网络要求，又可预留更多的 IP 地址的目的。

【思政元素】

通过对不同路由协议的讲解和对比，让学生了解不同技术的优劣和应用场合，激发学生用对比的方法分析问题、解决问题的潜能。

【同步训练】

一、选择题

1．路由表表项不包括（　）。

A．子网掩码　　B．源网络地址　　C．目的网络地址　　D．下一跳地址

2．某公司获得了 C 类网段的一组 IP，192.168.1.0/24，要求你划分 7 个以上的子网，每个子网主机数不得少于 25 台，请问子网掩码为（　）。

A．255.255.255.128　　B．255.255.255.224

C．255.255.255.240　　　　D．255.255.240.0

3．下列属于路由表的产生方式的是（ ）。

A．通过手工配置添加路由

B．通过运行动态路由协议自动学习产生

C．路由器的直连网段自动生成

D．以上都是

4．各种网络主机设备需要使用双绞线连接，下列网络设备间的连接正确的是（ ）。

A．交换机 ----- 路由器，直连　　　　B．主机 ----- 交换机，交叉

C．主机 ----- 路由器，直连　　　　D．路由器 ----- 路由器，直连

5．在路由器上配置默认网关，正确的地址为（ ）。

A．0.0.0.0 255.255.255.0　　　　B．255.255.255.255 0.0.0.0

C．0.0.0.0 0.0.0.0　　　　D．0.0.0.0 255.255.255.255

6．IP 地址是 202.114.18.10，子网掩码是 255.255.255.252，其广播地址是（ ）。

A．202.114.18.255　　B．202.114.18.12　　C．202.114.18.11　　D．202.114.18.8

7．IP、Telnet、UDP 分别是 OSI/RM 的（ ）层协议。

A．1、2、3　　B．3、4、5　　C．4、5、6　　D．3、7、4

8．在 RIP 路由中设置路由权是衡量一个路由可信度的等级，你可以通过定义路由权值来区别不同（ ）来源，路由器总是挑选具有最低路由权的路由。

A．拓扑信息　　　　B．路由信息

C．网络结构信息　　　　D．数据交换信息

9．路由算法使用了许多不同的权决定最佳路由，通常采用的权不包括（ ）。

A．带宽　　B．可靠性　　C．物理距离　　D．开销

10．如果某路由器到达目的网络有三种方式：通过 RIP、通过静态路由协议、通过默认路由，那么路由器会（ ）方式进行转发数据包。

A．通过 RIP　　B．通过静态路由　　C．通过默认路由　　D．都可以

二、填空题

1．路由器工作在 OSI/RM 的 ________ 层。

2．解释下列缩写字母的含义：

OSPF：____

RIP：____

DTE &DCE：____

3．地址 10.10.10.5/30 的网络地址是 ________，有效的主机地址范围是 ________ 至 ________。

4．RIP 使用 UDP 的 ________ 端口进行 RIP 进程之间的通信。

5．RIP 的最大跳数是 ________。

项目 4　网络安全与管理

本项目通过网络安全与管理这一实践活动，让学生全面学习访问控制列表和配置防火墙的相关知识，在理实一体化的教学过程中掌握网络安全与管理相关技术。

本项目将通过以下 3 个任务完成教学目标：

- 标准访问控制列表的配置。
- 扩展访问控制列表的配置。
- 防火墙的工作原理及配置。

【思政育人目标】

- 在教学中，让学生明白网络安全涉及国家关键基础设施安全、数据安全、个人隐私等多方面，明白网络安全的重要性，培养学生良好的职业素养。
- 在进行实训时，引导学生实训后要保持实验环境的整洁，爱惜实训设备，融入 6S 管理，即整理、整顿、清扫、清洁、素养、安全。
- 在进行小组展示汇报时，培养学生表达、交流、沟通的能力。

【知识能力目标】

- 掌握标准访问控制列表的实现原理。
- 掌握防火墙的相关技术。
- 了解扩展访问控制列表的实现原理。
- 能够配置与调试防火墙，并测试网络连通性。
- 能够使用访问控制列表实现包过滤。

任务 4.1 标准访问控制列表的配置

【任务分析】

本任务要求了解访问控制列表的作用、分类，掌握标准访问控制列表的配置方法。

通过前面的学习，网络管理员已经可以将网络连通，但是在现实的网络环境中，有时需要拒绝不希望的访问连接，同时又要允许正常的访问连接。通过在路由器上设置数据包过滤规则来提供基本的通信流量过滤能力，即在路由器上配置访问控制列表（Access Control List，ACL）。

如图 4-1 所示，某公司外部网络由一台外部路由器 R2 负责，R1 模拟公司的内部路由器。公司要求内部某个网段或某台主机禁止访问外网，如，禁止计算机 pc1 访问 pc2，请在路由器上进行相应的配置，以实现这一要求。

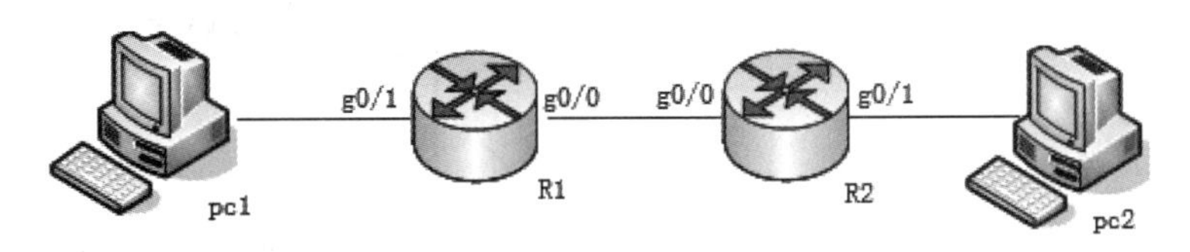

图 4-1　标准访问控制列表拓扑图

【知识链接】

4.1.1　访问控制列表的定义

访问控制列表是应用在路由器接口的指令列表（规则）。具有同一个服务列表名称或者编号的 access-list 语句便组成了一个逻辑序列或者指令列表。这些指令列表用来指示路由器哪些数据包可以接收，哪些需要拒绝。因为 ACL 使用包过滤技术，在路由器上读取 OSI/RM 7 层模型的第 3 层及第 4 层包头中的信息，比如源地址、目的地址、源接口、目的接口等，根据之前定义好的规则对包进行过滤，从而达到访问控制的目的。

访问控制列表可分为以下两种基本类型：

（1）标准访问控制列表。用于检查路由数据包的源地址，结果基于源网络 / 子网 / 主机 IP 地址，决定是允许还是拒绝转发数据包。由于标准访问控制列表是基于源地址的，因此应将这种类型的访问控制列表尽可能地放在靠近目的地址的地方。

（2）扩展访问控制列表。用于检查数据包的源地址与目标地址，也检查特定的协议、接口号以及其他参数，决定是允许还是拒绝转发数据包。

访问控制列表是基于协议的，即如果控制某种协议的通信数据流，就要对该接口处的协议定义单独的ACL。比如，某路由器接口配置支持三种协议（IP、IPX、AppleTalk），那么至少要定义三个ACL。通过灵活地配置访问控制，ACL可以用来控制过滤流入、流出路由器接口的数据包。

4.1.2 访问控制列表的工作原理

1. ACL数据包过滤

ACL能够通过过滤通信量，即进出路由器接口的数据包，来增加灵活性。通过这样的控制有利于限制网络的通信量和部分用户及设备对网络的使用。

ACL最常见的用途是作为数据包的过滤器，以提供网络访问的基本安全手段。比如，访问控制列表允许一台主机访问某网络，阻止另一主机访问同样的网络。如图4-2所示，允许主机A访问财务部网络，拒绝主机B访问财务部网络。如果不在路由器上配置ACL，那么通过路由器的所有数据包都将畅通无阻地到达网络的任何部分。

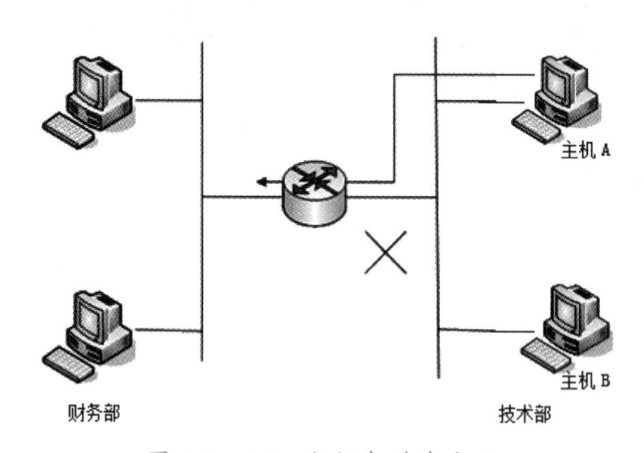

图4-2 ACL数据包过滤应用

通过ACL，可以在路由器的接口处决定被转发的数据流量类型和被阻塞的数据流量类型。比如可以允许电子邮件通信流量被路由，同时拒绝所有的Telnet通信流量。

访问控制列表对路由器本身产生的数据包不起作用，如，一些路由器选择更新信息。ACL是一组判断语句的集合，具体对下列数据包进行控制检测：

- 从入站接口进入路由器的数据包。
- 从出站接口离开路由器的数据包。

路由器会检查接口上是否应用了ACL：

- 如果接口上没有应用ACL，就对这个数据包继续进行常规处理。
- 如果接口应用了ACL，与该接口相关的一系列ACL语句组合将会被检测，若第一条不匹配，则依次往下进行判断，直到有任意一条语句匹配，则不再继续判断，路由器将决定该数据包允许通过或拒绝通过。若最后没有任意一条语句匹配，则路由器根据默认处理方式丢弃该数据包。

基于ACL的测试条件，数据包要么被允许，要么被拒绝。如果数据包满足了ACL的Permit的测试条件，数据包就可以被路由器继续处理；如果满足ACL的Deny的测试条件，就简单地丢弃该数据包。一旦数据包被丢弃，某些协议将返回一个数据包到发送端，表明目的地址是不可到达的。

ACL 的实现机制如下：

- 用户根据报文中的特定信息（如源 IP 地址、目标 IP 地址、源端口、目标端口、网络服务协议类型等）制定一组规则（Rule），每条规则都描述了对匹配一定信息的数据包所采取的动作：允许通过（Permit）或拒绝通过（Deny）。
- 用户可以把这些规则应用到特定网络设备端口的入口或出口方向。
- 这样特定端口上特定方向的数据流就必须依照指定的 ACL 规则进出网络设备。

2. Permit 和 Deny 应用的规则

（1）最终目标是尽量让访问控制中的条目少一些。ACL 是自上而下逐条对比，所以一定要把条件严格的列表项语句放在上面，再将条件稍严格的列表选项放在其下面，最后放置条件宽松的列表选项。注意，一般情况下，拒绝应放在允许上面。

（2）如果拒绝的条目少一些，这样可以用 Deny，最后一条加上允许其他通过，否则所有的数据包将不能通过。

（3）如果允许的条目少一些，这样可以用 Permit，后面一条加上拒绝其他通过（或系统默认）。

（4）用户可以根据实际情况，灵活应用 Deny 和 Permit 语句。

3. 通配符掩码

反掩码，顾名思义，是将原子网掩码的 0 变成 1，1 变成 0。如，原子网掩码为 255.255.255.0，其反掩码就是 0.0.0.255。

ACL 里的掩码也称为反掩码（inverse mask）或通配符掩码（wildcard mask），由 32 位长的二进制数字组成，4 个八位位组。其中 0 代表必须精确匹配，1 代表任意匹配（即不关心）。

反掩码可以通过使用 255.255.255.255 减去正常的子网掩码得到。如，要确定子网掩码为 255.255.255.0 的 IP 地址 10.10.10.0 的反掩码，示例如下：

```
255.255.255.255–255.255.255.0=0.0.0.255
```

即 10.10.10.0 的反掩码为 0.0.0.255

再如，主机地址 10.1.1.2 的子网掩码为 255.255.255.255，其反掩码为 0.0.0.0。

标准 ACL 可以对路由的数据包的源地址进行检查，从而允许或拒绝基于网络、子网和主机 IP 地址以及某一协议组的数据包通过路由器。数据包的源地址可以是主机地址，也可以是网络地址。路由器 ACL 使用通配符掩码与源地址一起来分辨匹配的地址范围。

4. ACL 的通配符 any

假设网络管理员要在 ACL 测试中允许访问任何目的地址，为了指出是任何的 IP 地址，管理员要输入 0.0.0.0，还要指定 ACL 将要忽略任何值，相应的反码位是全 1，即 255.255.255.255。此时，管理员可以使用缩写字 any，而无须输入 0.0.0.0 和

255.255.255.255，即用缩写字 any 代替冗长的反码字符串，大大减少了输入量。

【任务实施】

本任务的实施主要分为两个部分：一是配置路由器使全网通，二是在路由器上配置 ACL 并进行测试。

1. 设备与配线

路由器两台、兼容 VT-100 的终端设备或能运行终端仿真程序的计算机多台、RS-232 电缆一根、RJ-45 接头的双绞线若干。

2. 网络拓扑及设备接口配置

网络拓扑如图 4-1 所示，各设备接口配置见表 4-1。

表 4-1 各设备接口配置

设备名称	接口名称	IP 地址 / 子网掩码	网关
R1	g0/0	192.168.2.1/24	无
R1	g0/1	192.168.1.1/24	无
R2	g0/0	192.168.2.2/24	无
R2	g0/1	192.168.3.1/24	无
pc1	网卡	192.168.1.2/24	192.168.1.1
pc2	网卡	192.168.3.2/24	192.168.3.1

3. 配置 ACL 并测试

（1）神州数码路由器配置实例。

1）配置 R1。

```
R1>enable
R1#config
R1_config#interface g0/0
R1_config_if_gigabitethernet 0/0#ip address 192.168.2.1 255.255.255.0
R1_config_if_gigabitethernet 0/0#no shutdown
R1_config#interface g0/1
R1_config_if_gigabitethernet 0/1#ip address 192.168.1.1 255.255.255.0
R1_config_if_gigabitethernet 0/1#no shutdown
R1_config_if_gigabitethernet 0/1#exit
R1_config#ip route 192.168.3.0 255.255.255.0 192.168.2.2
R1_config#ip access-list standard test（定义 ACL）
R1_config_std_nacl#deny 192.168.1.2
R1_config_std_nacl#permint any
R1_config#interface GigabitEthernet0/1
R1_config_if_gigabitethernet 0/1#ip access-group 50 in（应用编号为 50 的 ACL）
```

access-list 命令用来定义一个数字标识的 ACL，可用 undo access-list 命令删除一个数字标识的 ACL 的所有规则，或者删除全部 ACL。

2）配置 R2。

```
R2>enable
R2#config
R2_config#interface g0/0
R2_config_if_gigabitethernet 0/0#ip address 192.168.2.2 255.255.255.0
R2_config_if_gigabitethernet 0/0#no shutdown
R2_config#interface g0/1
R2_config_if_gigabitethernet 0/1#ip address 192.168.3.1 255.255.255.0
R2_config_if_gigabitethernet 0/1#no shutdown
R2_config_if_gigabitethernet 0/1#exit
R2_config#ip route 192.168.1.0 255.255.255.0 192.168.2.1
```

3）测试并查看配置。

显示路由器 R1 上创建的所有 ACL。

```
R1#show acl 2000
```

正确配置计算机 pc1 和 pc2 的 IP 地址、子网掩码和默认网关后，在 pc1 上 ping 192.168.3.2 不通。把 pc1 的 IP 地址改为 192.168.1.3/24 后，再 ping 192.168.3.2，则通。

（2）H3C 路由器配置实例。

1）配置 R1。

```
<R1>system-view
[R1]interface GigabitEthernet0/0
[R1-GigabitEthernet0/0]ip address 192.168.2.1 24
[R1-GigabitEthernet0/0]undo shutdown
[R1-GigabitEthernet0/0]quit
[R1]interface GigabitEthernet0/1
[R1-GigabitEthernet0/1]ip address 192.168.1.1 24
[R1-GigabitEthernet0/1]undo shutdown
[R1-GigabitEthernet0/1]quit
[R1]ip route-static 192.168.3.0 255.255.255.0 192.168.2.2
[R1]acl number 2000 （ACL 编号）
[R1-acl-basic-2000]step 10（定义步长。缺省情况下，步长为 5）
[R1-acl-basic-2000]rule deny source 192.168.1.2 0.0.0.0 （ACL 编号）
[R1-acl-basic-2000]rule permit source any
[R1-acl-basic-2000]quit
[R1]firewall enable（开启过滤功能）
[R1]firewall default deny
[R1]interface GigabitEthernet0/1
[R1-GigabitEthernet0/1]firewall packet-filter 2000 inbound（应用编号为 2000 的 ACL）
[R1-GigabitEthernet0/1]quit
```

acl 命令用来定义一个数字标识的 ACL 并进入相应的 ACL 视图。可用 undo acl 命令删除一个数字标识的 ACL 的所有规则，或者删除全部 ACL。

2）配置 R2。

```
<R2>system-view
[R2]interface GigabitEthernet0/0
[R2-GigabitEthernet0/0]ip address 192.168.2.2 24
[R2-GigabitEthernet0/0]undo shutdown
[R2-GigabitEthernet0/0]quit
[R2]interface GigabitEthernet0/1
[R2-GigabitEthernet0/1]ip address 192.168.3.1 24
[R2-GigabitEthernet0/1]undo shutdown
[R2-GigabitEthernet0/1]quit
[R2]ip route-static 192.168.1.0 255.255.255.0 192.168.2.1
```

3）测试并查看配置。

显示路由器 R1 上创建的所有 ACL。

```
[R1]display acl 2000
```

正确配置计算机 pc1 和 pc2 的 IP 地址、子网掩码和默认网关后，在 pc1 上 ping 192.168.3.2 不通。把 pc1 的 IP 地址改为 192.168.1.3/24 后，再 ping 192.168.3.2，则通。

【任务小结】

本任务要求学生分组进行【任务实施】，可以 3 ～ 4 人一组，首先由各小组讨论实施步骤，清点所需实训设备，再具体实践操作。网络配置：应首先确保全网的连通性，再在路由器上配置访问控制列表并测试，以满足组网要求。

任务 4.2 扩展访问控制列表的配置

【任务分析】

图 4-3 为某公司网络示意图。要求在 R1 上配置扩展 ACL，拒绝 pc1 访问 pc2，但允许 pc1 访问 pc3；允许 pc2 通过 Telnet 登录 R1，但 pc3 不能通过 Telnet 登录 R1。请在路由器上进行相应的配置，以实现上述要求。

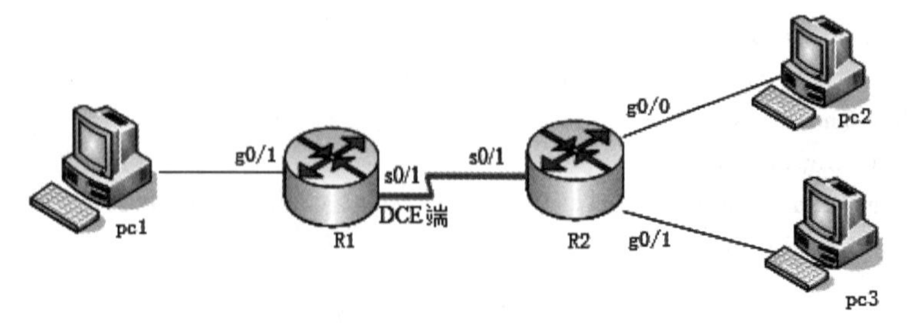

图 4-3　扩展访问控制列表拓扑图

4.2.1 扩展 ACL

扩展 ACL 可通过启用基于源和目的地址、传输层协议和应用接口号的过滤来提高更高程度的控制。扩展 ACL 行中的每个条件都必须匹配才认为该行被匹配，才会施加允许或拒绝条件。只要有一个参数或条件匹配失败，就认为该行不被匹配，并立即检查 ACL 的下一行。

扩展 ACL 比标准 ACL 提供了更为广泛的控制范围。比如，管理员想只允许外来的 Web 通信量通过，同时又要拒绝外来的 FTP 和 Telnet 等通信量时，就可以通过使用扩展 ACL 来达到目的。扩展 ACL 的测试条件既可检查数据包的源地址，也可以检查数据包的目的地址。这种扩展后的特性给管理员提供了更大的灵活性，可以灵活多变地设置 ACL 的测试条件。

基于这些扩展 ACL 的测试条件，数据包要么被拒绝，要么被允许。对入站接口来说，意味着被允许的数据包将继续进行处理；对出站接口来说，意味着被允许的数据包将直接转发，若是满足 Deny 参数的条件，数据包就被丢弃了。

路由器的这种 ACL 实际上提供了一种防火墙控制功能，可用来拒绝通信流量通过接口。一旦数据包被丢弃，协议将返回一个数据包到发送端，以表明目的地址不可到达。

4.2.2 TCP/UDP 的常用接口号

在每个扩展 ACL 条件判断语句的后面，通过一个特定参数字段来指定一个可选的 TCP 或 UDP 的接口号，TCP/UDP 的常用接口号见表 4-2。

表 4-2 TCP/UDP 的常用接口号

接口号	关键字	描述	TCP/UDP
20	FTP-DATA	（文件传输协议）FTP（数据）	TCP
21	FTP	（文件传输协议）FTP	TCP
23	TELNET	终端连接	TCP
25	SMTP	简单邮件传输协议	TCP
42	NAMESERVER	主机名字服务器	UDP
53	DOMAIN	域名服务器（DNS）	TCP/UDP
69	TFTP	普通文件传输协议（TFTP）	UDP
80	WWW	万维网	TCP

【任务实施】

本任务的实施主要分为两个部分：一是配置路由器使全网通；二是在路由器上配

置 ACL 并进行测试。

1. 设备与配线

路由器两台、兼容 VT-100 的终端设备或能运行终端仿真程序的计算机多台、RS-232 电缆一根、RJ-45 接头的双绞线若干。

2. 网络接口及设备接口配置

网络拓扑如图 4-3 所示，各设备接口配置见表 4-3。

表 4-3　各设备接口配置

设备名称	接口名称	IP 地址 / 子网掩码	网关
R1	g0/1	192.168.1.1/24	无
R1	s0/1	192.168.2.1/24	无
R2	s0/1	192.168.2.2/24	无
R2	g0/0	192.168.3.1/24	无
R2	g0/1	192.168.4.1/24	无
pc1	网卡	192.168.1.2/24	192.168.1.1
pc2	网卡	192.168.3.2/24	192.168.3.1
pc3	网卡	192.168.4.2/24	192.168.4.1

3. 配置并测试

（1）神州数码路由器配置实例。

1）配置 R1。

```
R1>enable
R1#config
R1_config#interface g0/1
R1_config_if_gigabitethernet 0/1#ip address 192.168.1.1 255.255.255.0
R1_config_if_gigabitethernet 0/1#no shutdown
R1_config#interface Serial0/1
R1_config_if_Serial0/1#ip address 192.168.2.1 255.255.255.0
R1_config_if_Serial0/1#no shutdown
R1_config_if_Serial0/1# exit
R1_config#ip route 192.168.3.0 255.255.255.0 192.168.2.2
R1_config#ip route 192.168.4.0 255.255.255.0 192.168.2.2
R1_config#ip access-list test（定义 ACL）
R1_config_std_nacl#deny 192.168.3.0 0.0.0.255
R1_config_std_nacl#deny 192.168.1.20
R1_config#ip access-list extended tcpFlow
R1_config_ext_nacl#permit tcp 192.168.3.2 255.255.255.0 eq 23 interface f0/0
R1_config_ext_nacl#deny tcp any eq 23 interface f0/0
R1_config#interface Serial0/1
R1_config_if_Serial0/1#ip access-group 100 out（应用编号为 100 的 ACL）
R1_config_if_Serial0/1#ip access-group 100 out（应用编号为 101 的 ACL）
R1_config_if_Serial0/1# exit
```

```
R1_config#aaa authentication login default local（配置远程登录）
R1_config#username router password 0 123
R1_config#line vty 0 4
R1_config_line# login authentication default
R1_config_line#exit
R1_config# aaa authentication enable default enable
```

2）配置 R2。

```
R2>enable
R2#configure terminal
R2_config#interface g0/0
R2_config_if_gigabitethernet 0/0#ip address 192.168.2.2 255.255.255.0
R2_config_if_gigabitethernet 0/0#no shutdown
R2_config#interface g0/1
R2_config_if_gigabitethernet 0/1#ip address 192.168.3.1 255.255.255.0
R2_config_if_gigabitethernet 0/1#no shutdown
R2_config_if_gigabitethernet 0/1#exit
R2_config#ip route 192.168.1.0 255.255.255.0 192.168.2.1
```

3）测试并查看配置。

显示路由器 R1 上创建的所有 ACL。

```
R1#show acl 3000
R1#show acl 3001
```

正确配置计算机 pc1、pc2 及 pc3 的 IP 地址、子网掩码和默认网关后：

- 在 pc1 上 ping 192.168.3.2 不通，ping 192.168.4.2 则通。
- 在 pc2 上 telnet 192.168.1.1 连通，在 pc3 上 telnet 192.168.1.1 则不通。

（2）H3C 路由器配置实例。

1）配置 R1。

```
<R1>system-view
[R1]interface GigabitEthernet0/1
[R1-GigabitEthernet0/1]ip address 192.168.1.1 24
[R1-GigabitEthernet0/1]undo shutdown
[R1-GigabitEthernet0/1]quit
[R1]interface Serial0/1
[R1-Serial0/1]ip address 192.168.2.1 24
[R1-Serial0/1]undo shutdown
[R1-Serial0/1]quit
[R1]ip route-static 192.168.3.0 255.255.255.0 192.168.2.2
[R1]ip route-static 192.168.4.0 255.255.255.0 192.168.2.2
[R1]acl number 3000 （ACL 编号）
[R1-acl-adv-3000]description deny pc1-pc2（ACL 描述）
[R1-acl-adv-3000]rule deny ip source 192.168.1.2 0 destination 192.168.3.0 0.0.0.255（定义规则）
[R1-acl-adv-3000]quit
[R1]acl number 3001（ACL 编号）
[R1-acl-adv-3001]description permit pc2telnet（ACL 描述）
[R1-acl-adv-3001]rule permit tcp source 192.168.3.2 0 destination-port eq 23（定义规则）
[R1-acl-adv-3001]rule deny tcp source any destination-port eq 23（定义规则）
[R1-acl-adv-3001]quit
[R1]firewall enable（开启过滤功能）
[R1]interface Serial0/1
[R1-Serial0/1]firewall packet-filter 3000 outbound（应用编号为 3000 的 ACL）
```

```
[R1-Serial0/1]firewall packet-filter 3001 outbound（应用编号为 3001 的 ACL）
[R1-Serial0/1]quit
[R1]user-interface vty 0 4（配置远程登录）
[R1-ui-vty0-4]authentication-mode password
[R1-ui-vty0-4]set authentication password simple 123
[R1-ui-vty0-4]user privilege level 3
```

2）配置 R2。

```
<R2>system-view
[R2]interface Serial0/1
[R2-Serial0/1]ip address 192.168.2.2 24
[R2-Serial0/1]undo shutdown
[R2-Serial0/1]quit
[R2]interface GigabitEthernet0/0
[R2-GigabitEthernet0/0]ip address 192.168.3.1 24
[R2-GigabitEthernet0/0]undo shutdown
[R2-GigabitEthernet0/0]quit
[R2]interface GigabitEthernet0/1
[R2-GigabitEthernet0/1]ip address 192.168.4.1 24
[R2-GigabitEthernet0/1]undo shutdown
[R2-GigabitEthernet0/1]quit
[R2]ip route-static 192.168.1.0 255.255.255.0 192.168.2.1
```

3）测试并查看配置。

显示路由器 R1 上创建的所有 ACL。

```
[R1] display acl 3000
[R1] display acl 3001
```

正确配置计算机 pc1、pc2 及 pc3 的 IP 地址、子网掩码和默认网关后：

- 在 pc1 上 ping 192.168.3.2 不通，ping 192.168.4.2 则通。
- 在 pc2 上 telnet 192.168.1.1 连通，在 pc3 上 telnet 192.168.1.1 则不通。

【任务小结】

本任务要求学生分组进行【任务实施】，可以 3 ～ 4 人一组，首先由各小组讨论实施步骤，清点所需实训设备，再进行具体实践操作：网络配置，应首先确保全网的连通性，并设置路由器 R1 的 Telnet 功能，再在路由器上配置扩展访问控制列表并测试，以满足组网要求。

任务 4.3　防火墙的工作原理及配置

【任务分析】

本任务要求了解防火墙的相关技术，能够通过图形界面对防火墙进行一些基本的配置。

【知识链接】

4.3.1 防火墙的功能

1. 防火墙的基本功能

防火墙系统可以说是网络的第一道防线，因此一个企业在决定使用防火墙保护内部网络的安全时，首先需要了解一个防火墙系统应具备的基本功能，这是用户选择防火墙产品的依据和前提。

防火墙的设计策略遵循安全防范的基本原则，即“除非明确允许，否则就禁止”；防火墙本身支持安全策略，而不是添加上去；如果组织机构的安全策略发生改变，可以加入新的服务；有先进的认证手段或有挂钩程序，可以安装先进的认证方法；如果有需要，可以运用过滤技术允许和禁止服务；可以使用 FTP 和 Telnet 等服务代理，以便先进的认证手段可以被安装和运行在防火墙上；拥有友好的界面，易于编程的 IP 过滤语言，并可以根据数据包的性质进行包过滤，数据包的性质有目标和源 IP 地址、协议类型、源和目的 TCP/UDP 接口、TCP 包的 ACK 位、出站和入站网络接口等。如果用户需要 NNTP（网络消息传输协议）、XWindow、HTTP 和 Gopher 等服务，防火墙应该包含相应的代理服务程序。防火墙也应具有集中邮件的功能，以减少 SMTP 服务器和外界服务器的直接连接，并可以集中处理整个站点的电子邮件。

防火墙应允许公众对站点的访问，应把信息服务器和其他服务器分开。防火墙应该能够集中和过滤拨入访问，并可以记录网络流量和可疑的活动。此外，为了使日志具有可读性，防火墙应具有精简日志的能力。防火墙的强度和正确性应该可以被验证，设计应尽量简单，以便管理员管理和维护。防火墙和相应的操作系统应该用补丁程序进行升级且升级必须定期进行。当出现新的“危险”的时候，新的服务和升级工作会对防火墙的安装产生潜在的阻力，因此防火墙的可适应性很重要。

2. 企业的特殊需求

企业对于安全政策的特殊需求往往不是每一个防火墙都会提供的，因此也作为防火墙的考虑因素之一。常见的需求如下：

（1）网络地址转换功能（NAT）。进行地址转换的优势：其一，隐藏内部网络真正的 IP，可以使黑客无法直接攻击内部网络；其二，可以让内部使用保留 IP，益于 IP 不足的企业。

（2）双重 DNS。当内部网络使用没有注册 IP 地址，或是防火墙进行 IP 转换时，DNS 也必须经过转换，因为，同样的一个主机内部的 IP 与给予外界的 IP 不同。当然，有的防火墙会提供双重 DNS，有的必须在不同主机上各安装一个 DNS。

（3）虚拟专用网络（VPN）。可以在防火墙与防火墙或移动的客户端之间建立一个虚拟通道，对所有网络传输的内容进行加密，使其可以安全地互相存取。

（4）扫毒功能。多数防火墙都可以与防病毒软件搭配实现扫毒功能，有的直接集成扫毒功能，差别在于有的扫毒工作是由防火墙完成的，有的是由另一台专用计算机完成的。

（5）特殊控制需求。有的企业会存在一些特别的控制需求，比如，限制特定使用者才能发送 E-mail，FTP 只能下载文件不能上传文件，限制同时上网人数，限制使用时间或阻塞 Java、ActiveX 控件等，依需求不同而定。

3. 与用户网络结合

（1）管理的难易度。防火墙管理的难易度是防火墙能否达到目的的主要考虑因素之一。一般企业之所以很少将已有的网络设备直接当作防火墙，除了先前提到的包过滤并不能达到完全的控制之外，设定工作困难、必须具备完整的知识以及不易除错等管理问题，更是一般企业不愿意使用的主要原因。

（2）自身的安全性。多数企业在选择防火墙时都将注意力放在防火墙如何控制连接以及防火墙支持多少种服务上，往往忽略了防火墙也是网络主机之一。大部分防火墙都安装在一般的操作系统上，在防火墙主机上执行的除了防火墙之外，所有的程序、系统核心也大多来自于操作系统本身的原有程序。当防火墙主机上所执行的软件出现安全漏洞时，防火墙本身也将受到安全威胁。此时，任何防火墙控制机制都可能失效，因此，防火墙自身应有相当高的安全防护。

（3）完善的售后服务。企业在选购防火墙产品时，应该注意，优秀的防火墙应该是企业整体网络的保护者，并能弥补其他操作系统的不足，使操作系统的安全性不会对企业网络的整体安全造成影响。防火墙应该能够支持多种平台，因为使用者是完全的控制者，而使用者的平台往往是多样的，应该选择一套符合现有环境需求的防火墙产品，而新产品也会具有新的破解方法，所以优秀的防火墙产品应该拥有完善及时的售后服务体系。

（4）完整的安全检查。由于防火墙不能有效地杜绝所有的恶意封包，所以好的防火墙产品还应向使用者提供完整的安全检查功能。企业如果想要达到真正的安全，仍然需要内部人员不断进行记录、改进、追踪。防火墙可以限制唯有合法的使用者才能进行连接，但是是否存在非法的情形还需管理员自行发现。

4.3.2 防火墙技术

防火墙是设置在不同网络（如可信任的企业内部网和不可信的公共网）或网络安全域之间的一系列部件的组合。它是不同网络或网络安全域之间信息的唯一出入口，通过监测、限制、更改跨越防火墙的数据流，尽可能地对外屏蔽网络内部的信息、结构和运行状况，有选择地接受外部访问，对内部强化设备监管、控制对服务器与外部网络的访问，在被保护网络和外部网络之间架起一道屏障，以防止发生不可预测的、潜在的破坏性侵入。防火墙有硬件防火墙和软件防火墙两种，它们都能起到保护作用并筛选出网络上的攻击者。本任务主要介绍在企业网络安全实际运用中常见的硬件防火墙。防火墙使用的安全控制手段主要有包过滤、状态检测、应用代理网关、复合型防火墙等。

1. 包过滤防火墙

包过滤技术是一种简单、有效的安全控制技术，它通过在网络间相互联接的设备上加载允许、禁止来自某些特定的源地址、目的地址、TCP 接口号等规则，对通过设备的数据包进行检查，限制数据包进出内部网络。优点是对用户透明、专属性高。但由于安全控制层次在网络层、传输层，安全控制的力度也只限于源地址、目的地址和 TCP 接口号，因而只能进行较为初步的安全控制，对于恶意的拥塞攻击、内存覆盖攻击或病毒等高层次的攻击手段，则无能为力。

包过滤防火墙一般在路由器上实现，用以过滤用户定义的内容，如 IP 地址。包过滤防火墙的工作原理是系统在网络层检查数据包，与应用层无关。这样系统就能具有很好的传输性能，较强的扩展能力。但是，包过滤防火墙的安全性存在一定的缺陷，因为系统对应用层信息无感知，所以可能被黑客所攻击。

2. 状态检测防火墙

状态检测防火墙是比包过滤防火墙更为有效的安全控制方法。对新建的应用连接，状态监测防火墙检查预先设置的安全规则，允许符合规则的连接通过，并在内存中记录该连接的相关信息，生成状态表。对该连接的后续数据包，只要符合状态表就可以通过。由于不需要对每个数据包进行规则检查，而是对一个连接的后续数据包（通常是大量的数据包）通过散列算法直接进行状态检查，从而使性能得到了较大的提高；而且，由于状态表是动态的，因而可以有选择地、动态地开通 1024 号以上的接口，使得安全性得到进一步提高。

状态监测防火墙基本保持了包过滤防火墙的优点，性能较好，同时对用户透明，并在此基础上，安全性能有了很大的提高。这种防火墙摒弃了包过滤防火墙仅仅考察进出网络的数据包，而是在防火墙的核心部分建立状态连接表，维护了连接，将进出网络的数据当成一个个事件来处理。换句话说，状态检测防火墙规范了网络层和传输层的行为，而应用代理型防火墙则是规范了特定的应用协议上的行为。

3. 应用代理网关防火墙

应用代理网关防火墙彻底隔断了内网与外网的直接通信，内网用户对外网的访问变成防火墙对外网的访问，然后再由防火墙转发给内网用户。所有通信都必须经应用层代理软件转发，访问者在任何时候都不能与服务器建立直接的 TCP 连接，应用层的协议会话过程必须符合代理的安全策略要求。

应用代理网关防火墙的优点是可以检查应用层、传输层和网络层的协议特征，对数据包的检测能力比较强。其缺点也非常突出，主要是难于配置。由于每个应用都要求单独的代理进程，这就要求网络管理员能理解每项应用协议的弱点，并能合理地配置安全策略。但由于配置烦琐，难于理解，容易出现配置失误，最终影响内网的安全防范能力，导致内网的处理速度非常慢。断掉所有的连接，由防火墙重新建立连接，理论上可以使应用代理网关防火墙具有极高的安全性。但是实际应用中并不可行，因为对于内网的每个 Web 访问请求，应用代理都需要开一个单独的代理进程，它要保护内网的 Web 服务器、数据库服务器、文件服务器、邮件服务器及业务程序等，就需要建立一个个的服务代理，以处理客户端的访问请求。这样，应用代理的处理延迟会很大，从而导致内网用户的正常 Web 访问不能及时得到响应。

总之，应用代理防火墙不能支持大规模的并发连接，在对速度敏感的行业使用这类防火墙时简直是灾难。另外，防火墙核心要求预先内置一些已知应用程序的代理，使得一些新出现的应用在代理防火墙内被阻断，不能很好地支持新应用。

在 IT 领域中，新应用、新技术、新协议层出不穷，应用代理网关防火墙很难适应这种局面。因此，在一些重要的领域和行业的核心业务应用中，应用代理网关防火墙正被逐渐替代。但是，自适应代理技术的出现让应用代理防火墙技术出现了新的转机，它结合了应用代理网关防火墙的安全性和包过滤防火墙的高速度等优点，在不损失安全性的基础上将应用代理网关防火墙的性能提高了 10 倍左右。

4. 复合型防火墙

复合型防火墙是指综合了状态检测与透明代理的新一代防火墙，进一步基于 ASIC 架构，把防病毒、内容过滤整合到防火墙里，其中还包括 VPN、IDS 功能，多单元融为一体，是一种新突破。常规的防火墙并不能防止隐蔽在网络流量里的攻击，而复合型防火墙在网络界面对应用层进行扫描，把防病毒、内容过滤与防火墙结合起来，这体现了网络与信息安全的新思路。它在网络边界实施 OSI/RM 第七层的内容扫描，实现了实时在网络边缘部署病毒防护、内容过滤等应用层服务措施。

以上 4 类防火墙对比如下：

（1）包过滤防火墙：不检查数据区，不建立连接状态表，前后报文无关，应用层控制很弱。

（2）状态检测防火墙：不检查数据区，建立连接状态表，前后报文相关，应用层控制很弱。

（3）应用代理网关防火墙：不检查 IP、TCP 报头，不建立连接状态表，网络层保护比较弱。

（4）复合型防火墙：可以检查整个数据包内容，根据需要建立连接状态表，网络层保护强，应用层控制细，会话控制较弱。

5. 防火墙术语

（1）网关：在两个设备之间提供服务转发服务的系统。网关是互联网应用程序在两台主机之间处理流量的防火墙。

（2）DMZ 非军事化区：内部网中需要向外提供服务的服务器往往放在一个单独的网段，这个网段是非军事化区。防火墙一般配备三块网卡，在配置时一般分别连接内部网、Internet 和 DMZ。

（3）吞吐量：网络中的数据是由一个个的数据包组成的，防火墙对每个数据包进行处理是需要耗费资源的，吞吐量指在不丢数据包的情况下，单位时间内通过防火墙的数据包数量，是测量防火墙性能的重要指标。

（4）最大连接数：最大连接数更贴近实际网络情况，网络中大多数连接是指所建立的一个虚拟通道，防火墙对每个连接的处理也耗费资源。

（5）数据包转发率：指在所有安全规则配置正确的情况下，防火墙对数据包的处理速度。

（6）SSL：SSL（Secure Sockets Layer）是由 Netscape 公司开发的一套 Internet 数据安全协议，当前版本是 3.0，已被广泛地应用于 Web 浏览器与服务器之间的身份认证和加密数据传输。SSL 协议位于 TCP/IP 与各种应用层协议之间，为数据通信提供安全支持。

（7）网络地址转换：在防火墙上实现 NAT 后，可以隐藏受保护网络的内部拓扑结构，在一定程度上提高了网络的安全性。如果反向 NAT 提供动态网络地址及接口转换功能，还可以实现负载均衡等功能。

（8）堡垒主机：一种被强化的可以防御进攻的计算机，暴露于 Internet 上，作为进入内部网络的一个检查点，以达到把整个网络的安全问题集中在某个主机上解决的目的，省时省力且不需考虑全网安全。

【任务实施】

各厂商的防火墙设备安装设置有相似之处，本任务以锐捷防火墙为例进行安装设置。在配置防火墙前，应确保网络连通。

1. 设备与配线

路由器一台、防火墙一台、兼容 VT-100 的终端设备或能运行终端仿真程序的计算机两台、RS-232 电缆一根、带 RJ-45 接头的网线若干。

2. 网络拓扑图及设备接口配置

用一台计算机作为控制终端，通过防火墙的串口登录防火墙，设置 IP 地址、网关和子网掩码；然后通过 Web 界面进行防火墙策略的添加，同时配置好两个路由器接口地址；最后测通即完成实验。拓扑结构如图 4-4 所示，各设备接口配置见表 4-4。

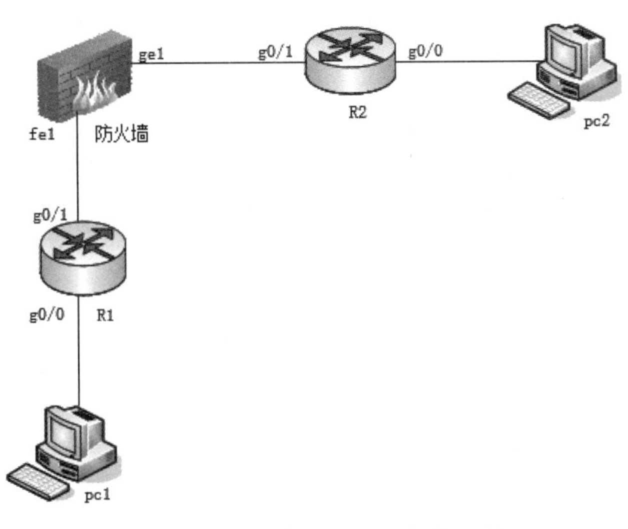

图 4-4　防火墙透明桥的拓扑结构

表 4-4　各设备接口配置

设备名称	接口名称	IP 地址 / 子网掩码	网关
防火墙	fe1	192.168.10.100/24	无
防火墙	ge1	192.168.3.2/24	无
R1	g0/0	192.168.1.1/24	无
R1	g0/1	192.168.10.10/24	无
R2	g0/0	192.168.3.1/24	无
R2	g0/1	192.168.4.1/24	无
pc1	网卡	192.168.1.2/24	192.168.1.1
pc2	网卡	192.168.4.2/24	192.168.4.1

3. 通过 Console 口对防火墙进行命令行的管理

（1）用专用配置电缆将计算机的 RS-232 串口和防火墙的 Console 口连接起来，如图 4-5 所示。设备加电启动。

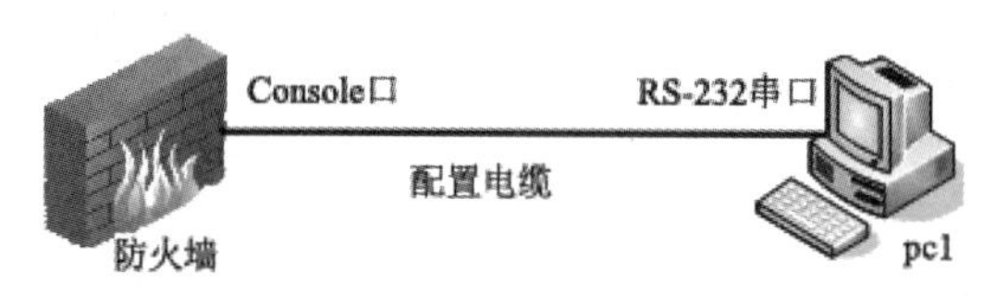

图 4-5　通过 Console 口登录配置防火墙

（2）在计算机上启动超级终端，执行“开始”→“所有程序”→“附件”→“通信”→“超级终端”命令，打开“超级终端”程序。新建连接，根据提示输入连接描述名称后确定（以下配置以 Windows XP 为例）；选择“连接时使用 COM1”；设置通信参数时单击“还原为默认值”按钮即可。

（3）登录 CLI 界面。连接成功以后，当系统提示输入管理员账号和口令时，输入出厂默认账号 admin 和口令 firewall，即可进入登录界面，如图 4-6 所示，注意，所有的字母都是小写。

图 4-6　登录 CLI 界面

（4）命令行快速配置向导。用串口或者 SSH 客户端成功登录防火墙后，输入命令 fastsetup，按 Enter 键，进入命令行配置向导。

配置向导仅适用于管理员第一次配置防火墙或者测试防火墙的基本通信功能。此过程涉及最基本的配置，安全性很低，因此管理员要在此基础上对防火墙进行细化配置，才能保证防火墙拥有正常有效的网络安全功能。

1）选择防火墙接口的工作模式。

如图 4-7 所示，输入 1 为路由模式，输入 2 为混合模式。选择防火墙 ge1 接口的工作模式，在这里选择 1，即路由模式。此时 fe1 和 ge1 的工作模式必须一致。

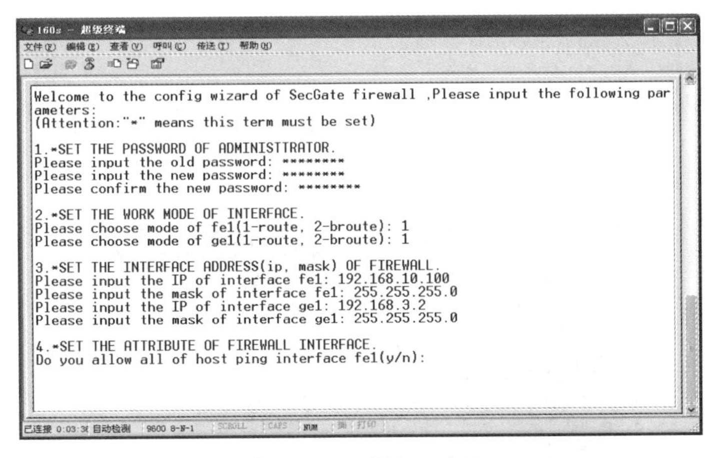

图 4-7 配置接口地址

2）配置接口属性。如图 4-8 所示，对其中的部分内容说明如下：

- 是否允许所有主机 ping fe1 接口，输入 y 为允许，输入 n 为不允许。
- 是否允许通过 fe1 接口管理防火墙，输入 y 为允许，输入 n 为不允许。
- 是否允许管理主机 ping fe1 接口，输入 y 为允许，输入 n 为不允许。
- 是否允许管理员用 tracroute 探测 fe1 口的 IP 地址，输入 y 为允许，输入 n 为不允许。
- 设置默认网关 IP，若防火墙的两个网口都是混合模式，可以不配置默认网关。
- 设置管理主机 IP 与设置安全规则的源 IP 和目的 IP，默认为 any。
- 是否允许用 SSH 客户端登录防火墙，输入 y 为允许，输入 n 为不允许。注意：此时输入 y 或者 n 后会显示所有的设置信息。
- 是否保存并且退出，输入 y 为将以上配置立即生效，输入 n 为直接退出。执行 syscfg save 命令是保存相应的配置。

4. 通过 Web 界面添加防火墙策略

（1）安装电子钥匙程序。插入随机附带的驱动光盘，进入 Admin Cert 目录，双击运行 admin 程序，界面如图 4-9 所示。单击“下一步”按钮，为私钥创建密码，界面如图 4-10 所示。单击“下一步”按钮，后续步骤中的选项均选择默认选项。完成证书导入后会出现一个提示框，显示“导入成功”，单击“确定”按钮。

```
Please input the mask of interface ge1: 255.255.255.0

4.*SET THE ATTRIBUTE OF FIREWALL INTERFACE.
Do you allow all of host ping interface fe1(y/n): y
Do you allow to manage interface fe1(y/n): y
Do you allow admin ping interface fe1(y/n): y
Do you allow admin to use traceroute in interface fe1(y/n): y
Do you allow all of host ping interface ge1(y/n): y
Do you allow to manage interface ge1(y/n): y
Do you allow admin ping interface ge1(y/n): y
Do you allow admin to use traceroute in interface ge1(y/n): y

5.SET THE DEFAULT GATEWAY OF FIREWALL.
Please input the default gateway: 192.168.3.1

6.*SET THE ADMINISTER HOST.
Please input the IP of adminster host: 192.168.10.200

7.ADD POLICY OF FIREWALL.
Please input source IP:
Please Input Destimination IP:

8.*ENABLE SSH MANAGEMENT METHOD.
Start SSH or not(y/n): _
```

图 4-8　配置接口属性

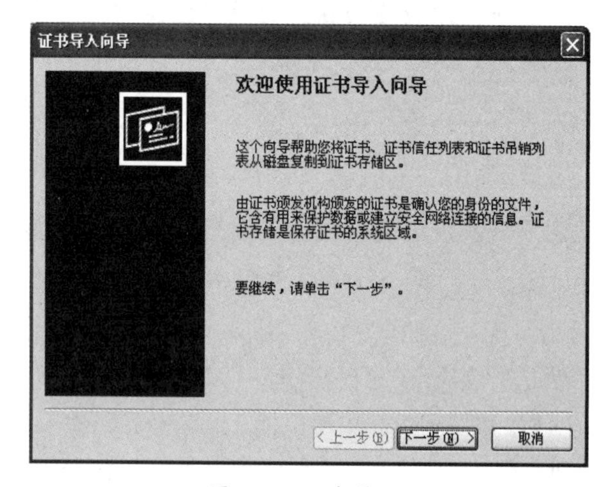

图 4-9　证书导入

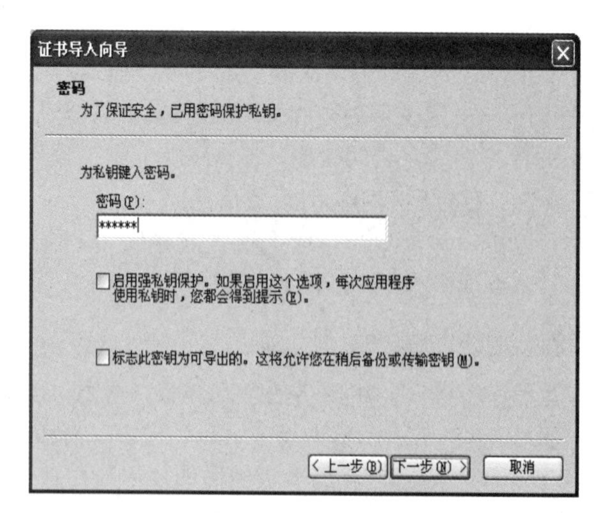

图 4-10　私钥密码

（2）登录防火墙 Web 界面。运行 IE 浏览器，在地址栏输入 http://192.168.10.100:6666，稍后界面会出现一个提示接受证书的对话框，如图 4-11 所示，单击“确认”按钮即可。

接下来系统会提示输入管理员账号和口令，在默认情况下，管理员账号为 admin，密码为 firewall。

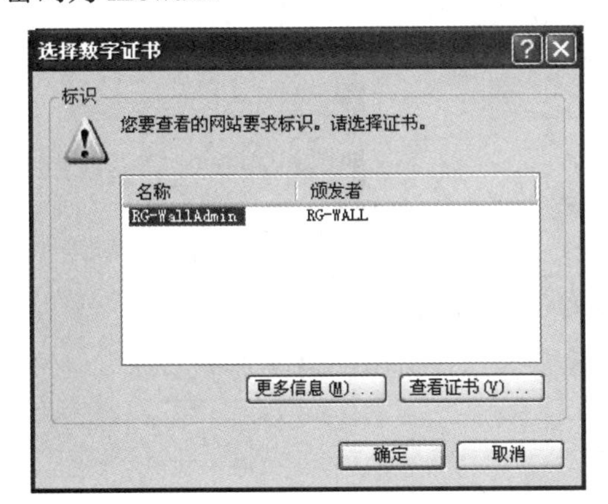

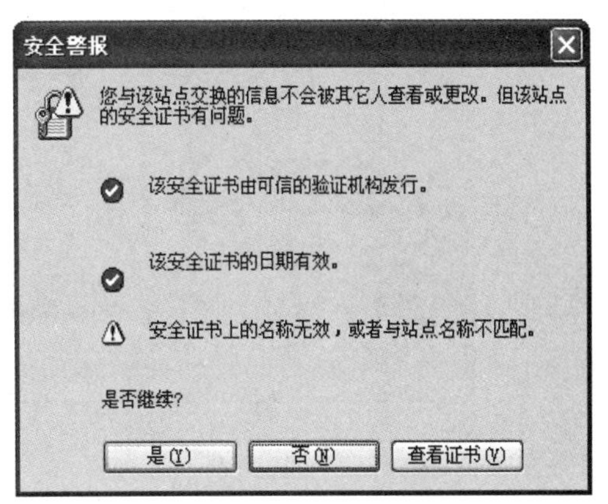

图 4-11　选择数字证书

（3）配置防火墙的 IP 地址。建议至少配置一个接口以上的 IP 用于管理，如图 4-12 所示。

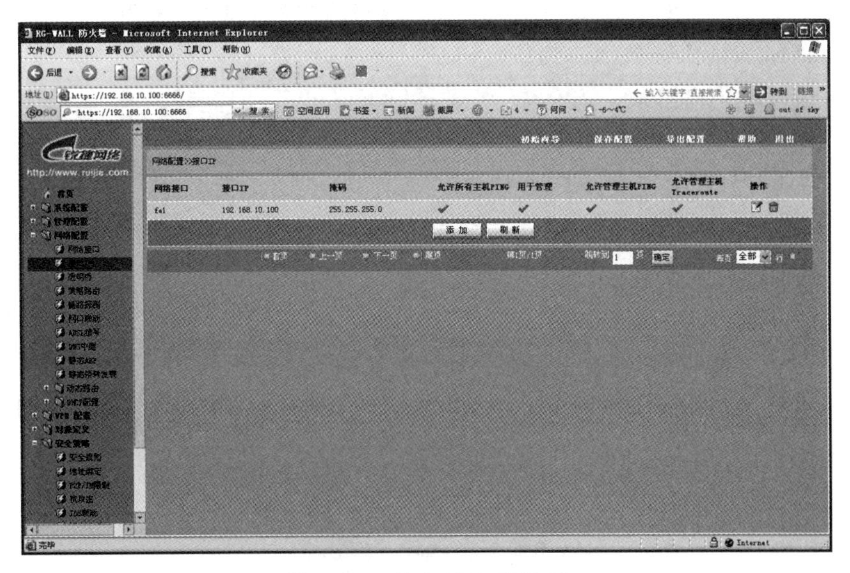

图 4-12　防火墙配置界面

在“网络配置 >> 接口 IP”界面单击“添加”按钮，将弹出如图 4-13 所示的界面，设置 ge1 的 IP 地址为 192.168.3.2，方法同 fe1。

（4）设置透明桥。

1）在设置透明桥之前必须把接口设置为混合模式，如图 4-14 所示。

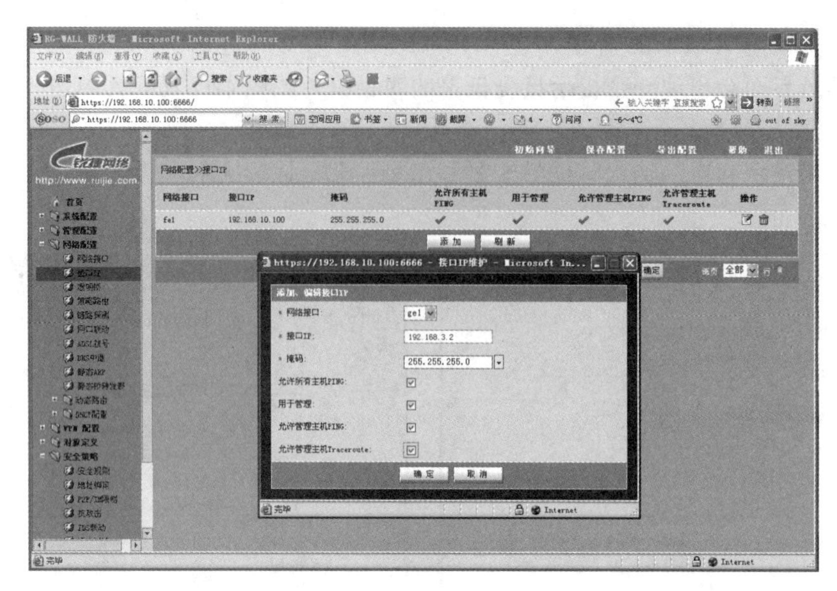

图 4-13　配置接口 IP 地址

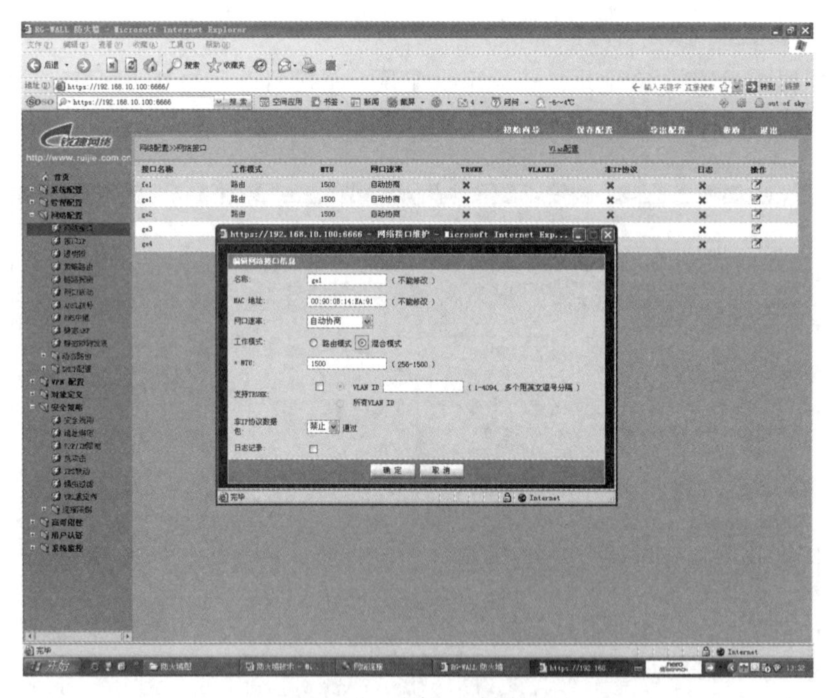

图 4-14　选择工作模式

2）打开“透明桥”选项卡，单击“添加”按钮，将弹出如图 4-15 所示界面，单击“确定”按钮，完成透明桥的建立工作。

（5）添加策略路由。在“网络配置 >> 策略路由”界面中单击“添加”按钮，将弹出如图 4-16 所示界面。再添加一条目的地址为 192.168.4.0、子网掩码为 255.255.255.0、下一跳地址为 192.168.3.1 的路由。

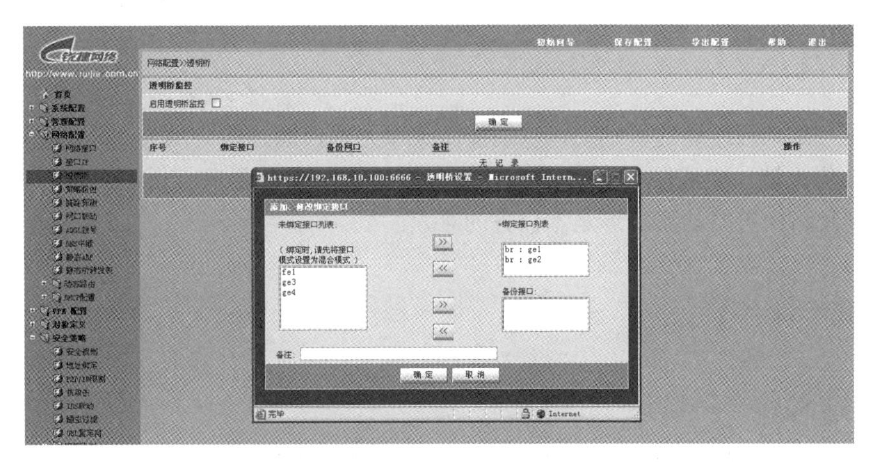

http://www.ruijie.com.cn
网络配置>>透明桥
透明桥监控
启用透明桥监控
确定
序号
绑定接口
备份接口
备注
操作
无 记 录
https://192.168.10.100:6666 - 透明桥设置 - Microsoft Intern...
添加、修改绑定接口
未绑定接口列表:
*绑定接口列表
br : ge1
br : ge2
fe1
ge3
ge4
备份接口:
备注:
确 定
取 消
完毕
Internet

图 4-15　添加透明桥

https://192.168.10.100:6666 - 策略路由维护 - Microsof...
添加、编辑策略路由
路由
源路由
路由负载均衡
目的地址:
192.168.4.0
/
255.255.255.0
地址:
192.168.3.1
vpn设备:
无
下一跳地址:
备份设备:
无
确 定
取 消
完毕
Internet

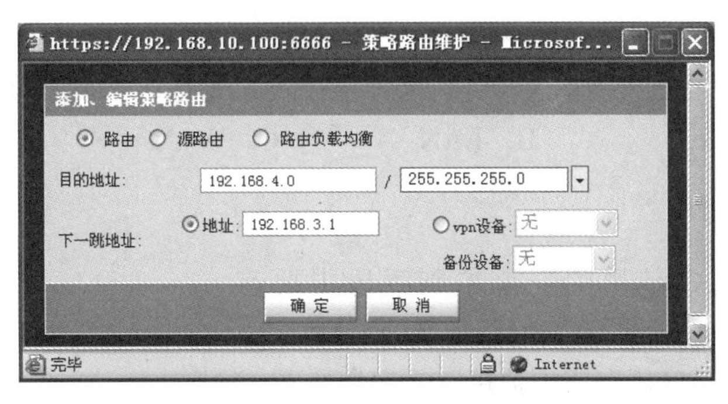

图 4-16　添加策略路由

（6）设置包过滤。在“安全策略 >> 安全规则”界面中单击“添加”按钮，进入“安全规则维护”界面，如图 4-17 所示进行设置。最后要保存配置文件，防火墙的配置才能生效。

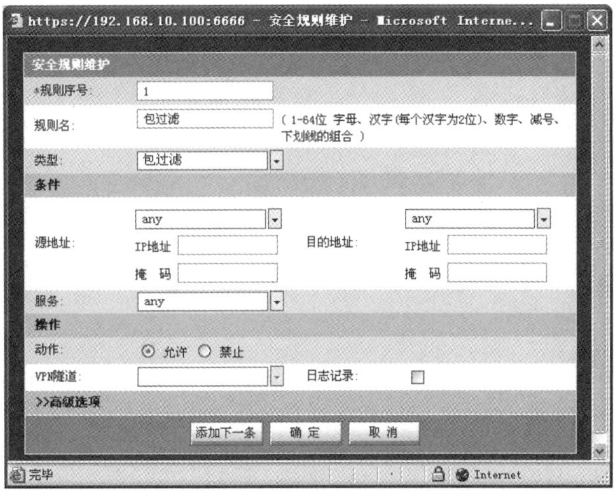

https://192.168.10.100:6666 - 安全规则维护 - Microsoft Interne...
安全规则维护
*规则序号:
1
规则名:
包过滤
（1-64位 字母、汉字(每个汉字为2位)、数字、减号、下划线的组合 ）
类型:
包过滤
条件
源地址:
any
IP地址
掩 码
目的地址:
any
IP地址
掩 码
服务:
any
操作
动作:
允许
禁止
VPN隧道:
日志记录:
>>高级选项
添加下一条
确 定
取 消
完毕
Internet

图 4-17　设置安全规则

【任务小结】

本任务在全网连通的基础上，以锐捷防火墙为例，通过防火墙的 Console 口和 Web 界面登录防火墙，完成防火墙的基本设置。根据组网安全要求，正确设置防火墙的包过滤规则及路由策略的添加等是本任务的难点。

【同步训练】

一、选择题

1．计算机上通过超级终端配置防火墙，设置比特率为（　）。

A．2400bps　　B．19200bps　　C．115200bps　　D．9600bps

2．如果要达到配置管理方便的目的，内部网中需要向外提供服务的服务器往往放在一个单独的网段与防火墙单独相连，通常连接防火墙的（　）接口。

A．Console　　B．LAN　　C．WAN　　D．DMZ

二、填空题

1．防火墙通常使用的安全控制手段主要有________、________、________、________。

2．________是应用在路由器接口的指令列表（规则）。

项目 5　网络工程项目

本项目通过学习 IP 编址服务，实现网络地址扩展，了解广域网连接方式，理解广域网数据链路层封装协议 HDLC 以及点到点协议 PPP。

本项目将通过以下 4 个任务完成教学目标：

- 掌握掌握广域网技术。
- 掌握配置 DHCP 的方法。
- 掌握配置 NAT 的方法。
- 掌握配置 IPv6 协议的方法。

【思政育人目标】

- 在教学中，让学生熟悉不同的网络验证模式，培养学生的标准意识、规范意识、安全意识。
- 在进行实训时，引导学生实训后保持实验环境的整洁，爱惜实训设备，融入 6S 管理，即整理、整顿、清扫、清洁、素养、安全。
- 在进行小组展示汇报时，培养学生表达、交流、沟通的能力。

【知识能力目标】

- 掌握 PAP 协议验证原理。
- 掌握 CHAP 协议验证原理。
- 了解网络地址转换。
- 掌握 DHCP 实现原理。
- 了解 IPv6 技术。
- 能够实现 NAT 转换。
- 能够正确配置 PAP、CHAP 协议，完成验证。
- 能够配置与调试 DHCP 协议，并进行测试。
- 能够配置 IPv6 协议。

任务 5.1　掌握广域网技术

【任务分析】

本任务要求了解【知识链接】部分的内容，并根据需要为广域网的数据链路层配置 PPP 验证。

本任务的工作场景：某公司包括总公司和分公司两个部分，总公司和分公司之间要申请一条广域网专线进行连接，当客户端路由器与 Internet 服务提供商进行协商时，需要身份验证，配置路由器以保证链路的建立，实现总公司与分公司之间网络的互通以及安全性。

【知识链接】

5.1.1　广域网

广域网（WAN）是一种跨越较大地理区域的数据通信网络，使用运营商（如电话公司、有线电视公司、卫星系统和网络服务提供商）提供的服务作为信息传输平台，通过各种串行连接向大型地理区域提供接入功能。

广域网技术

广域网主要运行在 OSI/RM 的物理层和数据链路层。广域网使用电信服务商提供的数据链路来连接企业内部网络与其他外部网络及远端用户。数据链路的建立，除了需要物理层设备外，还需要数据链路层协议。最常用的 WAN 数据链路层协议有高级数据链路控制（HDLC）、点到点协议（PPP）、帧中继、ATM。

广域网数据链路连接方式有专用链路和交换链路。需要专用连接时，可向电信运营商租用点到点线路。电路交换动态建立专用虚连接，以便在主发送方和接受方之间进行语音或数据通信。电路交换通信链路包含模拟拨号（PSTN）和 ISDN；分组交换通信链路包括帧中继、ATM、X.25。图 5-1 说明了各种 WAN 数据链路连接方式。

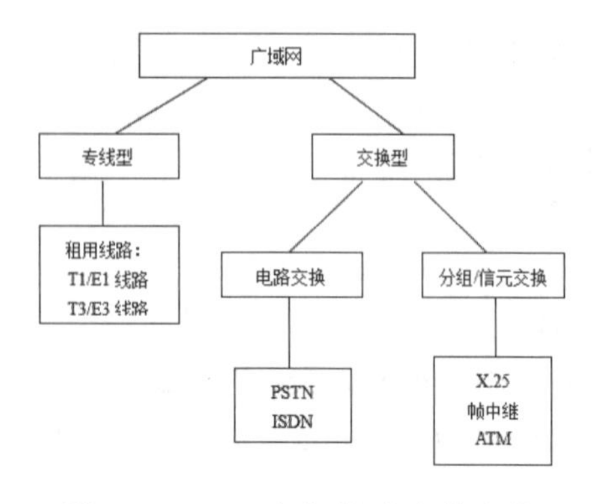

图 5-1　WAN 数据链路连接方式

5.1.2 HDLC

HDLC（High-level Data Link Control，高级数据链路控制）是由 ISO 制定的面向比特的同步数据链路层协议。HDLC 是基于 20 世纪 70 年代提出的同步数据链路控制 SDLC 标准制定的，使用同步串行传输在两点之间提供无差错通信。

HDLC 定义的第二层帧结构支持使用确认机制进行流量和错误控制。不管是数据帧还是控制帧都以标准的帧格式传送。HDLC 的标准帧由标志字段 F、地址字段 A、控制字段 C、信息字段 I、帧校验序列字段 FCS 等组成，如图 5-2 所示。

标志F	地址A	控制C	信息I	帧校验序列FCS	标志F

图 5-2 HDLC 标准帧格式

标志字段标志帧的起始，地址字段用来寻址目的设备，控制字段用于构成各种命令以及响应，信息字段包含有效信息或数据，帧校验序列字段用来检验帧错误。控制字段标识 HDLC 帧的类型。HDLC 有三种不同类型的帧：信息（I）帧、监控（S）帧、无编号（U）帧。信息帧用于传送有效信息或数据；监控帧用于差错控制和流量控制；无编号帧用于提供对链路的建立、拆除以及多种控制功能。

5.1.3 PPP

PPP（Point-To-Point Protocol，点到点协议）是在串行线 IP 协议 SLIP 的基础上发展起来的。PPP 是一种提供在点到点链路上传输、封装网络层数据包的数据链路层协议，用于在支持全双工的同异步链路上进行点到点的数据传输。作为目前使用最广泛的广域网协议，PPP 具有如下特点。

- PPP 是面向字符的，在点到点串行链路上使用字符填充技术，既支持同步链路又支持异步链路。
- PPP 通过 LCP（Link Control Protocol，链路控制协议）能够有效控制数据链路的建立。
- PPP 具有各种 NCP（Network Control Protocol，网络控制协议），可同时支持多种网络层协议。如支持 IP 的 IPCP 和支持 IPX 的 IPXCP 等。
- PPP 支持验证协议 PAP（Password Authentication Protocol，密码验证协议）和 CHAP（Challenge-Handshake Authentication Protocol，挑战握手验证协议），能更好地保证网络的安全。
- PPP 可以对网络层的地址进行协商，能远程分配 IP 地址，满足拨号线路的需求。
- PPP 无重传机制，网络开销小。

如图 5-3 所示，PPP 主要由以下协议组成。

- 链路控制协议 LCP：主要用于管理 PPP 数据链路，包括建立、拆除和监控数据链路等。
- 网络控制协议 NCP：主要用于协商所承载的网络层协议的类型及其属性，协商在该数据链路上所传输的数据包的格式与类型，配置网络层协议等。

- 验证协议 PAP 和 CHAP：主要用来验证 PPP 对端设备的身份合法性，在一定程度上保证了链路的安全性。

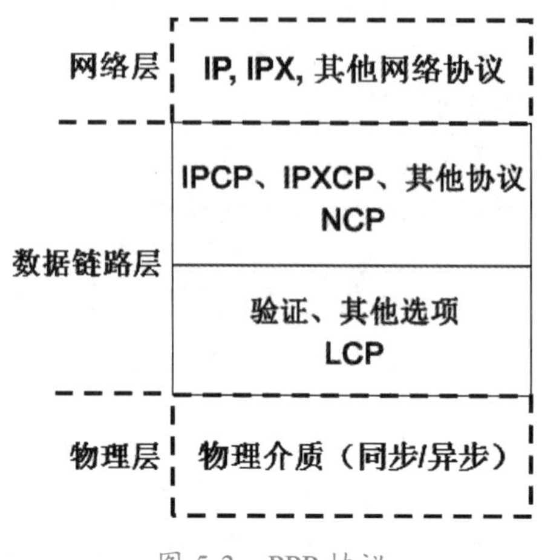

图 5-3　PPP 协议

一个完整 PPP 会话的建立大体需要如下三步：

- 链路建立阶段：运行 PPP 的设备会发送 LCP 报文来检测链路的可用情况，如果链路可用则成功建立链路，否则链路建立失败。
- 验证阶段（可选）：链路建立成功后，如果需要验证，则开始 PAP 或 CHAP 验证，验证成功后进入网络协商阶段。
- 网络层协商阶段：运行 PPP 的双方发送 NCP 报文来选择并配置网络层协议。双方协商使用哪种网络层协议，IP 还是 IPX，同时选择对应的网络层地址，IP 地址或 IPX 地址。如果协商通过则 PPP 链路建立成功。

5.1.4　PPP 验证

1. PAP 验证

在 PPP 链路建立完毕后，被验证方将不停地在链路上以明文反复发送用户名和密码，直到验证通过或链路连接被终止。主验证方核实用户名和密码以决定允许还是拒绝连接，然后向被验证方发送接受或拒绝消息。PAP 也可进行双向身份验证，即要求双方都要通过对方的验证程序，否则无法建立链路。PAP 使用两次握手，没有进行任何加密，适用于对网络安全要求相对较低的环境。图 5-4 描述了 PAP 验证的过程。

PPP 验证

2. CHAP 验证

CHAP 是在网络物理连接建立后进行的三次握手验证协议。CHAP 验证过程：主验证方先向被验证方发送随机产生的报文（Challenge），并同时将本端用户名发送给被验证方。被验证方根据报文中主验证方的用户名和本端的用户表检查本地密码，如果在用户表中找到与主验证方用户名对应的密码，便利用 MD5 算法对报文、密码进行加密，并将生成的密文和自己的用户名发回主验证方。主验证方利用 MD5 算法对报文、本地保存的被验证方密码进行加密，将生成的密文和被验证方发送的密文进行比较，根据比较结果返回不同的响应。图 5-5 描述了 CHAP 验证的过程。

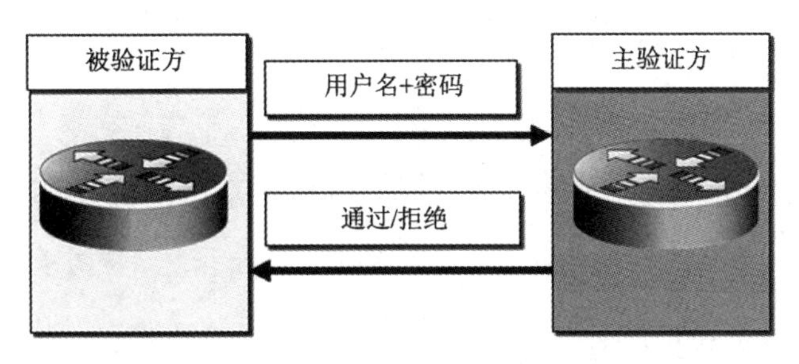

图 5-4　PAP 验证

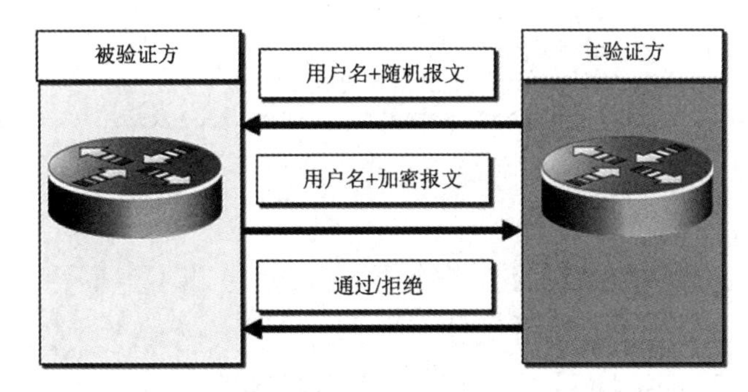

图 5-5　CHAP 验证

【任务实施】

本任务的实施主要分为两个部分：一是配置路由器 PPP；二是进行 PAP 或 CHAP 验证。

1. 设备与配线

路由器两台、兼容 VT-100 的终端设备或能运行终端仿真程序的计算机一台、V35 专用线缆一根、RS-232 电缆一根、RJ-45 接头的双绞线若干。

2. 网络拓扑图及设备接口配置

网络拓扑如图 5-6 所示，各设备接口配置见表 5-1。

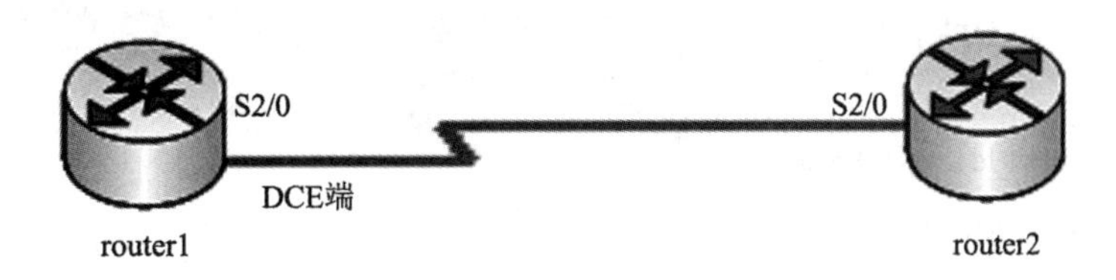

图 5-6　PPP 验证网络拓扑图

表 5-1　设备接口配置

设备名称	接口名称	IP 地址
router1	Serial2/0	192.168.1.1/30
router2	Serial2/0	192.168.1.2/30

3. PAP 验证

在配置静态路由协议或动态路由协议的基础上进行本次任务。此配置为双向验证。

（1）神州数码路由器配置实例。

1）配置 router1。

```
router_config#hostname router1
router1_config#username router2 password 123（设置本地用户名和密码）
router1_config#interface s2/0
router1_config_s2/0#ip address 192.168.1.1 255.255.255.252
router1_config_s2/0#encapsulation ppp（串口封装 PPP 协议）
router1_config_s2/0#ppp authentication pap（配置 PAP 验证）
router1_config_s2/0#ppp pap sent-username router1 password 123（发送用户名和密码给对端路由器
                                                              进行验证）
router1_config_s2/0#no shutdown
```

2）配置 router2。

```
router_config#hostname router2
router2_config#username router1 password 123
router2_config#interface s2/0
router2_config_s2/0#ip address 192.168.1.2 255.255.255.252
router2_config_s2/0#encapsulation ppp
router2_config_s2/0#ppp authentication pap
router2_config_s2/0#ppp pap sent-username router2 password 123
router2_config_s2/0#no shutdown
```

配置完成后，分别在 router1 和 router2 上使用命令 show interface serial2/0 检查接口状态，并确定路由器之间可以相互 ping 通。

（2）H3C 路由器配置实例。

1）配置 router1。

```
<Router>system-view
[Router]local-user router2
[Router-luser-router2]password simple 123
[Router-luser-router2]service-type ppp（配置本地用户的服务类型为 PPP）
[Router-luser-router2]quit
[Router]interface Serail2/0
[Router-Serail2/0]ip address 192.168.1.1 30
[Router-Serail2/0]baudrate 64000
[Router-Serail2/0]link-protocol ppp（接口封装 PPP 协议）
[Router-Serail2/0]ppp authentication-mode pap（配置 PAP 验证）
[Router-Serail2/0]ppp pap local-user router1 password simple 123
[Router-Serail2/0]undo shutdown
```

2）配置 router2。

```
<Router>system
[Router]local-user router1
```

```
[Router-luser-router1]password simple 123
[Router-luser-router1]service-type ppp
[Router-luser-router1]quit
[Router]interface Serail2/0
[Router-Serail2/0]ip address 192.168.1.2 30
[Router-Serail2/0]link-protocol ppp
[Router-Serail2/0]ppp authentication-mode pap
[Router-Serail2/0]ppp pap local-user router2 password simple 123
[Router-Serail2/0]undo shutdown
```

配置完成后，分别在 router1 和 router2 上使用命令 display interface serial2/0 检查接口状态，并确定路由器之间可以相互 ping 通。

4．CHAP 验证

在配置静态路由协议或动态路由协议的基础上进行本次任务。此配置为双向验证。

（1）神州数码路由器配置实例。

1）配置 router1。

```
router_config#hostname router1
router1_config#username router2 password 123
router1_config#interface s2/0
router1_config_s2/0#ip address 192.168.1.1 255.255.255.252
router1_config_s2/0#clock rate 64000
router1_config_s2/0#encapsulation ppp（串口封装 PPP 协议）
router1_config_s2/0#ppp authentication chap（配置 CHAP 验证）
router1_config_s2/0#no shutdown
```

2）配置 router2。

```
router_config#hostname router2
router2_config#username router1 password 123
router2_config#interface s2/0
router2_config_s2/0#ip address 192.168.1.2 255.255.255.252
router2_config_s2/0#encapsulation ppp
router2_config_s2/0#ppp authentication chap
router2_config_s2/0#no shutdown
```

配置完成后，分别在 router1 和 router2 上使用命令 show interface serial2/0 检查接口状态，并确定路由器之间可以相互 ping 通。

（2）H3C 路由器配置实例。

1）配置 router1。

```
<Router>system
[Router]local-user router2
[Router-luser-router2]password simple 123
[Router-luser-router2]service-type ppp
[Router-luser-router2]quit
[Router]interface Serail2/0
[Router-Serail2/0]ip address 192.168.1.1 30
[Router-Serail2/0]baudrate 64000
[Router-Serail2/0]link-protocol ppp
```

```
[Router-Serail2/0]ppp authentication-mode chap
[Router-Serail2/0]ppp chap user router1
[Router-Serail2/0]ppp chap password simple 123
[Router-Serail2/0]undo shutdown
```

2）配置 router2。

```
<Router>system
[Router]local-user router1
[Router-luser-router1]password simple 123
[Router-luser-router1]service-type ppp
[Router-luser-router1]quit
[Router]interface Serail2/0
[Router-Serail2/0]ip address 192.168.1.2 30
[Router-Serail2/0]link-protocol ppp
[Router-Serail2/0]ppp authentication-mode chap
[Router-Serail2/0]ppp chap user router2
[Router-Serail2/0]ppp chap password simple 123
[Router-Serail2/0]undo shutdown
```

配置完成后，分别在 router1 和 router2 上使用命令 display interface serial2/0 检查接口状态，并确定路由器之间可以相互 ping 通。

【任务小结】

本任务要求学生分组进行【任务实施】，可以 3 ～ 4 人一组，首先由各小组讨论实施步骤，清点所需实训设备，再进行具体实践操作。配置完成后，首先检测网络的连通性，再进行身份验证，验证成功后方可通信。

【思政元素】

通过引入阿桑奇的维基解密、棱镜计划等事件，让学生了解网络安全涉及国家关键基础设施安全、数据安全、个人隐私等多方面，明白网络安全的重要性。

任务 5.2 配置 DHCP

【任务分析】

本任务要求掌握动态主机配置协议（DHCP）的原理及应用。

本任务工作场景：某公司网络管理员为降低手工配置主机 IP 的工作量，打算利用现有的路由器配置 DHCP 服务，为公司内的主机动态地分配 TCP/IP 信息。

【知识链接】

5.2.1 DHCP

DHCP（Dynamic Host Configuration Protocol，动态主机配置协议）的作用是为局域网中的每台计算机自动分配 TCP/IP 信息，包括 IP 地址、子网掩码、网关以及 DNS 服务器地址等。其优点是终端主机无须配置，网络维护方便，大大提高了网络管理员的工作效率。DHCP 运行在客户端 / 服务器模式，服务器负责集中管理 IP 配置信息；客户端主动向服务器提出请求，服务器根据策略返回相应配置信息；客户端使用从服务器获得的配置信息进行数据通信。

DHCP 包括以下三种不同的地址分配机制：

- 手工分配：管理员给客户端分配固定的 IP 地址，DHCP 服务器只是将该 IP 地址告知设备。
- 自动分配：DHCP 服务器自动从地址池中选择一个静态 IP 地址，并将其永久性地分配给设备。
- 动态分配：DHCP 服务器自动从地址池中分配或出租一个 IP 地址给设备，租期由服务器指定或直到客户端告知 DHCP 服务器不再需要该地址。

动态分配 IP 地址是主机申请 IP 地址最常用的方法。其分配过程（图 5-7）通过如下四个阶段进行：

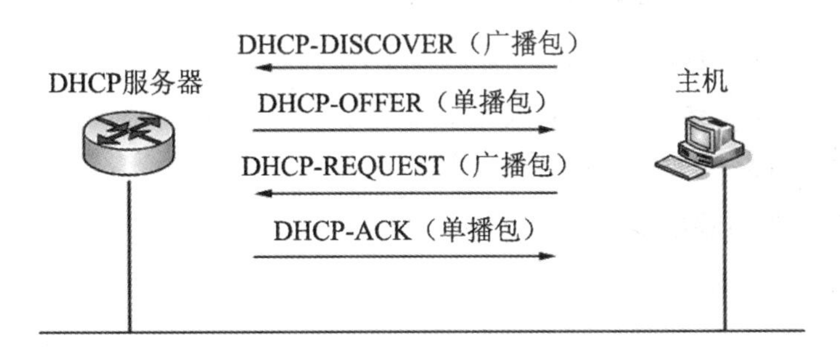

图 5-7　动态分配 IP 地址过程

- 发现阶段。DHCP 客户端寻找 DHCP 服务器的阶段。客户端以广播方式发送 DHCP-DISCOVER 报文。
- 提供阶段。DHCP 服务器接收到 DHCP-DISCOVER 报文后，根据 IP 地址分配的优先次序选出一个 IP 地址，与其他参数一起通过 DHCP-OFFER 报文发送给客户端。
- 选择阶段。如果有多台 DHCP 服务器向该客户端发来 DHCP-OFFER 报文，客户端只接受第一个收到的 DHCP-OFFER 报文，然后以广播方式发送 DHCP-REQUEST 报文，该报文中包含 DHCP 服务器在 DHCP-OFFER 报文中分配的 IP 地址。

- 确认阶段。DHCP 服务器收到 DHCP 客户端发来的 DHCP-REQUEST 报文后，只有 DHCP 客户端选择的服务器会进行如下操作：如果确认将地址分配给该客户端，则返回 DHCP-ACK 报文；否则返回 DHCP-NAK 报文，表明地址不能分配给该客户端。

5.2.2 DHCP 中继

在动态获取 IP 地址的过程中，客户端采用广播方式发送报文查找服务器才能得到服务。然而在复杂的网络中，客户端通常与 DHCP 服务器并不位于同一个子网中。为了进行动态主机配置，需要在所有网段上都设置一个 DHCP 服务器，这显然是很不经济的。DHCP 中继功能的引入解决了这一难题。客户端可以通过 DHCP 中继与其他子网中的 DHCP 服务器通信，最终获取到 TCP/IP 信息。这样，多个网络上的 DHCP 客户端可以使用同一个 DHCP 服务器，既节省了成本，又便于进行集中管理。

DHCP 中继的工作原理：具有 DHCP 中继功能的网络设备收到 DHCP 客户端以广播方式发送的 DHCP-DISCOVER 或 DHCP-REQUEST 报文后，根据配置将报文单播转发给指定的 DHCP 服务器；DHCP 服务器进行 IP 地址的分配，并通过 DHCP 中继将配置信息广播发送给客户端。

【任务实施】

配置 DHCP

本任务的实施主要分为两个部分：一是 PC 直接通过路由器获取 IP 地址；二是 PC 通过 DHCP 中继方式获得 IP 地址。

1. 设备与配线

路由器一台、DHCP 服务器一台、兼容 VT-100 的终端设备或能运行终端仿真程序的计算机一台、RS-232 电缆一根、RJ-45 接头的双绞线若干。

2. PC 直接通过路由器获取 IP 地址

网络拓扑如图 5-8 所示，各设备接口配置见表 5-2。

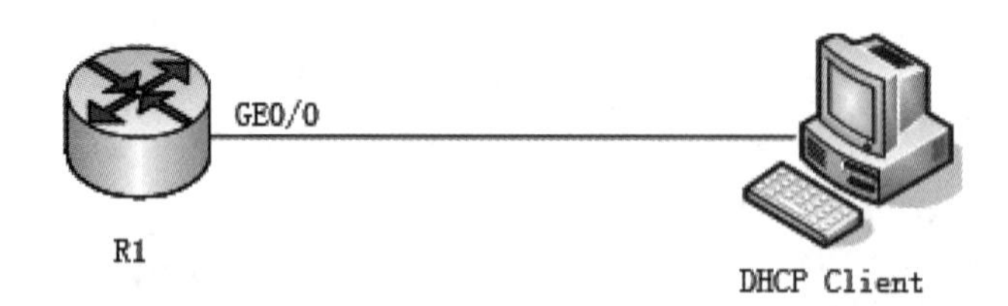

图 5-8　DHCP 服务网络拓扑图

表 5-2　DHCP 服务各设备接口配置

设备名称	接口名称	IP 地址
R1	GE0/0	192.168.1.1/24
PC	FE0	自动获取

（1）神州数码设备配置实例。

```
Router_config#interface  G0/0
Router_config_G0/0#ip add 192.168.1.1 255.255.255.0
Router_config_G0/0#no shutdown
Router_config_G0/0#exit
Router_config#ip dhcpd pool 1（定义地址池）
Router_config_dhcp#rang 192.168.1.6 192.168.1.254（定义地址范围）
Router_config_dhcp#lease 1（定义租期为 1 天）
Router_config_dhcp#network 192.168.1.0 255.255.255.0（配置网络号）
Router_config_dhcp#default-router 192.168.1.1（配置默认网关地址）
Router_config_dhcp#dns-server 192.168.1.2（配置 DNS 服务器的地址）
Router_config_dhcp#exit
```

PC 的 TCP/IP 属性设置为自动获取，在命令提示符窗口中执行命令 ipconfig/all 查看 TCP/IP 参数。

（2）H3C 设备配置实例。

```
<H3C>system-view
[H3C]interface GigabitEthernet0/0
[H3C-GigabitEthernet0/0]ip address 192.168.1.1 24
[H3C-GigabitEthernet0/0]undo shutdown
[H3C-GigabitEthernet0/0]quit
[H3C]dhcp enable（开启 DHCP 服务器功能）
[H3C]dhcp server forbidden-ip 192.168.1.1 192.168.1.5（设置不参与自动分配的 IP 地址）
[H3C]dhcp server ip-pool global（设置名为 global 的地址池）
[H3C-dhcp-pool-global]network 192.16.1.0 mask 255.255.255.0（设置地址池的地址）
[H3C-dhcp-pool-global]gateway-list 192.168.1.1（设置默认网关地址）
[H3C-dhcp-pool-global]dns-list 192.168.1.2（设置 DNS 服务器的地址）
[H3C-dhcp-pool-global]quit
```

PC 的 TCP/IP 属性设置为自动获取，在命令提示符窗口中执行命令 ipconfig/all 查看 TCP/IP 参数。

3. PC 通过 DHCP 中继方式获取 IP 地址

网络拓扑如图 5-9 所示，各设备接口配置见表 5-3 所示。

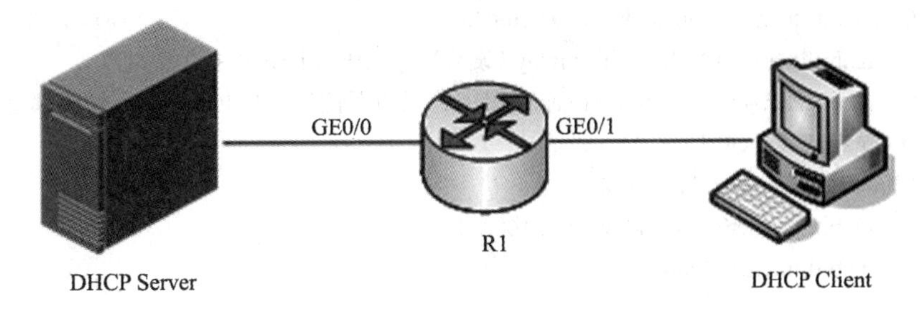

图 5-9　DHCP 中继服务网络拓扑图

表 5-3　DHCP 中继服务各设备接口配置

设备名称	接口名称	IP 地址
R1	GE0/0	192.168.1.1/24
R1	GE0/1	192.168.2.1/24
DHCP Server	FE0	192.168.1.2/24

本任务需要配置路由器、DHCP 服务器和 PC。DHCP 服务器建立在 DHCP 作用域，分配 IP 地址范围为 192.168.2.11 ～ 192.168.2.20，排除 IP 地址范围为 192.168.2.1 ～ 192.168.2.10，默认网关为 192.168.2.1，DNS 服务器地址为 192.168.1.3。

（1）神州数码设备配置实例。

配置路由器。

```
Router_config#interface  GE0/0
Router_config_GE0/0#ip add 192.168.1.1 255.255.255.0
Router_config_GE0/0#no shutdown
Router_config_if_GE0/0#exit
Router_config#interface GE0/1
Router_config_GE0/1#ip add 192.168.2.1 255.255.255.0
Router_config_GE0/1#ip helper-address 192.168.1.2（路由器 R1 配置成 DHCP 中继代理）
Router_config_GE0/1#no shutdown
Router_config_GE0/1#exit
```

PC 的 TCP/IP 属性设置为自动获取，在命令提示符窗口中执行命令 ipconfig/all 查看 TCP/IP 参数。

（2）H3C 设备配置实例。

配置路由器。

```
<H3C>system-view
[H3C]dhcp enable
[H3C]dhcp relay server-group 1 ip 192.168.1.2
（设置 DHCP 服务器组中 DHCP 服务器的 IP 地址）
[H3C]interface GigabitEthernet0/1
[H3C-GigabitEthernet0/1]ip address 192.168.2.1 24
[H3C-GigabitEthernet0/1]dhcp select relay（设置接口工作在 DHCP 中继模式）
[H3C-GigabitEthernet0/1]dhcp relay server-select 1（设置接口与 DHCP 服务器组的绑定关系）
[H3C-GigabitEthernet0/1]quit
[H3C]interface GigabitEthernet0/0
[H3C-GigabitEthernet0/0]ip address 192.168.1.1 24
[H3C-GigabitEthernet0/0]quit
```

PC 的 TCP/IP 属性设置为自动获取，在命令提示符窗口中执行命令 ipconfig/all 查看 TCP/IP 参数。

【任务小结】

本任务要求学生分组进行【任务实施】，可以 3 ～ 4 人一组，首先由各小组讨论实施步骤，清点所需实训设备，再具体实践操作。配置完成后，检测 PC 的 TCP/IP 属性，再进行连通性测试。

任务 5.3 网络地址转换

【任务分析】

本任务要求掌握网络地址转换（NAT）的技术原理以及 NAT 实现技术。

本任务工作场景：某公司对因特网的访问需求逐步提升，原本申请的公网 IP 地址数量不够用，因此重新申请了一段地址作为连接互联网使用，这需要对路由器上的 NAT 进行规划设置。

【知识链接】

5.3.1 网络地址转换

当前的 Internet 主要基于 IPv4 协议，用户访问 Internet 的前提是拥有唯一的 IP 地址。随着接入 Internet 的计算机数量不断猛增，IP 地址资源越加捉襟见肘。为解决 IP 地址短缺问题，IETF 提出了网络地址转换（Network Address Translation，NAT）技术。

根据 RFC 1918 标准，IP 地址中预留了三个私有地址段，仅限于私有网络使用。它们是 10.0.0.0/8、172.16.0.0/12 和 192.168.0.0/16。在企业网络中，可以使用私有地址进行组网，但私有地址在 Internet 上无法路由。如果采用私有地址访问 Internet，必须使用 NAT 技术，将私有地址转换为公有地址。

5.3.2 NAT 转换类型

NAT 转换有两种类型：静态 NAT 和动态 NAT。静态 NAT 使用私有地址与公有地址的一对一映射，这些映射保持不变。对必须使用固定地址以便访问 Internet 的内部服务器或主机来说，静态 NAT 很有用。动态 NAT 技术使用公有地址池，当使用私有 IP 地址的主机请求访问 Internet 时，从地址池中选择一个未被其他主机使用的公有 IP 地址分配给该主机。无论使用静态 NAT 还是动态 NAT，都必须有足够的公有地址，能够给同时访问公网的每个设备分配一个地址。

【任务实施】

本任务的实施主要使用动态 NAT 技术，建立公有地址池，实现地址转换。

1. 设备与配线

路由器（两台）、二层交换机（两台）、兼容 VT-100 的终端设备或能运行终端仿真程序的计算机（四台）、RS-232 电缆（一根）、RJ-45 接头的双绞线（若干）。

2. 网络拓扑图及设备接口配置

NAT 服务网络拓扑图如图 5-10 所示，各设备接口配置见表 5-4。

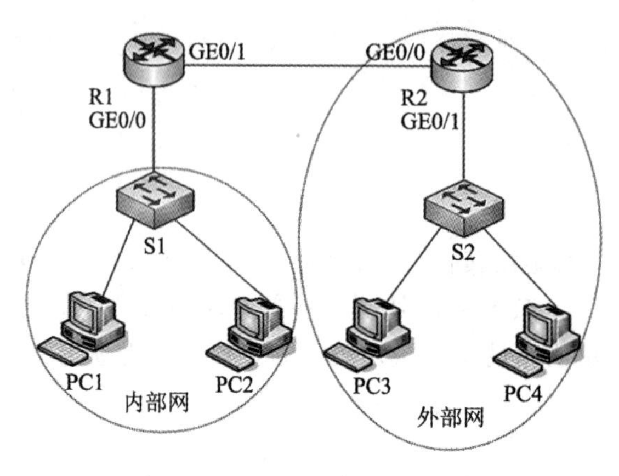

图 5-10　NAT 服务网络拓扑图

表 5-4　NAT 服务各设备接口配置

设备名称	接口名称	IP 地址	网关
R1	GE0/0	192.168.1.1/24	
R1	GE0/1	211.1.1.1/24	
R2	GE0/0	211.1.1.2/24	
R2	GE0/1	211.2.2.1/24	
PC1	FE0	192.168.1.10/24	192.168.1.1
PC2	FE0	192.168.1.20/24	192.168.1.1
PC3	FE0	211.2.2.2/24	211.2.2.1
PC4	FE0	211.2.2.3/24	211.2.2.1

3. 动态 NAT 配置

在配置静态路由协议的基础上进行本次任务。

（1）神州数码设备配置实例。

1）配置动态 NAT，建立地址池，将私有 IP 地址转换为公有 IP 地址。

配置路由器 R1。

```
Router_config#interface G0/0
Router_config_G0/0#ip add 192.168.1.1 255.255.255.0
Router_config_G0/0#no shutdown
```

```
Router_config_G0/0#exit
Router_config#interface G0/1
Router_config_G0/1#ip add 211.1.1.1 255.255.255.0
Router_config_G0/1#no shutdown
Router_config_G0/1#exit
Router_config#ip route 0.0.0.0 0.0.0.0 211.1.1.2
Router_config#ip nat pool pool1 211.1.1.100 211.1.1.150
netmask 255.255.255.0（定义一个用于分配地址的地址池 pool1）
Router_config#ip access-list standard 1（定义访问控制列表）
Router_config_std_nacl#permit 192.168.0.0 255.255.255.0（允许要转换的地址）
Router_config_std_nacl#exit
Router_config#ip nat pool overld 192.168.1.10 192.168.1.20 255.255.255.0（定义名为 overld 的转换
                                                                        地址池）
Router_config #ip nat inside source list 1 pool pool1 overload（建立动态转换并指定访问列表）
Router_config#interface G0/0
Router_config_G0/0#router(config-if)#ip nat inside（接口标记为连接内部网络）
Router_config_G0/0#exit
Router_config#interface G0/1
Router_config_G0/1#ip nat outside（接口标记为连接外部网络）
Router_config_G0/1#exit
```

路由器 R2。

```
Router_config#interface G0/0
Router_config_G0/0#ip add 211.1.1.2 255.255.255.0
Router_config_G0/0#no shutdown
Router_config_G0/0#exit
Router_config#interface G0/1
Router_config_G0/1#ip add 211.2.2.1 255.255.255.0
Router_config_G0/1#no shutdown
Router_config_G0/1#exit
Router_config#ip route 0.0.0.0 0.0.0.0 211.1.1.1
```

路由器之间相互 ping 通，使用 show ip nat translations 命令核实转换表是否包含正确的转换条目。

2）配置使用公有 IP 地址池的 NAT 重载。NAT 通常以一对一的方式将私有 IP 地址转换为公有 IP 地址，而 NAT 重载将同时修改发送方的私有地址和端口号，该端口号将是公有网络中主机看到的端口号。NAT 重载配置时使用关键字 overload 来启用端口地址转换。

路由器 R1。

```
Router_config#interface G0/0
Router_config_G0/0#ip add 192.168.1.1 255.255.255.0
Router_config_G0/0#no shutdown
Router_config_G0/0#exit
Router_config#interface G0/1
Router_config_G0/1#ip address 211.1.1.1 255.255.255.0
Router_config_G0/1#no shutdown
Router_config_G0/1#exit
Router_config#ip route 0.0.0.0 0.0.0.0 211.1.1.2
```

```
Router_config#ip nat pool pool2 211.1.1.151 211.1.1.200 netmask 255.255.255.0（定义一个用于分配
                                                                    地址的地址池 pool2）
router_config#access-list 1 permit 192.168.1.0 0.0.0.255
router_config#ip nat inside source list 1 pool pool2 overload（建立重载转换）
Router_config#interface G0/0
Router_config_G0/0#ip nat inside
Router_config_G0/1#exit
Router_config#interface G0/1
Router_config_G0/1#ip nat outside
Router_config_G0/1#exit
```

配置路由器 R2。

```
Router_config#interface G0/0
Router_config_G0/0#ip add 211.1.1.2 255.255.255.0
Router_config_G0/0#no shutdown
Router_config_G0/0#exit
Router_config#interface G0/1
Router_config_G0/1#ip add 211.2.2.1 255.255.255.0
Router_config_G0/1#no shutdown
Router_config_G0/1#exit
Router_config#ip route 0.0.0.0 0.0.0.0 211.1.1.1
```

路由器之间相互 ping 通，使用 show ip nat translations 命令核实转换表是否包含正确的转换条目。

（2）H3C 设备配置实例。

1）Basic NAT 配置。

配置路由器 R1。

```
<H3C>system-view
[H3C]interface GigabitEthernet0/0
[H3C-GigabitEthernet0/0]ip address 192.168.1.1 24
[H3C-GigabitEthernet0/0]undo shutdown
[H3C-GigabitEthernet0/0]quit
[H3C]interface GigabitEthernet0/1
[H3C-GigabitEthernet0/1]ip address 211.1.1.1 24
[H3C-GigabitEthernet0/1]undo shutdown
[H3C-GigabitEthernet0/1]quit
[H3C]ip route-static 0.0.0.0 0 211.1.1.2
[H3C]acl number 2000（定义基本访问控制列表）
[H3C-acl-basic-2000]rule permit source 192.168.1.0 0.0.0.255
[H3C-acl-basic-2000]quit
[H3C]nat address-group 1（定义一个地址池）
[H3C-address-group-1]address 211.1.1.100 211.1.1.150
[H3C-address-group-1] quit
[H3C]interface GigabitEthernet0/1
[H3C-GigabitEthernet0/1]nat outbound 2000 address-group 1 no-pat
（在出接口配置访问控制列表和地址池关联，不使用端口信息，实现 NO-PAT 功能）
[H3C-GigabitEthernet0/1]quit
```

配置路由器 R2。

```
<H3C>system-view
[H3C]interface GigabitEthernet0/0
[H3C-GigabitEthernet0/0]ip address 211.1.1.2 24
[H3C-GigabitEthernet0/0]undo shutdown
```

```
[H3C-GigabitEthernet0/0]quit
[H3C]interface GigabitEthernet0/1
[H3C-GigabitEthernet0/1]ip address 211.2.2.1 24
[H3C-GigabitEthernet0/1]undo shutdown
[H3C-GigabitEthernet0/1]quit
[H3C]ip route-static 0.0.0.0 0 211.1.1.1
```

路由器之间相互 ping 通，使用 display nat session 命令可查看 NAT 转换表信息。

2）NAPT 配置。在 Basic NAT 中，一个外部地址在同一时刻只能被分配给一个内部地址，即只解决了公网和私网的通信问题。NAPT 可实现端口地址转换，提高了公有 IP 地址的利用率，配置过程如下。

配置路由器 R1。

```
<H3C>system-view
[H3C]interface GigabitEthernet0/0
[H3C-GigabitEthernet0/0]ip address 192.168.1.1 24
[H3C-GigabitEthernet0/0]undo shutdown
[H3C-GigabitEthernet0/0]quit
[H3C]interface GigabitEthernet0/1
[H3C-GigabitEthernet0/1]ip address 211.1.1.1 24
[H3C-GigabitEthernet0/1]undo shutdown
[H3C-GigabitEthernet0/1]quit
[H3C]ip route-static 0.0.0.0 0 211.1.1.2
[H3C]acl number 2000
[H3C-acl-basic-2000]rule permit source 192.168.1.0 0.0.0.255
[H3C-acl-basic-2000]quit
[H3C]nat address-group 2
[H3C-address-group-2]address 211.1.1.151 211.1.1.200
[H3C]interface GigabitEthernet0/1
[H3C-GigabitEthernet0/1]nat outbound 2000 address-group 2
（在出接口配置访问控制列表和地址池关联，使用端口信息实现地址转换）
[H3C-GigabitEthernet0/1]quit
```

配置路由器 R2。

```
<H3C>system-view
[H3C]interface GigabitEthernet0/0
[H3C-GigabitEthernet0/0]ip address 211.1.1.2 24
[H3C-GigabitEthernet0/0]undo shutdown
[H3C-GigabitEthernet0/0]quit
[H3C]interface GigabitEthernet0/1
[H3C-GigabitEthernet0/1]ip address 211.2.2.1 24
[H3C-GigabitEthernet0/1]undo shutdown
[H3C-GigabitEthernet0/1]quit
[H3C]ip route-static 0.0.0.0 0 211.1.1.1
```

路由器之间相互 ping 通，使用 display nat session 命令可查看 NAT 转换表信息。

【任务小结】

本任务要求学生分组进行【任务实施】，可以 3 ～ 4 人一组，首先由各小组讨论实施步骤，清点所需实训设备，再具体实践操作。配置完成后，先进行路由器连通性测试，再进行主机间连通性测试。

任务 5.4 配置 IPv6

【任务分析】

本任务要求掌握 IPv6 地址的概念、表示方法及分类，了解 IPv6 过渡技术。

本任务工作场景：某公司部署 IPv6 网络，实现 IPv6 地址部署和 IPv6 的 RIP 路由。

【知识链接】

5.4.1 IPv6 地址

1. IPv6 地址表示

IPv6 地址有 128 位，被分成 8 段，每 16 位为一段，每段被转换为一个 4 位十六进制数，并用英文冒号隔开。这种表示方法称为冒号十六进制表示法。下面是一个二进制的 128 位 IPv6 地址：

```
0010000000000001 0000010000010000 0000000000000000 0000000000000001
0000000000000000 0000000000000000 0000000000000000 0100010111111111
```

将其划分为每 16 位为一段，每段转换为十六进制数，并用英文冒号隔开：

```
2001:0410:0000:0001:0000:0000:0000:45ff
```

为了缩短地址的书写长度，IPv6 地址可采用压缩方式来表示。规则如下：

- 每段中的前导 0 可以去掉，但保证每段至少有一个数字，但有效 0 不能被压缩。如上例地址可压缩为：2001:410:0:1:0:0:0:45ff。
- 一个或多个连续的段内各位全为 0 时，可以用双冒号 :: 压缩表示，但一个 IPv6 地址中只允许有一个双冒号。如上例地址可压缩为：2001:410:0:1::45ff。

2. IPv6 地址构成

IPv6 地址由前缀、接口标识符、前缀长度构成。前缀用于标识地址属于哪个网络；接口标识符用于标识地址在网络中的具体位置；前缀长度用于确定地址中哪一部分是前缀、哪一部分是接口标识符。例如，地址 1234:5678:90AB:CDEF:ABCD:EF01:2345:6789/64，其中，/64 表示此地址前缀长度是 64 位，此地址前缀是 1234:5678:90AB:CDEF，接口标识符就是 ABCD:EF01:2345:6789。

3. IPv6 地址分类

IPv6 地址包括单播地址、组播地址和任播地址。单播地址用来唯一标识一个接口。单播地址只能分配给一个节点上的一个接口，发送到单播地址的数据报文将被传送给此地址所标识的接口。组播地址用来标识一组接口。多个接口可配置相同的组播地址，发送到组播地址的数据报文被传送给此地址标识的所有接口。任播地址也用来标识一组接口。发送到任播地址的数据报文被传送给此地址所标识的一组接口中距离源节点最近的一个接口。

5.4.2　IPv6 过渡技术

从 IPv4 过渡到 IPv6，并不要求同时升级所有节点。一些过渡技术可以平滑地集成 IPv4 和 IPv6，让 IPv4 节点和 IPv6 节点能够通信。这些过渡机制有以下三类。

- 双协议栈：单个节点同时支持 IPv4 和 IPv6 两种协议栈。
- 隧道技术：通过把 IPv6 数据报文封装到 IPv4 数据报文中，让现有的 IPv4 网络成为载体以建立 IPv6 通信，隧道端的数据报文传送通过 IPv4 机制进行，隧道被看成一个直接连接的通道。
- NAT-PT 技术：网络地址转换 - 协议转换技术（NAT-PT）是将 IPv4 地址和 IPv6 地址分别看作 NAT-PT 技术中的内部地址和全局地址，同时根据协议的不同对分组进行相应的语义翻译，从而实现纯 IPv4 和纯 IPv6 节点之间的通信。

【任务实施】

本任务的实施主要分为两个部分：一是配置路由器接口 IPv6 地址；二是在 IPv6 的路由器上配置 RIP 协议。

1. 设备与配线

路由器（三台）、兼容 VT-100 的终端设备或能运行终端仿真程序的计算机（一台）、RS-232 电缆（一根）、RJ-45 接头的双绞线（若干）。

2. 网络拓扑图及设备接口配置

网络拓扑如图 5-11 所示，各设备接口配置见表 5-5。

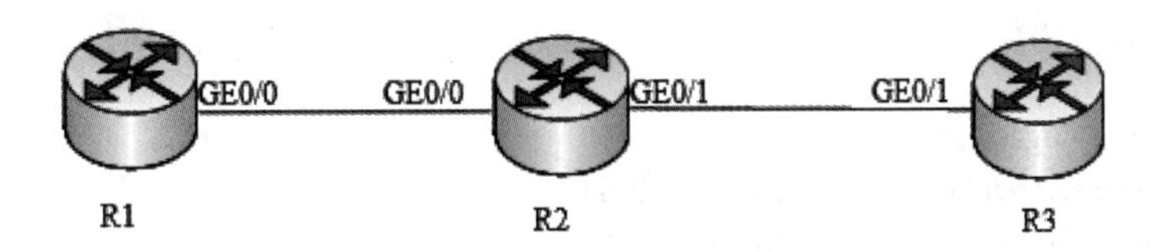

图 5-11　IPv6 配置网络拓扑图

表 5-5　各设备接口配置

设备名称	接口名称	IP 地址
R1	GE0/0	2001::1/64
R2	GE0/0	2001::2/64
R2	GE0/1	3001::1/64
R3	GE0/1	3001::2/64

3. 配置 IPv6 地址

（1）神州数码设备配置实例。

配置路由器 R1。

```
R1_config#interface G0/0
R1_config_G0/0#ipv6 address 2001::1/64（配置接口的 IPv6 地址）
R1_config_G0/0#no shutdown
```

配置路由器 R2。

```
R2_config#interface G0/0
R2_config_G0/0#ipv6 address 2001::2/64
R2_config_G0/0#no shutdown
R2_config_G0/0#exit
R2_config#interface G0/1
R2_config_G0/1#ipv6 address 3001::1/64
R2_config_G0/1#no shutdown
```

配置路由器 R3。

```
R3_config#interface G0/1
R3_config_G0/1#ipv6 address 3001::2/64
R3_config_G0/1#no shutdown
```

每台路由器上可使用 show ipv6 interface brief 命令查看接口配置的 IPv6 信息。

（2）H3C 设备配置实例。

配置路由器 R1。

```
<H3C>system-view
[H3C]ipv6（开启设备 IPv6 报文转发功能）
[H3C]interface GigabitEthernet0/0
[H3C-GigabitEthernet0/0]ipv6 address 2001:1/64
[H3C-GigabitEthernet0/0]undo shutdown
[H3C-GigabitEthernet0/0]quit
```

配置路由器 R2。

```
<H3C>system-view
[H3C]ipv6
[H3C]interface GigabitEthernet0/0
[H3C-GigabitEthernet0/0]ipv6 address 2001:2/64
[H3C-GigabitEthernet0/0]undo shutdown
[H3C-GigabitEthernet0/0]quit
[H3C]interface GigabitEthernet0/1
[H3C-GigabitEthernet0/1]ipv6 address 3001:1/64
[H3C-GigabitEthernet0/1]undo shutdown
[H3C-GigabitEthernet0/1]quit
```

配置路由器 R3。

```
<H3C>system-view
[H3C]ipv6
[H3C]interface GigabitEthernet0/1
[H3C-GigabitEthernet0/1]ipv6 address 3001:2/64
```

```
[H3C-GigabitEthernet0/1]undo shutdown
[H3C-GigabitEthernet0/1]quit
```

每台路由器上可使用 display ipv6 interface 命令查看接口配置的 IPv6 信息。

4. 配置 RIP 协议

（1）神州数码设备配置实例。

配置路由器 R1 上 IPv6 的 RIP。

```
R1_config#ipv6 unicast-routing（在路由器上启用 IPv6 的流量转发）
R1_config#ipv6 router rip szsm
（在路由器上启用名为 szsm 的 IPv6 的 RIP 路由协议）
R1_config#interface GE0/0
R1_config_if#ipv6 rip szsm enable（在接口上应用 IPv6 的 RIP 协议）
```

配置路由器 R2 上 IPv6 的 RIP。

```
R2_config#ipv6 unicast-routing
R2_config#ipv6 router rip szsm
R2_config#interface GE0/0
R2_config_if#ipv6 rip szsm enable
R2_config_if#exit
R2_config#interface GE0/1
R2_config_if#ipv6 rip szsm enable
R2_config_if#exit
```

配置路由器 R3 上 IPv6 的 RIP。

```
R3_config#ipv6 unicast-routing
R3_config#ipv6 router rip szsm
R3_config#interface GE0/1
R3_config_if#ipv6 rip szsm enable
```

路由器之间可使用 ping 命令验证连通性，使用 show ipv6 route 命令可查看当前的路由选择表。

（2）H3C 设备配置实例。

为了解决 RIP 协议与 IPv6 的兼容性问题，IETF 在 1997 年对 RIP 协议进行了改进，制定了基于 IPv6 的 RIPng（RIP next generation）标准。

配置路由器 R1。

```
<H3C>system-view
[H3C]ripng（创建 ripng 进程）
[H3C-ripng-1]quit
[H3C]interface GigabitEthernet0/0
[H3C-GigabitEthernet0/0]ripng 1 enable（接口加入到 RIPng 进程中）
[H3C-GigabitEthernet0/0]quit
```

配置路由器 R2。

```
<H3C>system-view
[H3C]ripng
[H3C-ripng-1]quit
[H3C]interface GigabitEthernet0/0
```

```
[H3C-GigabitEthernet0/0]ripng 1 enable
[H3C-GigabitEthernet0/0]quit
[H3C]interface GigabitEthernet0/1
[H3C-GigabitEthernet0/1]ripng 1 enable
[H3C-GigabitEthernet0/1]quit
```

配置路由器 R3。

```
<H3C>system-view
[H3C]ripng
[H3C-ripng-1]quit
[H3C]interface GigabitEthernet0/1
[H3C-GigabitEthernet0/1]ripng 1 enable
[H3C-GigabitEthernet0/1]quit
```

路由器之间可使用 ping 命令验证连通性，使用 display ripng route 命令可查看当前的路由信息。

【任务小结】

本任务要求学生分组进行【任务实施】，可以 3 ～ 4 人一组，首先由各小组讨论实施步骤，清点所需实训设备，再具体实践操作。配置完成后，确保路由器之间的连通性。

【同步训练】

一、选择题

1．WAN 工作于 OSI/RM 的（　）与（　）两层。

A．物理层　　B．数据链路层

C．网络层　　D．应用层

2．下列（　）说法正确描述了 PPP 身份验证。

A．PAP 通过三次握手建立链路

B．CHAP 通过两次握手建立链路

C．CHAP 使用基于 MD5 算法的询问 / 响应方法

D．CHAP 通过重复询问进行检验

3．使用 DHCP 服务的好处是（　）。

A．降低 TCP/IP 信息的配置工作量

B．增加系统安全与依赖

C．对那些经常变动位置的工作站，DHCP 能迅速更新位置信息

D．以上都是

4．DHCP 客户端指（　）。

A．安装了 DHCP 客户端软件的主机

B．网络连接配置成自动获取 IP 地址的主机

C．运行 DHCP 客户端软件的主机

D．使用静态 IP 地址的主机

5．使用 NAT 的两个好处是（ ）。

A．可节省公有 IP 地址

B．可增强网络的私密性和安全性

C．可增强路由性能

D．可降低路由问题故障排除难度

6．网络管理员可使用（ ）来确保外部网络一直访问内部网络中的服务器。

A．NAT 超载　　B．静态 NAT　　C．动态 NAT　　D．PAT

7．IPv6 地址内有（ ）位用来标识接口 ID。

A．32　　B．48　　C．64　　D．128

8．IPv6 地址类型有（ ）。

A．单播地址　　B．组播地址　　C．任播地址　　D．广播地址

二、填空题

1．PPP 主要由 ________、________、________ 协议组成。

2．DHCP 服务工作过程有 ________、________、________、________4 个阶段。

3．NAT 转换有 ________ 和 ________ 两种类型。

4．IPv6 过渡技术有 ________、________、________。

附录1　虚拟实训指导

实训 1 双机互联

一、实训目的

本实训使用 H3C CloudLab 模拟器实现双机互联互通。

二、网络拓扑图

实训设备：两台主机，一台交换机，网络拓扑如附图 1-1 所示。

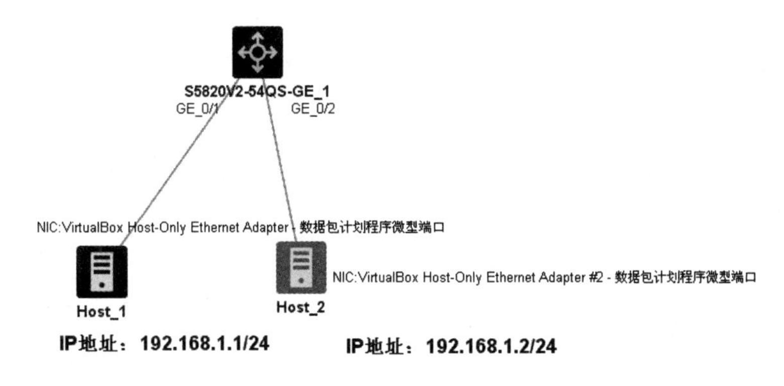

附图 1-1 网络拓扑图

三、实训过程

1. 安装模拟器自带的虚拟机，添加虚拟网卡：

（1）打开虚拟机，选择“管理”→“全局设定”命令，打开“全局设定”窗口。

（2）单击“网络”选项，在“仅主机（Host-Only）网络”标签中，单击“添加”按钮添加网卡，并对网卡进行设置，取消其 DHCP 服务，这样就多了一个虚拟网卡，如附图 1-2 所示。

2. 网络连接

（1）打开 H3C CloudLab 模拟器。

（2）如附图 1-1 所示建立双机互联拓扑结构，选择交换机端口并添加连线，连线到客户机时选择要连接的网卡，一个客户机选择一个网卡，不可重复。

（3）连线完成并启动设备，Host_1 配置的是“VirtualBox Host-Only Network”虚拟网卡，Host_2 配置的是“VirtualBox Host-Only Network #2”虚拟网卡。

3. 设置两台主机的网络连接属性

（1）设置 Host_1 主机。设置 Host_1 主机的 IP 地址为 192.168.1.1，子网掩码为 255.255.255.0。

附图 1-2　添加虚拟网卡

（2）设置 Host_2 主机。设置 Host_2 主机的 IP 地址为 192.168.1.2，子网掩码为 255.255.255.0。

4. 测试

在 cmd.exe 窗口中输入 ping 命令，查看连通性。可带参数 -S（注意 S 要大写），使用指定的源地址。

输入命令 ping -S 192.168.1.1 192.168.1.2，如双机连通则显示 4 个返回的数据包，如附图 1-3 所示。

附图 1-3　双机连通时 ping 命令的返回结果

如将 Host_2 主机的 IP 地址设置为 192.168.2.2/24，则两台主机不属于同一个网络，输入命令 ping -S 192.168.1.1 192.168.2.2 后，则显示 4 个数据包不可达，请求超时，即双机不连通，如附图 1-4 所示。

```
管理员: 命令提示符
C:\Users\pc>ping -S 192.168.1.1 192.168.2.2

正在 Ping 192.168.2.2 从 192.168.1.1 具有 32 字节的数据:
PING: 传输失败。General failure.
PING: 传输失败。General failure.
PING: 传输失败。General failure.
PING: 传输失败。General failure.

192.168.2.2 的 Ping 统计信息:
    数据包: 已发送 = 4, 已接收 = 0, 丢失 = 4 (100% 丢失),
```

附图 1-4　双机不连通时 ping 命令的返回结果

实训 2　交换机 Console 密码设置

一、实训目的

本实训使用 H3C CloudLab 模拟器，实现交换机 Console 密码设置。

二、网络拓扑图

实训设备：一台交换机，网络拓扑如附图 2-1 所示。

附图 2-1　网络拓扑图

三、实训过程

1. 启动设备

打开 H3C CloudLab 模拟器，添加一台交换机，并启动设备。

2. 配置交换机

右击交换机图标，选择“启动命令行终端”命令，打开交换机配置命令窗口，以 Password 认证方式为例，进行如下配置，界面如附图 2-2 所示。

```
<H3C>system-view（进入系统试图）
System View: return to User View with Ctrl+Z.
[H3C]sysname sw1（设置交换机的主机名）
[sw1]user-interface aux 0（进入控制台口）
[sw1-ui-aux0]authentication-mode password
[sw1-ui-aux0]set authenticaton password simple 123（设置验证口令）
```

```
[sw1-ui-aux0]quit（退出）
[sw1]quit
<sw1>
```

```
S5820V2-54QS-GE_1
<H3C>system-view
System View: return to User View with Ctrl+Z.
[H3C]sysname sw1
[sw1]user-interface aux 0
[sw1-line-aux0]authentication-mode password
[sw1-line-aux0]set authentication password simple 123
[sw1-line-aux0]quit
[sw1]quit
<sw1>
```

附图 2-2　Console 密码验证配置命令

3. 测试

使用 quit 命令退出交换机的用户视图后，若再次进入交换机，需输入密码验证，密码正确，方可进入交换机，如附图 2-3 所示。

```
S5820V2-54QS-GE_1
***********************************************************
********************
* Copyright (c) 2004-2014 Hangzhou H3C Tech. Co., Ltd. All
 rights reserved.  *
* Without the owner's prior written consent,
                   *
* no decompiling or reverse-engineering shall be allowed.
                   *
***********************************************************
********************

Line aux0 is available.


Press ENTER to get started.
Password:
<sw1>%Mar 28 01:16:53:116 2017 sw1 SHELL/5/SHELL_LOGIN: TTY logg
ed in from aux0.

<sw1>
```

附图 2-3　Console 密码验证测试

4. 其他练习

本实训的其他两种 Console 密码配置验证请自行练习。

实训 3　交换机 Telnet 密码设置

一、实训目的

本实训使用 H3C CloudLab 模拟器，实现交换机 Telnet 密码设置。

二、网络拓扑图

实训设备：一台交换机，一台主机，网络拓扑如附图 3-1 所示。

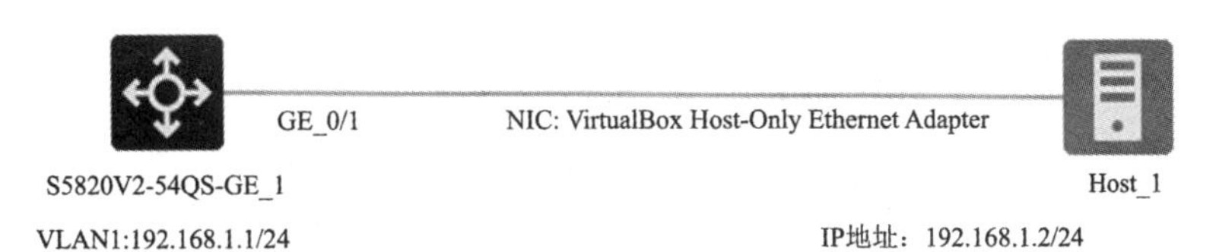

附图 3-1　网络拓扑图

三、实训过程

1. 启动设备

打开 H3C CloudLab 模拟器，如附图 3-1 所示建立网络拓扑图，选择交换机端口并添加连线，连线到客户机并启动设备。

2. 配置交换机

右击交换机图标，选择“启动命令行终端”命令，打开交换机配置命令窗口，以 Password 认证方式为例，进行如下配置，界面如附图 3-2 所示。

```
<H3C>system-view（进入系统试图）
System View: return to User View with Ctrl+Z.
[H3C]sysname sw1（设置交换机的主机名）
[sw1]interface vlan 1
[sw1-Vlan-interface1]ip address 192.168.1.1 255.255.255.0
[sw1-Vlan-interface1]quit
[sw1]telnet server enable（开启服务）
[sw1]user-interface vty 0 4（设置虚拟用户端口同时允许 5 个用户可登录）
[sw1-ui-vty0-4]authentication-mode password（认证方式为使用密码认证）
[sw1-ui-vty0-4]set authentication password simple aaa（设置远程登录密码为 aaa）
```

```
S5820V2-54QS-GE_1
<H3C>system-view
System View: return to User View with Ctrl+Z.
[H3C]sysname sw1
[sw1]interface vlan 1
[sw1-Vlan-interface1]ip address 192.168.1.1 255.255.255.0
[sw1-Vlan-interface1]quit
[sw1]telnet server enable
[sw1]user-interface vty 0 4
[sw1-line-vty0-4]authentication-mode password
[sw1-line-vty0-4]set authentication password simple aaa
```

附图 3-2　Telnet 密码验证配置命令

3. 测试

（1）设置 Host_1 主机。设置 Host_1 主机的 IP 地址为 192.168.1.2，子网掩码为

255.255.255.0。

（2）运行 Telnet 程序。在计算机的“运行”窗口中运行 Telnet 程序，输入 telnet 192.168.1.1，如附图 3-3 所示。

附图 3-3　运行 Telnet 程序

（3）测试结果。在附图 3-3 中，单击“确定”按钮，终端上会显示“Login authentication”，并提示用户输入已设置的登录口令，如附图 3-4 所示。口令输入正确后会出现交换机的命令行提示符。

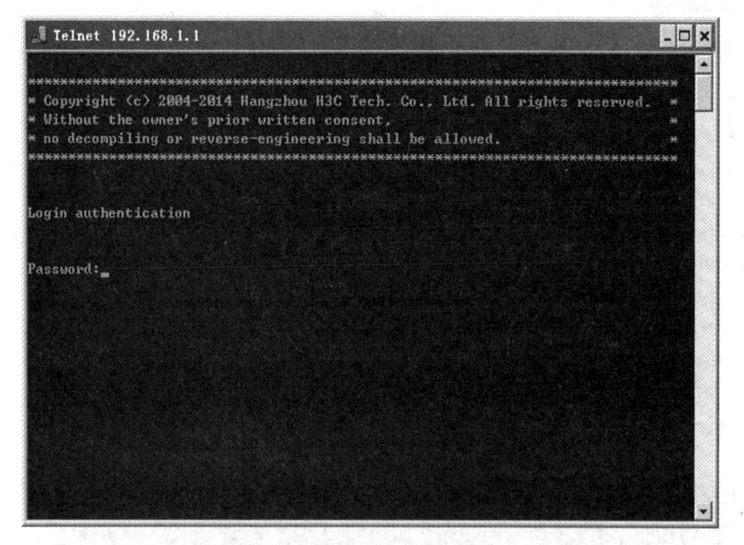

附图 3-4　Telnet 登录交换机

4. 其他练习

本实训的其他两种 Console 密码配置验证请自行练习。

实训 4　虚拟局域网的划分

一、实训目的

本实训使用 H3C CloudLab 模拟器实现交换机虚拟局域网的划分。

二、网络拓扑图

实训设备：一台交换机，两台主机，网络拓扑如附图 4-1 所示。

附图 4-1　网络拓扑图

三、实训过程

1. 网络连接

（1）打开 H3C CloudLab 模拟器。

（2）如附图 4-1 所示建立双机互联拓扑结构，选择交换机端口并添加连线，连线到客户机时选择要连接的网卡，一个客户机选择一个网卡，不可重复。

（3）连线完成并启动设备，Host_1 配置的是“VirtualBox Host-Only Network”虚拟网卡，Host_2 配置的是“VirtualBox Host-Only Network #2”虚拟网卡。

2. 设置两台主机的网络连接属性

（1）设置 Host_1 主机。设置 Host_1 主机的 IP 地址为 192.168.1.1，子网掩码为 255.255.255.0。

（2）设置 Host_2 主机。设置 Host_2 主机的 IP 地址为 192.168.1.2，子网掩码为 255.255.255.0。

3. 配置交换机

右击交换机图标，选择“启动命令行终端”命令，打开交换机配置命令窗口，进行如下配置，如附图 4-2 所示。

```
<H3C>system-view
System View: return to User View with Ctrl+Z.
[H3C]vlan 10（创建 VLAN 10）
[H3C-vlan10]name jsb
[H3C-vlan10]port g1/0/1 to g1/0/5（将交换机的 1 ～ 5 口添加到 VLAN 10 中）
[H3C-vlan10]vlan 20
[H3C-vlan20]name cwb
[H3C-vlan20]port g1/0/6 to g1/0/10
[H3C-vlan20]quit
```

基于交换机端口划分 VLAN 完成后，交换机的 VLAN 信息如下。

```
[H3C]display vlan （显示 VLAN 信息）
Total VLANs: 3
 The VLANs include:
```

```
 1(default), 10, 20
[H3C]display vlan 10    （显示 VLAN 10 信息）
 VLAN ID: 10
 VLAN Type: Static
 Route Interface: Not configured
 Description: VLAN 0010
 Name: jsb
 Tagged ports:   None
 Untagged ports:
   GigabitEthernet1/0/1        GigabitEthernet1/0/2
   GigabitEthernet1/0/3        GigabitEthernet1/0/4
   GigabitEthernet1/0/5
[H3C]display vlan 20    （显示 VLAN 20 信息）
 VLAN ID: 20
 VLAN Type: Static
 Route Interface: Not configured
 Description: VLAN 0020
 Name: cwb
Tagged ports:   None
 Untagged ports:
   GigabitEthernet1/0/6        GigabitEthernet1/0/7
   GigabitEthernet1/0/8        GigabitEthernet1/0/9
   GigabitEthernet1/0/10
```

```
S5820V2-54QS-GE_1
<H3C>system-view
System View: return to User View with Ctrl+Z.
[H3C]vlan 10
[H3C-vlan10]name jsb
[H3C-vlan10]port g1/0/1 to g1/0/5
[H3C-vlan10]vlan 20
[H3C-vlan20]name cwb
[H3C-vlan20]port g1/0/6 to g1/0/10
[H3C-vlan20]quit
[H3C]display vlan
 Total VLANs: 3
 The VLANs include:
 1(default), 10, 20
[H3C]display vlan 10
 VLAN ID: 10
 VLAN type: Static
 Route interface: Not configured
 Description: VLAN 0010
 Name: jsb
 Tagged ports:   None
 Untagged ports:
    GigabitEthernet1/0/1          GigabitEthernet1/0/2
    GigabitEthernet1/0/3          GigabitEthernet1/0/4
    GigabitEthernet1/0/5

[H3C]display vlan 20
 VLAN ID: 20
 VLAN type: Static
 Route interface: Not configured
 Description: VLAN 0020
 Name: cwb
 Tagged ports:   None
 Untagged ports:
    GigabitEthernet1/0/6          GigabitEthernet1/0/7
    GigabitEthernet1/0/8          GigabitEthernet1/0/9
    GigabitEthernet1/0/10

[H3C]
```

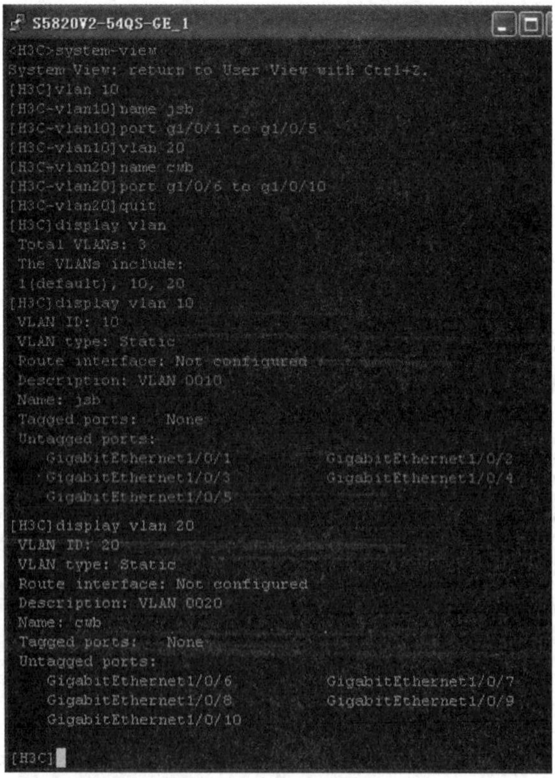

附图 4-2　交换机 VLAN 划分配置命令

4. 测试

本实训在交换机上划分了两个 VLAN，分别是 VLAN 10 和 VLAN 20，交换机 g1/0/1-5 端口接入了 VLAN 10，g1/0/6-10 端口接入了 VLAN 20。

如附表 4-1 所列，将两台计算机分别接在交换机的同一个 VLAN 端口，如 g1/0/1-5（或 g1/0/6-10）中任意两个端口，可以相互 ping 通。

在 cmd.exe 窗口中输入命令 ping -S 192.168.1.1 192.168.1.2，则显示 4 个返回的数据包。附图 4-3 显示了在计算机 Host_1 上 ping 通 Host_2 的结果。

附表 4-1 测试验证

Host_1 位置	Host_2 位置	动作	结果
g1/0/1-5	g1/0/1-5	192.168.1.1 ping 192.168.1.2	通
g1/0/6-10	g1/0/6-10	192.168.1.1 ping 192.168.1.2	通
g1/0/1-5	g1/0/6-10	192.168.1.1 ping 192.168.1.2	不通
g1/0/6-10	g1/0/1-5	192.168.1.1 ping 192.168.1.2	不通

附图 4-3 在计算机 Host_1 上 ping 通 Host_2 的结果

若接在不同 VLAN 的端口上，一台计算机接在 g1/0/1-5（或 g1/0/6-10）中的一个接口，另一台计算机接在 g1/0/6-10（或 g1/0/1-5）中的一个接口，则不能 ping 通 .

在 cmd.exe 窗口中，输入命令 ping -S 192.168.1.1 192.168.2.2，则显示 4 个数据包不可达，请求超时，如附图 4-4 所示。

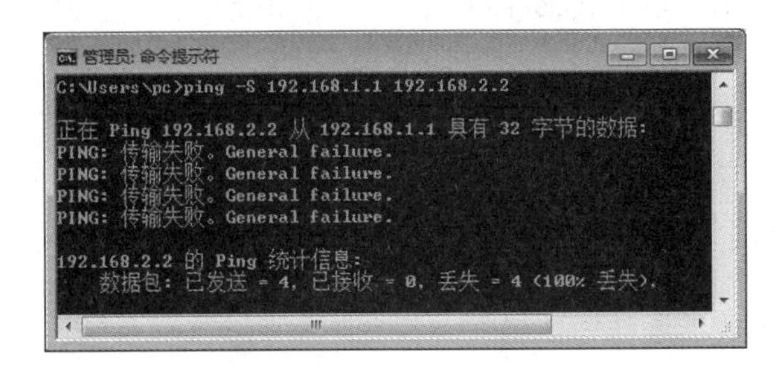

附图 4-4 双机不连通时 ping 命令的返回结果

实训 5　跨交换机 VLAN 的划分

一、实训目的

本实训使用 H3C CloudLab 模拟器实现跨交换机虚拟局域网的划分。

二、网络拓扑图

实训设备：一台交换机，两台主机，网络拓扑如附图 5-1 所示。

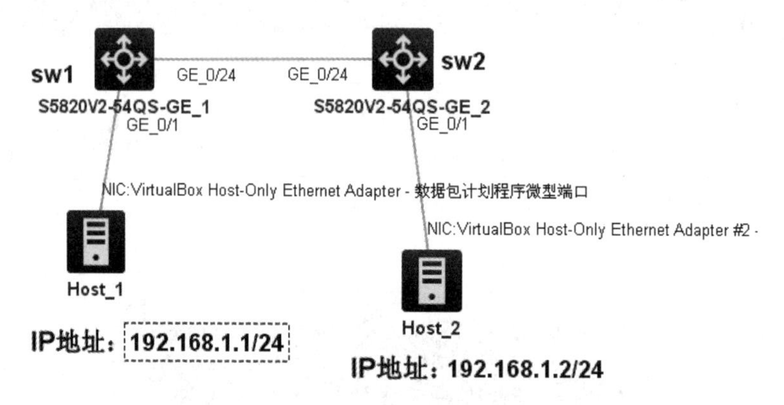

附图 5-1　网络拓扑图

三、实训过程

1. 网络连接

（1）打开 H3C CloudLab 模拟器。

（2）如附图 5-1 所示建立跨交换机虚拟局域网划分的拓扑结构，选择交换机端口并添加连线，连线到客户机时选择要连接的网卡，一个客户机选择一个网卡，不可重复。

（3）连线完成并启动设备，Host_1 配置的是“VirtualBox Host-Only Network”虚拟网卡，Host_2 配置的是“VirtualBox Host-Only Network #2”虚拟网卡。

2. 设置两台主机的网络连接属性

（1）设置 Host_1 主机。设置 Host_1 主机的 IP 地址为 192.168.1.1，子网掩码为 255.255.255.0。

（2）设置 Host_2 主机。设置 Host_2 主机的 IP 地址为 192.168.1.2，子网掩码为 255.255.255.0。

3. 配置交换机

交换机 sw1、sw2 的配置命令相同，下面列出交换机 sw1 的所有配置命令。

右击交换机 sw1 的图标，打开启动命令行终端，进行如下配置，如附图 5-2 所示。

```
<H3C>system-view
[H3C]sysname sw1
[sw1]vlan 10
[sw1-vlan10]name jsb
[sw1-vlan10]port g1/0/1 to g1/0/5
[sw1-vlan10]vlan 20
[sw1-vlan20]name cwb
[sw1-vlan20] port g1/0/6 to g1/0/10
[sw1-vlan20] interface g1/0/24（进入级联接口）
[sw1-GigabitEthernet1/0/24]port link-type trunk（设置该端口为 trunk 模式）
[sw1-GigabitEthernet1/0/24]port trunk permit vlan all（设置该端口允许所有 VLAN 通过）
```

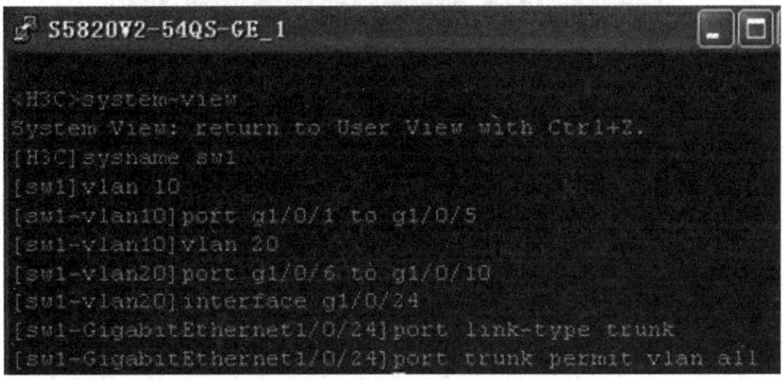

```
S5820V2-54QS-GE_1
<H3C>system-view
System View: return to User View with Ctrl+Z.
[H3C]sysname sw1
[sw1]vlan 10
[sw1-vlan10]port g1/0/1 to g1/0/5
[sw1-vlan10]vlan 20
[sw1-vlan20]port g1/0/6 to g1/0/10
[sw1-vlan20]interface g1/0/24
[sw1-GigabitEthernet1/0/24]port link-type trunk
[sw1-GigabitEthernet1/0/24]port trunk permit vlan all
```

附图 5-2 交换机 sw1 的配置命令

附图 5-3 所示为交换机 sw2 的配置命令截图。

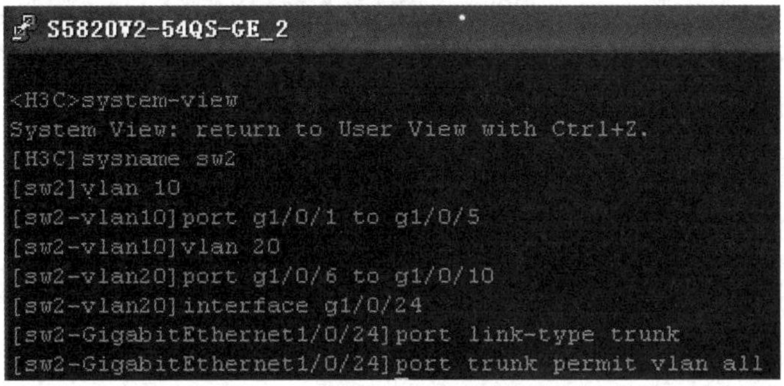

```
S5820V2-54QS-GE_2
<H3C>system-view
System View: return to User View with Ctrl+Z.
[H3C]sysname sw2
[sw2]vlan 10
[sw2-vlan10]port g1/0/1 to g1/0/5
[sw2-vlan10]vlan 20
[sw2-vlan20]port g1/0/6 to g1/0/10
[sw2-vlan20]interface g1/0/24
[sw2-GigabitEthernet1/0/24]port link-type trunk
[sw2-GigabitEthernet1/0/24]port trunk permit vlan all
```

附图 5-3 交换机 sw2 的配置命令

4. 测试

本实训分别在两个交换机上划分了两个 VLAN，分别是 VLAN 10 和 VLAN 20。交换机 g1/0/1-5 端口接入了 VLAN 10，g1/0/6-10 端口接入了 VLAN 20。

如附表 5-1 所列，将两台计算机分别接在两台交换机的同一个 VLAN 端口，如 g1/0/1-5（或 g1/0/6-10）中任意两个端口，可以相互 ping 通。

附表 5-1　测试验证

Host_1 的位置	Host_2 的位置	动作	结果
g1/0/1-5	g1/0/1-5	192.168.1.1 ping 192.168.1.2	通
g1/0/6-10	g1/0/6-10	192.168.1.1 ping 192.168.1.2	通
g1/0/1-5	g1/0/6-10	192.168.1.1 ping 192.168.1.2	不通
g1/0/6-10	g1/0/1-5	192.168.1.1 ping 192.168.1.2	不通

在 cmd.exe 窗口中输入命令 ping -S 192.168.1.1 192.168.1.2，则显示 4 个返回的数据包。附图 5-4 显示了在计算机 Host_1 上 ping 通 Host_2 的结果。

```
管理员: 命令提示符
Microsoft Windows [版本 6.1.7601]
版权所有 (c) 2009 Microsoft Corporation。保留所有权利。

C:\Users\pc>ping -S 192.168.1.1 192.168.1.2

正在 Ping 192.168.1.2 从 192.168.1.1 具有 32 字节的数据:
来自 192.168.1.2 的回复: 字节=32 时间<1ms TTL=64
来自 192.168.1.2 的回复: 字节=32 时间<1ms TTL=64
来自 192.168.1.2 的回复: 字节=32 时间<1ms TTL=64
来自 192.168.1.2 的回复: 字节=32 时间<1ms TTL=64

192.168.1.2 的 Ping 统计信息:
    数据包: 已发送 = 4，已接收 = 4，丢失 = 0 (0% 丢失)，
往返行程的估计时间(以毫秒为单位):
    最短 = 0ms，最长 = 0ms，平均 = 0ms
```

附图 5-4　在计算机 Host_1 上 ping 通 Host_2 的结果

若接在两台交换机的不同 VLAN 端口上，一台计算机接在 sw1 的 g1/0/1-5（或 g1/0/6-10）中的一个接口，另一台计算机接在 sw2 的 g1/0/6-10（或 g1/0/1-5）中的一个接口，则不能 ping 通。

在 cmd.exe 窗口中输入命令 ping -S 192.168.1.1 192.168.2.2，则显示 4 个数据包不可达，请求超时，如附图 5-5 所示。

附图 5-5　双机不连通时 ping 命令的返回结果

实训 6　交换机 VLAN 间的通信

一、实训目的

本实训使用 H3C CloudLab 模拟器实现交换机 VLAN 间的通信。

二、网络拓扑图

实训设备：一台三层交换机，两台主机，网络拓扑如附图 6-1 所示。

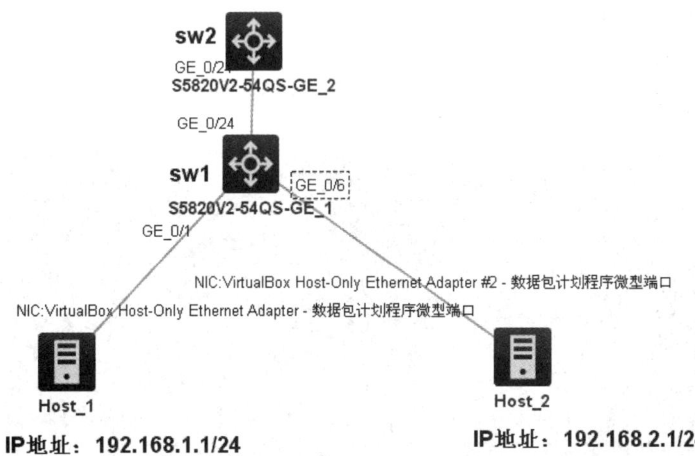

附图 6-1 网络拓扑图

三、实训过程

1. 网络连接

（1）打开 H3C CloudLab 模拟器。

（2）如附图 6-1 所示建立双机互联拓扑结构，选择交换机端口并添加连线，连线到客户机时选择要连接的网卡，一个客户机选择一个网卡，不可重复。

（3）连线完成并启动设备，Host_1 配置的是“VirtualBox Host-Only Network”虚拟网卡，Host_2 配置的是“VirtualBox Host-Only Network #2”虚拟网卡。

2. 设置两台主机的网络连接属性

（1）设置 Host_1 主机。设置 Host_1 主机的 IP 地址为 192.168.1.1，子网掩码为 255.255.255.0，默认网关为 192.168.1.254。

（2）设置 Host_2 主机。设置 Host_2 主机的 IP 地址为 192.168.2.1，子网掩码为 255.255.255.0，默认网关为 192.168.2.254。

3. 配置交换机

右击交换机 sw1 的图标，打开启动命令行终端进行如下配置，如附图 6-2 所示。

```
<H3C>system-view
[H3C]sysname sw1
[sw1]vlan 10
[sw1-vlan10]name jsb
[sw1-vlan10]port g1/0/1 to g1/0/5
```

```
[sw1-vlan10]vlan 20
[sw1-vlan20]port g1/0/6 to g1/0/10
[sw1-vlan20]interface vlan 10
[sw1-Vlan-interface10]ip address 192.168.1.254 255.255.255.0
[sw1-Vlan-interface10]interface vlan 20
[sw1-Vlan-interface20]ip address 192.168.2.254 255.255.255.0
```

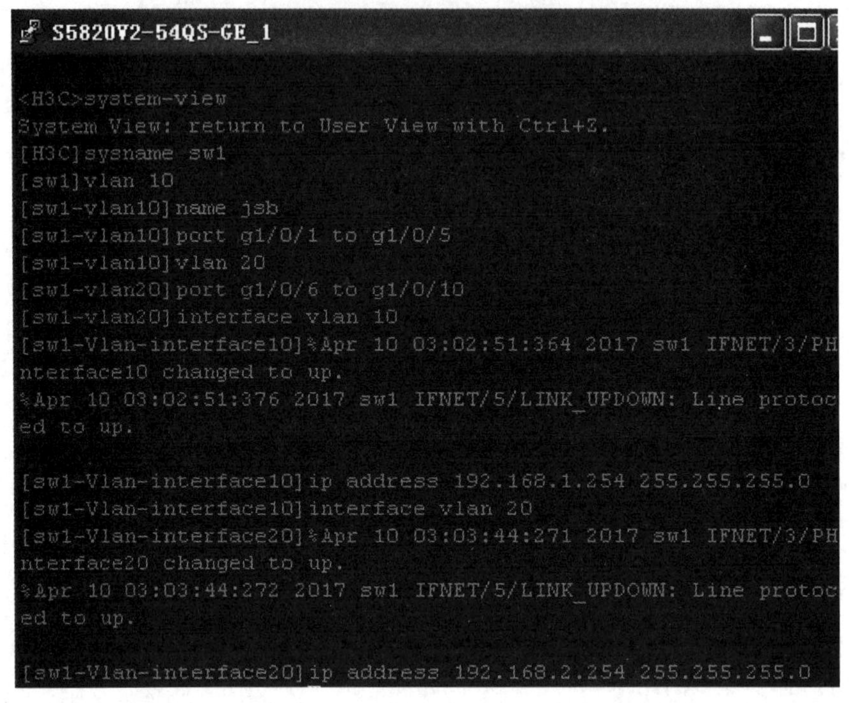

附图 6-2 交换机 sw1 配置命令

4．测试

本实训在交换机上划分了两个 VLAN，分别是 VLAN 10 和 VLAN 20，交换机 g1/0/1-5 端口接入了 VLAN 10，g1/0/6-10 端口接入了 VLAN 20。

将两台计算机分别接在交换机的不同 VLAN 端口，如 g1/0/1-5（或 g1/0/6-10）中任意两个端口，可以相互 ping 通，见附表 6-1。

附表 6-1 测试验证

Host_2 的位置	Host_1 的位置	动作	结果
g1/0/1-5	g1/0/6-10	192.168.2.1 ping 192.168.1.1	通
g1/0/6-10	g1/0/1-5	192.168.2.1 ping 192.168.1.1	通

在 cmd.exe 窗口中输入命令 ping 192.168.1.1 -S 192.168.2.1，则显示 4 个返回的数据包。附图 6-3 显示了在计算机 Host_2 上 ping 通 Host_1 的结果。

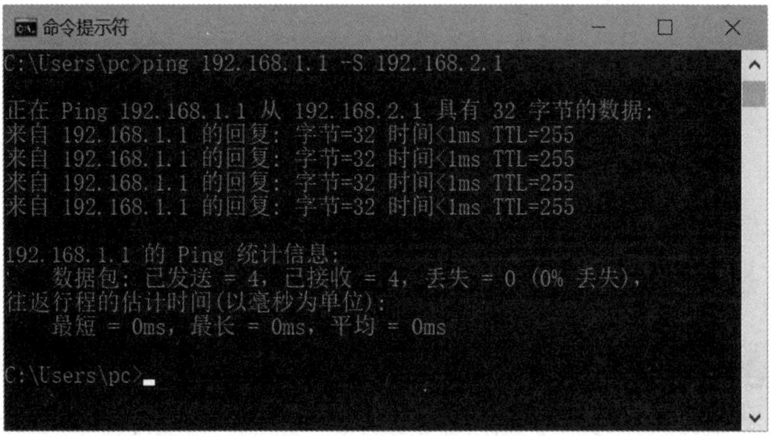

命令提示符
C:\Users\pc>ping 192.168.1.1 -S 192.168.2.1
正在 Ping 192.168.1.1 从 192.168.2.1 具有 32 字节的数据:
来自 192.168.1.1 的回复: 字节=32 时间<1ms TTL=255
来自 192.168.1.1 的回复: 字节=32 时间<1ms TTL=255
来自 192.168.1.1 的回复: 字节=32 时间<1ms TTL=255
来自 192.168.1.1 的回复: 字节=32 时间<1ms TTL=255
192.168.1.1 的 Ping 统计信息:
数据包: 已发送 = 4，已接收 = 4，丢失 = 0 (0% 丢失)，
往返行程的估计时间(以毫秒为单位):
最短 = 0ms，最长 = 0ms，平均 = 0ms
C:\Users\pc>

附图 6-3　在计算机 Host_2 上 ping 通 Host_1 的结果

实训 7　交换式局域网的组建

一、实训目的

本实训使用 H3C CloudLab 模拟器实现交换式局域网的组建。

二、网络拓扑图

实训设备：两台交换机，其中一台为三层交换机，4 台主机，网络拓扑如附图 7-1 所示。

sw1
S5820V2-54QS-GE_1
GE_0/24
GE_0/24
sw2
S5820V2-54QS-GE_2
GE_0/1
GE_0/6
GE_0/1
GE_0/6
Host_1
IP地址：192.168.1.1/24
网关：192.168.1.254
Host_2
IP地址：192.168.2.1/24
网关：192.168.2.254
Host_3
IP地址：192.168.1.2/24
网关：192.168.1.254
Host_4
IP地址：192.168.2.2/24
网关：192.168.2.254

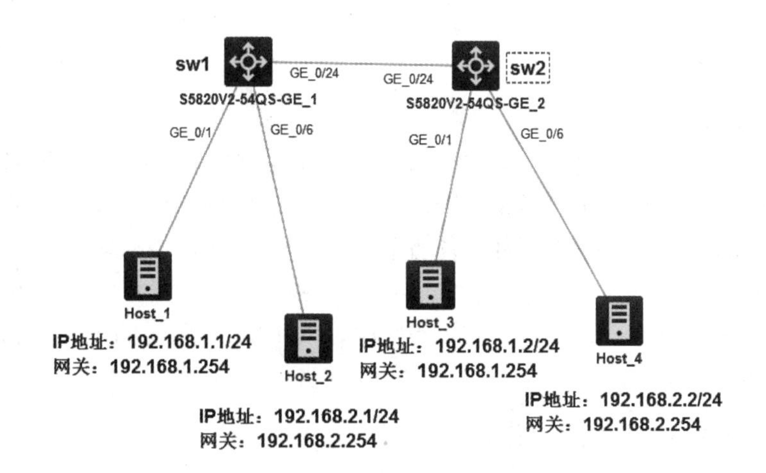

附图 7-1　网络拓扑图

二层交换机 sw1 和三层交换机 sw2 的 VLAN 划分相同，见附表 7-1，没有划分 VLAN 的其余端口均属于默认的 VLAN 1。交换机 VLAN 接口的设置见附表 7-2。计算机的网络配置见附表 7-3。

附表 7-1　交换机 sw1 的 VLAN 划分

交换机 sw1、sw2 的 VLAN 划分相同		
VLAN 号	包含的端口	VLAN 分配情况
VLAN 10	e0/1.5	技术部
VLAN 20	e0/4.10	财务部
VLAN 1	e0/24	级联接口

附表 7-2　交换机 VLAN 接口的设置

交换机	VLAN 号	IP 地址	子网掩码	默认网关
sw1	VLAN 1	192.168.4.1	255.255.255.0	192.168.4.254
sw2	VLAN 1	192.168.4.254	255.255.255.0	无
sw2	VLAN 10	192.168.1.254	255.255.255.0	无
sw2	VLAN 20	192.168.2.254	255.255.255.0	无

附表 7-3　计算机的网络设置

计算机	IP 地址	子网掩码	默认网关
pc1	192.168.1.1	255.255.255.0	192.168.1.254
pc2	192.168.2.1	255.255.255.0	192.168.2.254
pc3	192.168.1.2	255.255.255.0	192.168.1.254
pc4	192.168.2.2	255.255.255.0	192.168.2.254

三、实训过程

1. 网络连接

（1）打开 H3C CloudLab 模拟器。

（2）如附图 7-1 所示建立组建交换式以太网的拓扑结构，选择交换机端口并添加连线，连线到客户机时选择要连接的网卡，一个客户机选择一个网卡，不可重复。

（3）连线完成并启动设备，Host_1 配置的是“VirtualBox Host-Only Network”虚拟网卡，Host_2 配置的是“VirtualBox Host-Only Network #2”虚拟网卡，Host_3 配置的是“VirtualBox Host-Only Network #3”虚拟网卡，Host_4 配置的是“VirtualBox Host-Only Network #4”虚拟网卡。

2. 设置 4 台主机的网络连接属性

（1）设置 Host_1 主机。设置 Host_1 主机的 IP 地址为 192.168.1.1，子网掩码为 255.255.255.0，默认网关为 192.168.1.254。

（2）设置 Host_2、Host_3、Host_4 主机。

1）设置 Host_2 主机的 IP 地址为 192.168.2.1，子网掩码为 255.255.255.0，默认网关为 192.168.2.254。

2）设置 Host_3 主机的 IP 地址为 192.168.1.2，子网掩码为 255.255.255.0，默认网关为 192.168.1.254。

3）设置 Host_4 主机的 IP 地址为 192.168.2.2，子网掩码为 255.255.255.0，默认网关为 192.168.2.254。

3. 配置交换机 sw1

右击交换机 sw1 的图标，打开启动命令行终端，进行如下配置，如附图 7-2 所示。

```
<H3C>system-view
System View: return to User View with Ctrl+Z.
[H3C]sysname sw1
[sw1]vlan 10        （划分 VLAN）
[sw1-vlan10]name jsb
[sw1-vlan10]port g1/0/1 to g1/0/5
[sw1-vlan10]vlan 20
[sw1-vlan10]name cwb
[sw1-vlan20]port g1/0/6 to g1/0/10
[sw1-vlan20]interface g1/0/24   （设置级联接口）
[sw1-GigabitEthernet1/0/24]port link-type trunk
[sw1-GigabitEthernet1/0/24]port trunk permit vlan all
[sw1-GigabitEthernet1/0/24]intrface vlan 1（设置 Telnet）
[sw1-Vlan-interface1]ip address 192.168.4.1 255.255.255.0
[sw1-Vlan-interface1]quit
[sw1]ip route-static 0.0.0.0 0.0.0.0 192.168.4.254（设置网关）
[sw1]telnet server enable
[sw1]user-interface vty 0 4
[sw1-line-vty0-4]authentication.mode password
[sw1-line-vty0-4]set authentication password simple 123
```

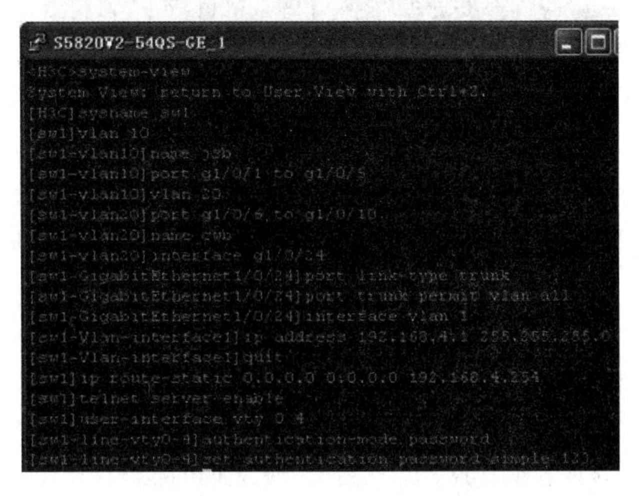

附图 7-2　交换机 sw1 的配置命令

4. 配置交换机 sw2

右击交换机 sw2 的图标，打开启动命令行终端，进行如下配置，如附图 7-3 所示。

```
<H3C>system-view
System View: return to User View with Ctrl+Z.
[H3C]sysname sw2
[sw2]vlan 10       （划分 VLAN）
[sw2-vlan10]name jsb
[sw2-vlan10]port g1/0/1 to g1/0/5
[sw2-vlan10]vlan 20
[sw2-vlan20]port g1/0/6 to g1/0/10
[sw2-vlan20]name cwb
[sw2-vlan20]interface g1/0/24（设置级联接口）
[sw2-GigabitEthernet1/0/24]port link-type trunk
[sw2-GigabitEthernet1/0/24]port trunk permit vlan all
[sw2-GigabitEthernet1/0/24]]interface vlan 10
[sw2-Vlan-interface10]ip address 192.168.1.254 255.255.255.0
[sw2-Vlan-interface10]interface vlan 20
[sw2-Vlan-interface20]ip address 192.168.2.254 255.255.255.0
[sw2-Vlan-interface20]interface vlan 1
[sw2-Vlan-interface1]ip address 192.168.4.254 255.255.255.0
[sw2-Vlan-interface1]telnet server enable              （设置 Telnet）
[sw2]user.interface vty 0 4
[sw2-line-vty0-4]authentication.mode password
[sw2-line-vty0-4]set authentication password simple 123
```

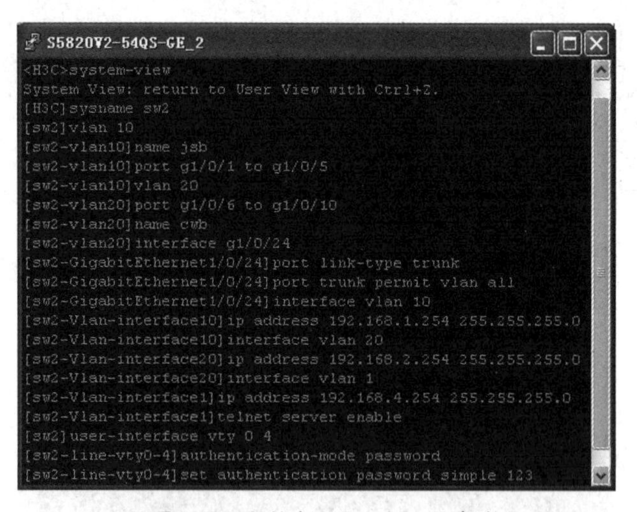

附图 7-3　交换机 sw2 的配置命令

5. 测试

计算机的 IP 属性设置见附表 7-3，交换机 sw1、sw2 的 g1/0/1-5 端口接入了 VLAN 10，g1/0/6-10 端口接入了 VLAN 20。两台交换机之间的级联接口均为 g1/0/24，通过三层交换机 sw2 实现了 VLAN 间的通信。

如附表 7-4 所列，以计算机 pc1 接入 sw1 的 g1/0/1-5 中的一个端口为例，将另一台计算机分别接在交换机 sw1、sw2 的不同 VLAN 端口进行测试，结果全部能 ping 通，实现了 VLAN 的互通，界面如附图 7-4 所示。

附表 7-4 测试验证

以计算机 pc1 接入 sw1 的 g1/0/1.5 中的一个端口为例进行测试			
另一台计算机的位置	是否属于相同 VLAN	动作	结果
sw2 的 g1/0/1-5	同一 VLAN	192.168.1.1 ping 192.168.1.2	通
sw1 的 g1/0/6-10	不同 VLAN	192.168.1.1 ping 192.168.2.1	通
sw2 的 g1/0/6-10	不同 VLAN	192.168.1.1 ping 192.168.2.2	通
远程登录交换机 sw1：在任一计算机上 telnet 192.168.4.1			
远程登录交换机 sw2：在任一计算机上 telnet 192.168.4.254			

附图 7-4 在计算机 host_1 上 ping 通其他主机的结果

在任一计算机的“运行”窗口中输入 telnet 192.168.4.1，即可远程登录交换机 sw1 进行配置，如附图 7-5 所示。

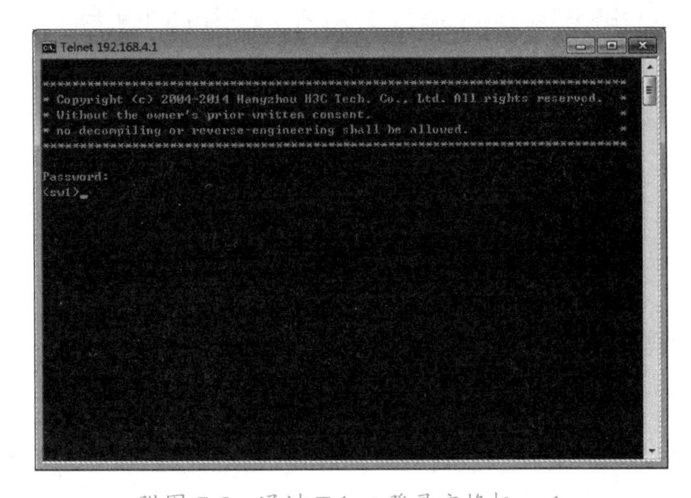

附图 7-5 通过 Telnet 登录交换机 sw1

在任一计算机的“运行”窗口命令中输入命令 telnet 192.168.4.254（也可将此命令中的 IP 地址换成另外两个 VLAN 接口的地址中的任意一个：192.168.1.254 或 192.168.2.254），即可远程登录交换机 sw2 进行配置，如附图 7-6 所示。

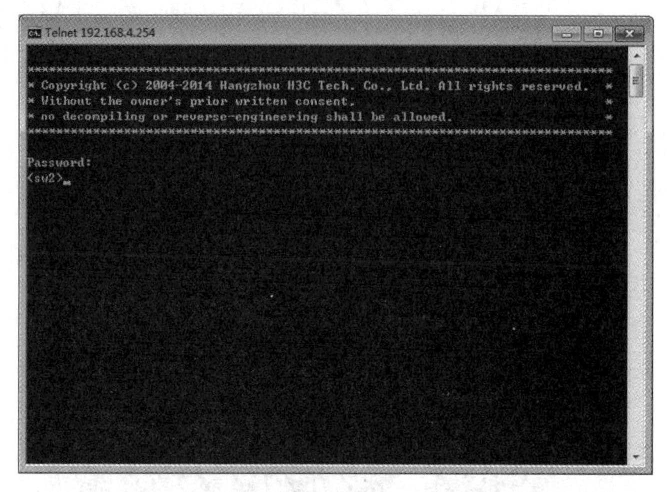

附图 7-6　通过 Telnet 登录交换机 sw2

实训 8　远程登录路由器

一、实训目的

本实训使用 H3C CloudLab 模拟器，实现能够通过 Console 端口和 Telnet 登录路由器，完成对路由器的基本配置。

二、网络拓扑图

实训设备：一台路由器，一台主机，网络拓扑如附图 8-1 所示。

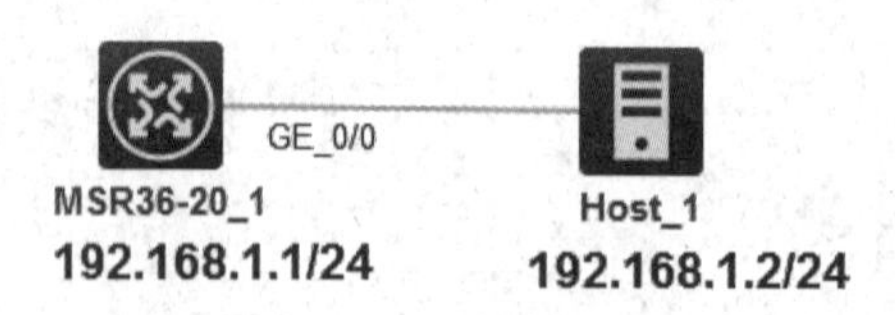

附图 8-1　网络拓扑图

三、实训过程

1. 启动设备

打开 H3C CloudLab 模拟器，如附图 8-1 所示建立网络拓扑图，选择路由器端口并添加连线，连线到客户机并启动设备。

2. 配置路由器

双击路由器图标，选择“启动命令行终端”命令，打开交换机配置命令窗口，以 Password 认证方式为例，进行如下配置。

```
<R1>system-view
[R1]interface g0/0（进入以太网接口模式）
[R1-GigabitEthernet0/0]ip address 192.168.1.1 255.255.255.0
[R1-Gigabitethernet0/0]undo shutdown
[R1]telnet server enable
[R1]user-interface vty 0 4      （进入路由器的 VTY 虚拟终端）
[R1-ui-vty0-4]authentication-mode password  （设置验证模式）
[R1-ui-vty0-4]set authentication password simple 123（设置验证密码）
```

3. 测试

（1）设置 Host_1 主机。设置 Host_1 主机的 IP 地址为 192.168.1.1，子网掩码为 255.255.255.0。

（2）运行 Telnet 程序。在计算机的“运行”窗口中运行 Telnet 程序，输入 telnet 192.168.1.1，如附图 8-2 所示。

附图 8-2　运行 Telnet 程序

（3）测试结果。在附图 8-2 中单击“确定”按钮，终端上会显示“Login authentication”，并提示用户输入已设置的登录口令，如附图 8-3 所示，口令输入正确后会出现路由器的命令行提示符。

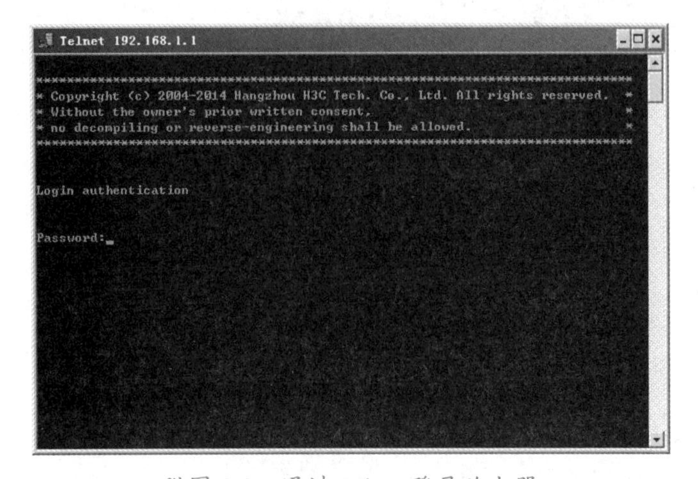

附图 8-3　通过 Telnet 登录路由器

实训 9 静态路由协议配置

一、实训目的

本实训使用 H3C CloudLab 模拟器实现静态路由协议配置。

二、网络拓扑图

实训设备：两台路由器，两台主机，网络拓扑如附图 9-1 所示。

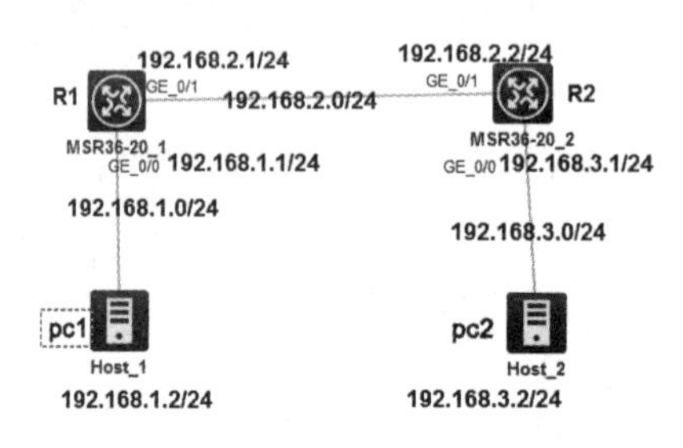

附图 9-1 网络拓扑图

三、实训过程

1. 设置两台主机的网络连接属性

（1）设置 Host_1 主机。设置 Host_1 主机的 IP 地址为 192.168.1.2，子网掩码为 255.255.255.0，默认网关为 192.168.1.1。

（2）设置 Host_2 主机。设置 Host_2 主机的 IP 地址为 192.168.3.2，子网掩码为 255.255.255.0，默认网关为 192.168.3.1。

2. 配置路由器

（1）路由器 R1、R2 接口的配置。

右击交换机图标，选择“启动命令行终端”命令，打开交换机配置命令窗口，进行如下配置。

① 路由器 R1 接口的配置。

```
<R1>system-view
[R1]interface g0/0
[R1-GigabitEthernet0/0]ip address 192.168.1.1 255.255.255.0
[R1-Gigabitethernet0/0]undo shutdown
[R1-Gigabitethernet0/0]interface g0/1
[R1-Gigabitethernet0/1]ip address 192.168.2.1 255.255.255.0
[R1-Gigabitethernet0/1]undo shutdown
```

② 路由器 R2 接口的配置。

```
<R2>system-view
[R2]interface g0/0
```

```
[R2-GigabitEthernet0/0]ip address 192.168.3.1 255.255.255.0
[R2-Gigabitethernet0/0]undo shutdown
[R2-Gigabitethernet0/0]interface g0/1
[R2-Gigabitethernet0/1]ip address 192.168.2.2 255.255.255.0
[R1-Gigabitethernet0/1]undo shutdown
```

（2）路由器 R1、R2 静态路由协议的配置。

① 路由器 R1 静态路由协议的配置。

```
[R1]ip route-static 192.168.3.0 255.255.255.0 192.168.2.2
```

② 路由器 R2 静态路由协议的配置。

```
[R2]ip route-static 192.168.1.0 255.255.255.0 192.168.2.1
```

（3）显示路由表信息。路由器 R1、R2 的路由表中会出现静态路由信息。如，执行 [R1]display ip routing 命令后，路由表中多了一条静态路由：

```
192.168.3.0/24      Static  60   0          192.168.2.2      GE0/1
```

3. 测试网络连通性

计算机的 IP 属性设置见附表 9-1，在计算机和路由器上分别进行网络连通性测试。

（1）在计算机 pc1、pc2 上测试。计算机 pc1 可以 ping 通所有节点的 IP 地址，三个网络互通，见附表 9-1。在计算机 pc2 上的测试与在 pc1 上的测试类似。

附表 9-1 测试验证

以计算机 pc1 为例进行测试			
设备接口	相应 IP 地址	动作	结果
R1 的 g0/0	192.168.1.1	192.168.1.2 ping 192.168.1.2	通
R1 的 g0/1	192.168.2.1	192.168.1.2 ping 192.168.2.1	通
R2 的 g0/0	192.168.2.2	192.168.1.2 ping 192.168.2.2	通
R2 的 g0/1	192.168.3.1	192.168.1.2ping 192.168.3.1	通
计算机 pc2 网卡	192.168.3.2	192.168.1.2 ping 192.168.3.2	通

附图 9-2 为在 pc1 上 ping 通 pc2 的界面。

```
C:\Users\fanguojuan>ping -S 192.168.1.2 192.168.3.2

正在 Ping 192.168.3.2 从 192.168.1.2 具有 32 字节的数据
来自 192.168.3.2 的回复: 字节=32 时间=1ms TTL=62
来自 192.168.3.2 的回复: 字节=32 时间=1ms TTL=62
来自 192.168.3.2 的回复: 字节=32 时间=2ms TTL=62
来自 192.168.3.2 的回复: 字节=32 时间=1ms TTL=62

192.168.3.2 的 Ping 统计信息:
    数据包: 已发送 = 4, 已接收 = 4, 丢失 = 0 (0% 丢失),
往返行程的估计时间(以毫秒为单位):
    最短 = 1ms, 最长 = 2ms, 平均 = 1ms
```

附图 9-2 在 pc1 上 ping 通 pc2 的界面

（2）在路由器 R1、R2 上测试。在路由器 R1、R2 上，使用 ping 命令测试每个节点的连通性，测试结果应均能连通。附图 9-3 为在 H3C 路由器 R1 上 ping 通计算机 pc2 的界面。

```
MSR36-20_1
[R1]ping 192.168.3.2
Ping 192.168.3.2 (192.168.3.2): 56 data bytes, press CTRL_C to b
eak
56 bytes from 192.168.3.2: icmp_seq=0 ttl=63 time=1.000 ms
56 bytes from 192.168.3.2: icmp_seq=1 ttl=63 time=0.000 ms
56 bytes from 192.168.3.2: icmp_seq=2 ttl=63 time=1.000 ms
56 bytes from 192.168.3.2: icmp_seq=3 ttl=63 time=1.000 ms
56 bytes from 192.168.3.2: icmp_seq=4 ttl=63 time=2.000 ms

--- Ping statistics for 192.168.3.2 ---
5 packets transmitted, 5 packets received, 0.0% packet loss
round-trip min/avg/max/std-dev = 0.000/1.000/2.000/0.632 ms
```

附图 9-3　在路由器 R1 上 ping 通 pc2 的界面

实训 10　RIP 配置

一、实训目的

本实训使用 H3C CloudLab 模拟器实现路由器动态路由 RIP 配置。

二、拓扑图

实训设备：两台路由器，两台主机，拓扑图同“实训 9　静态路由协议配置”中的附图 9-1。

三、实训过程

1. 设置两台主机的网络连接属性

属性设置与“实训 9　静态路由协议配置”中的“1. 设置两台主机的网络连接属性”相同。

2. 配置路由器

（1）路由器 R1、R2 接口的配置。

配置命令与“实训 9　静态路由协议配置”中的“（1）路由器 R1、R2 接口的配置”相同。

（2）路由器 R1、R2 动态路由的配置。

① 路由器 R1 的 RIP 配置。

```
[R1]rip               （启动 RIP 路由）
[R1-rip-1]network 192.168.1.0（通告直连的网络）
[R1-rip-1]network 192.168.2.0
```

② 路由器 R2 的 RIP 配置。

```
[R2]rip               （启动 RIP 路由）
```

```
[R2-rip-1]network 192.168.2.0（通告直连的网络）
[R2-rip-1]network 192.168.3.0
```

（3）显示路由表信息。路由器 R1、R2 的路由表中会出现 RIP 路由信息。如，执行 [R1]display ip routing 命令后，路由表中多了一条 RIP 路由：

```
192.168.3.0/24      RIP    100 1          192.168.2.2    GE0/1
```

3. 测试网络连通性

测试过程与“实训 9　静态路由协议配置”中的“3. 测试网络连通性”相同。

实训 11　OSPF 配置

一、实训目的

本实训使用 H3C CloudLab 模拟器实现路由器动态路由 OSPF 配置。

二、拓扑图

实训设备：两台路由器，两台主机，拓扑图同“实训 9　静态路由协议配置”中的附图 9-1。

三、实训过程

1. 设置两台主机的网络连接属性

属性设置与“实训 9　静态路由协议配置”中的“1. 设置两台主机的网络连接属性”相同。

2. 配置路由器

（1）路由器 R1、R2 接口的配置。

配置命令与“实训 9　静态路由协议配置”中的“（1）路由器 R1、R2 接口的配置”相同。

（2）路由器 R1、R2 动态路由的配置。

① 路由器 R1 的 OSPE 配置。

```
[R1]ospf 1              （启动 OSPF 路由）
[R1-ospf-1]area 0
[R1-ospf-1-area0.0.0.0]network 192.168.1.0 0.0.0.255
[R1-ospf-1-area.0.0.0.0]network 192.168.2.0 0.0.0.255
```

② 路由器 R2 的 OSPE 配置。

```
[R2]ospf 1              （启动 OSPF 路由）
[R2-ospf-1]area 0
[R2-ospf-1-area.0.0.0.0]network 192.168.3.0 0.0.0.255
[R2-ospf-1-area.0.0.0.0]network 192.168.2.0 0.0.0.255
```

（3）显示路由表信息。路由器 R1、R2 的路由表中会出现 OSPF 路由信息。如，执行 [R1]display ip routing 命令后，路由表中多了一条 OSPE 路由：

```
192.168.3.0/24      O_INTRA 10  2          192.168.2.2      GE0/1
```

3. 测试网络连通性

测试过程与“实训 9　静态路由协议配置”中的“3. 测试网络连通性”相同。

实训 12　PAP 验证配置

一、实训目的

本实训使用 H3C CloudLab 模拟器实现 PAP 验证配置。

二、网络拓扑图

实训设备：两台路由器，网络拓扑如附图 12-1 所示。

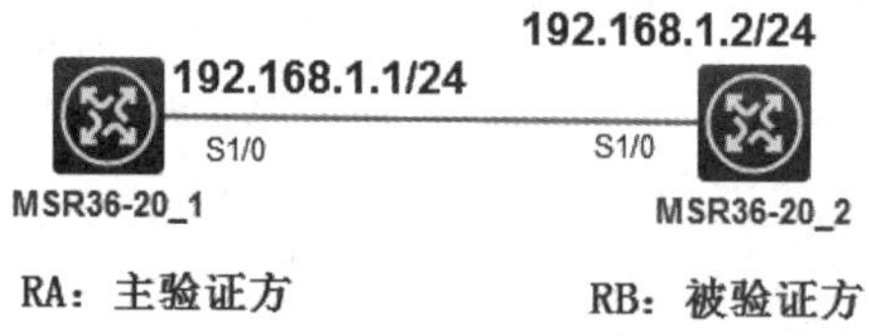

192.168.1.2/24
192.168.1.1/24
S1/0
S1/0
MSR36-20_1
MSR36-20_2
RA：主验证方
RB：被验证方

附图 12-1　网络拓扑图

三、实训过程

1. 启动设备

打开 H3C CloudLab 模拟器，如附图 12-1 所示建立网络拓扑图，选择路由器端口，添加连线并启动设备。

路由器 RA 和 RB 之间用串口互联，要求路由器串口链路封装 PPP 协议。假设 RA 是主验证方，RB 是被验证方。我们需要在两台路由器上进行配置。

2. 网络连通配置

（1）配置路由器 RA。

```
<H3C>system-view（进入系统试图）
[H3C]sysname RA（设置交换机的主机名）
[RA]interface S1/0
[RA-interfaceS1/0]ip address 192.168.1.1 255.255.255.0
[RA-interfaceS1/0]baudrate 64000
[RA-interfaceS1/0]undo shutdown
```

（2）配置路由器 RB。

```
<H3C>system-view（进入系统试图）
[H3C]sysname RB（设置交换机的主机名）
[RB]interface S1/0
[RB-interfaceS1/0]ip address 192.168.1.2 255.255.255.0
[RB-interfaceS1/0]undo shutdown
```

（3）网络连通测试。在路由器 RB 上执行命令 ping 192.168.1.1，应是连通的，如附图 12-2 所示。

附图 12-2 未启用 PAP 验证之前的连通测试

3. PAP 验证配置

（1）配置路由器 RA。

```
[RA-Serial1/0]link-protocol ppp
[RA-Serial1/0]ppp authentication.mode pap
[RA-Serial1/0]quit
[RA] local-user rb  class network
[RA-luser-rb]service-type ppp
[RA-luser-rb]password simple rb
```

（2）网络提示未连通。当路由器 RA 发送了 PAP 验证请求，将接口 Serial1/0 关闭（shutdown）后，再开启（undo shutdown），路由器 RB 接口 down，如附图 12-3 所示。

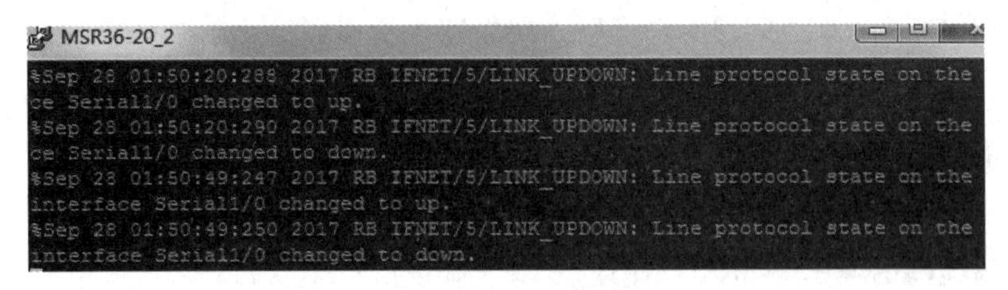

附图 12-3 路由器 RB 接口 down

（3）配置路由器 RB。

```
[RB-Serial1/0]link-protocol ppp
[RB-Serial1/0]ppp pap local.user rb password simple rb
```

（4）验证通过。在配置路由器 RB 后，验证通过，路由器 RB 接口 up，如附图 12-4 所示。

此时执行命令 ping 192.168.1.1，也是连通的。

```
[RB-Serial1/0]ppp pap local-user rb password simple rb
[RB-Serial1/0]%Sep 28 01:54:40:902 2017 RB IFNET/5/LINK_UPDOWN: Line protocol
 state on the interface Serial1/0 changed to up.
```

附图 12-4　路由器 RB 接口 up

实训 13　CHAP 验证配置

一、实训目的

本实训使用 H3C CloudLab 模拟器实现 CHAP 验证配置。

二、网络拓扑图

实训设备：两台路由器，网络拓扑如附图 13-1 所示。

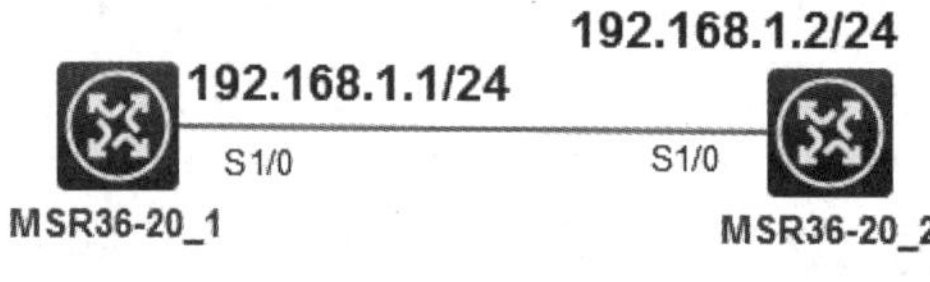

附图 13-1　网络拓扑图

三、实训过程

1. 启动设备

打开 H3C CloudLab 模拟器，如附图 13-1 所示建立网络拓扑图，选择路由器端口，添加连线并启动设备。

路由器 RA 和 RB 之间用串口互联，要求路由器串口链路封装 PPP 协议。假设 RA 是主验证方，RB 是被验证方。我们需要在两台路由器上进行配置。

2. 网络连通配置

（1）配置路由器 RA。

```
<H3C>system-view（进入系统试图）
[H3C]sysname RA（设置交换机的主机名）
[RA]interface S1/0
[RA-interfaceS1/0]ip address 192.168.1.1 255.255.255.0
[RA-interfaceS1/0]baudrate 64000
[RA-interfaceS1/0]undo shutdown
```

（2）配置路由器 RB。

```
<H3C>system-view（进入系统试图）
```

```
[H3C]sysname RB（设置交换机的主机名）
[RB]interface S1/0
[RB-interfaceS1/0]ip address 192.168.1.2 255.255.255.0
[RB-interfaceS1/0]undo shutdown
```

（3）网络连通测试。在路由器 RB 上执行命令 ping 192.168.1.1，应是连通的，如附图 13-2 所示。

附图 13-2 未启用 CHAP 验证之前的连通测试

3. CHAP 验证配置

（1）配置路由器 RA。

```
[RA-Serial1/0]link-protocol ppp
[RA-Serial1/0]ppp authentication.mode chap
[RA-Serial1/0]ppp chap user ra
[RA] local.user rb class network
[RA-luser-rb]service-type ppp
[RA-luser-rb]password simple rb
```

（2）网络提示未连通。当路由器 RA 发送了 CHAP 验证请求，将接口 Serial1/0 关闭（shutdown）后再开启（undo shutdown），路由器 RB 接口 down，如附图 13-3 所示。

```
MSR36-20_2
%Sep 28 01:50:20:288 2017 RB IFNET/5/LINK_UPDOWN: Line protocol state on the
ce Serial1/0 changed to up.
%Sep 28 01:50:20:290 2017 RB IFNET/5/LINK_UPDOWN: Line protocol state on the
ce Serial1/0 changed to down.
%Sep 28 01:50:49:247 2017 RB IFNET/5/LINK_UPDOWN: Line protocol state on the
interface Serial1/0 changed to up.
%Sep 28 01:50:49:250 2017 RB IFNET/5/LINK_UPDOWN: Line protocol state on the
interface Serial1/0 changed to down.
```

附图 13-3 路由器 RB 接口 down

（3）配置路由器 RB。

```
[RB-Serial1/0]link-protocol ppp
[RB-Serial1/0]ppp chap user rb
[RB-Serial1/0]ppp chap password simple rb
```

（4）验证通过。在配置路由器 RB 后，验证通过，路由器 RB 接口 up，如附图

13-4 所示。此时执行命令 ping 192.168.1.1，也是连通的。

```
[RB-Serial1/0]ppp chap password simple rb
[RB-Serial1/0]%Sep 28 02:05:17:124 2017 RB IFNET/5/LINK_UPDOWN: Line protocol state on
 the interface Serial1/0 changed to up.
```

附图 13-4　路由器 RB 接口 up

实训 14　配置访问控制列表

一、实训目的

本实训使用 H3C CloudLab 模拟器实现配置访问控制列表。

二、网络拓扑图

实训设备：两台路由器、两台计算机，在路由器 R1 的 GigabitEthernet0/1 上配置访问控制列表，拒绝主机 192.168.1.2 通过，网络拓扑如附图 14-1 所示。

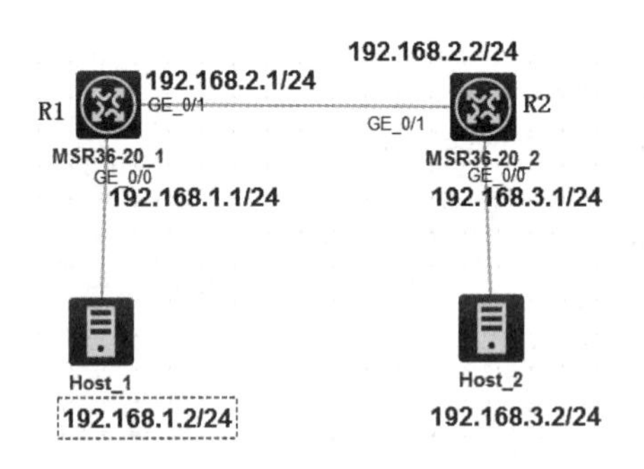

附图 14-1　网络拓扑图

三、实训过程

1. 网络连接

（1）打开 H3C CloudLab 模拟器。

（2）如附图 14-1 所示建立网络拓扑，添加设备并启动，选择路由器端口并添加连线，连线到客户机时选择要连接的网卡，一个客户机选择一个网卡，不可重复。

（3）连线完成并启动设备，Host_1 配置的是“VirtualBox Host-Only Network”虚拟网卡，Host_2 配置的是“VirtualBox Host-Only Network #2”虚拟网卡。

2. 设置两台主机的网络连接属性

（1）设置 Host_1 主机。设置 Host_1 主机的 IP 地址为 192.168.1.2，子网掩码为 255.255.255.0，默认网关为 192.168.1.1。

（2）设置 Host_2 主机。设置 Host_2 主机的 IP 地址为 192.168.3.2，子网掩码为

255.255.255.0，默认网关为 192.168.3.1。

3. 网络连通配置

（1）配置路由器 RA。

```
<R1>system-view
[R1]interface GigabitEthernet0/1
[R1-GigabitEthernet0/0]ip address 192.168.2.1 24
[R1-GigabitEthernet0/0]undo shutdown
[R1-GigabitEthernet0/0]quit
[R1]interface GigabitEthernet0/0
[R1-GigabitEthernet0/1]ip address 192.168.1.1 24
[R1-GigabitEthernet0/1]undo shutdown
[R1-GigabitEthernet0/1]quit
[R1]ip route-static 192.168.3.0 255.255.255.0 192.168.2.2
```

（2）配置路由器 RB。

```
<R2>system-view
[R2]interface GigabitEthernet0/1
[R2-GigabitEthernet0/0]ip address 192.168.2.2 24
[R2-GigabitEthernet0/0]undo shutdown
[R2-GigabitEthernet0/0]quit
[R2]interface GigabitEthernet0/0
[R2-GigabitEthernet0/1]ip address 192.168.3.1 24
[R2-GigabitEthernet0/1]undo shutdown
[R2-GigabitEthernet0/1]quit
[R2]ip route.static 192.168.1.0 255.255.255.0 192.168.2.1
```

（3）网络连通测试。

此时，全网连通，在 Host_1 上 ping 192.168.3.2 应是连通的（注意关闭 Windows 防火墙），界面如附图 14-2 所示。

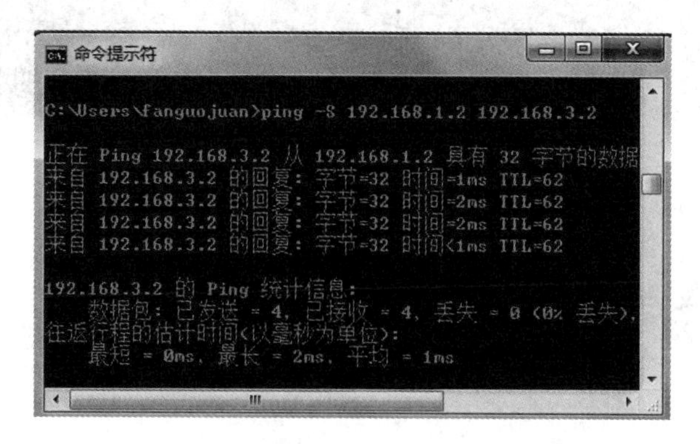

附图 14-2 全网连通

4. 应用访问控制列表

（1）配置路由器 R1。

```
[R1]acl basic 2000 （ACL 编号）
```

```
[R1-acl-basic-2000]rule deny source 192.168.1.2 0.0.0.0 （ACL 编号）
[R1-acl-basic-2000]rule permit source any
[R1-acl-basic-2000]quit
[R1]interface GigabitEthernet0/1
[R1-GigabitEthernet0/1] packet-filter 2000 outbound（应用编号为 2000 的 ACL）
[R1-GigabitEthernet0/1]quit
```

（2）访问控制规则生效。在 Host_1 上 ping 192.168.3.2 不通，即访问控制规则生效，如附图 14-3 所示。

```
C:\Users\fanguojuan>ping -S 192.168.1.2 192.168.3.2

正在 Ping 192.168.3.2 从 192.168.1.2 具有 32 字节的数据:
请求超时。
请求超时。
请求超时。
请求超时。

192.168.3.2 的 Ping 统计信息:
    数据包: 已发送 = 4，已接收 = 0，丢失 = 4 (100% 丢失)
```

附图 14-3　ping 192.168.3.2 不通

若把 Host_1 的 IP 地址改为 192.168.1.3/24 后再 ping 192.168.3.2，则通，如附图 14-4 所示。

```
C:\Users\fanguojuan>ping -S 192.168.1.3 192.168.3.2

正在 Ping 192.168.3.2 从 192.168.1.3 具有 32 字节的数据:
来自 192.168.3.2 的回复: 字节=32 时间=1ms TTL=62
来自 192.168.3.2 的回复: 字节=32 时间<1ms TTL=62
来自 192.168.3.2 的回复: 字节=32 时间=1ms TTL=62
来自 192.168.3.2 的回复: 字节=32 时间=1ms TTL=62

192.168.3.2 的 Ping 统计信息:
    数据包: 已发送 = 4，已接收 = 4，丢失 = 0 (0% 丢失)，
往返行程的估计时间(以毫秒为单位):
    最短 = 0ms，最长 = 1ms，平均 = 0ms
```

附图 14-4　ping 192.168.3.2 通

实训 15　配置 DHCP

一、实训目的

本实训使用 H3C CloudLab 模拟器实现配置 DHCP。

二、网络拓扑图

实训设备：一台路由器、一台计算机，网络拓扑如附图 15-1 所示。

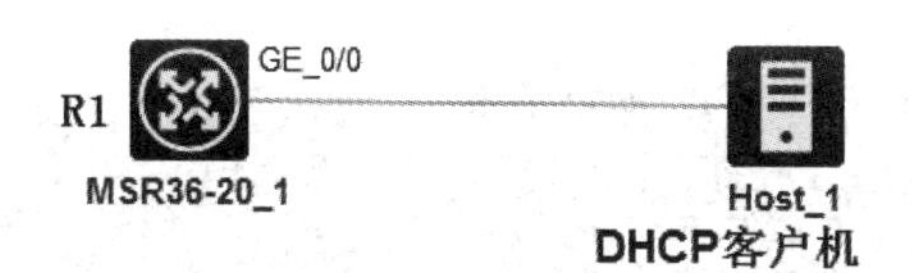

附图 15-1　网络拓扑图

三、实训过程

1. 启动设备

打开 H3C CloudLab 模拟器，如附图 15-1 所示建立网络拓扑图，选择路由器端口并添加连线，连线到客户机并启动设备。

2. 配置路由器 R1

```
< R1 >system-view
[R1]interface GigabitEthernet0/0
[R1-GigabitEthernet0/0]ip address 192.168.1.1 24
[R1-GigabitEthernet0/0]undo shutdown
[R1-GigabitEthernet0/0]quit
[R1]dhcp enable（开启 DHCP 服务器功能）
[R1]dhcp server forbidden.ip 192.168.1.1 192.168.1.5
（设置不参与自动分配的 IP 地址）
[R1]dhcp server ip.pool test（设置名为 test 的地址池）
[R1-dhcp-pool-test]network 192.168.1.0 mask 255.255.255.0
（设置地址池的地址）
[R1-dhcp-pool-test]gateway-list 192.168.1.1（设置默认网关地址）
 [R1-dhcp-pool-test]quit
```

3. 网络连通测试

如附图 15-2 所示，将计算机的 TCP/IP 属性设置为自动获取，并在命令提示符窗口中执行命令 ipconfig/all 查看 TCP/IP 参数，界面如附图 15-3 所示。

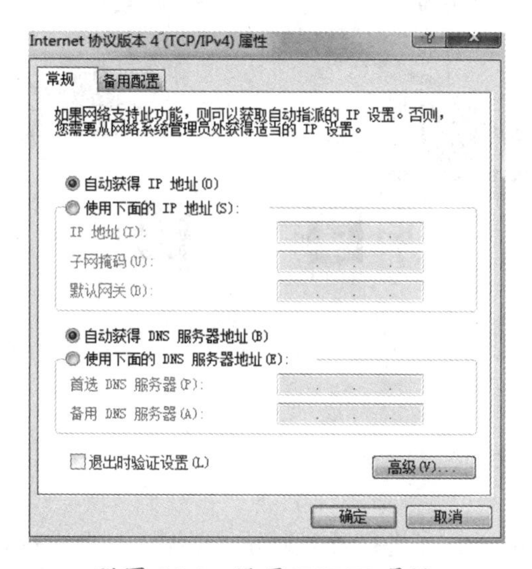

附图 15-2　设置 TCP/IP 属性

```
命令提示符

以太网适配器 VirtualBox Host-Only Network:

   连接特定的 DNS 后缀 . . . . . . . :
   描述. . . . . . . . . . . . . . . : VirtualBox Host-Only Ethernet Adapter
   物理地址. . . . . . . . . . . . . : 08-00-27-00-70-0F
   DHCP 已启用 . . . . . . . . . . . : 是
   自动配置已启用. . . . . . . . . . : 是
   本地链接 IPv6 地址. . . . . . . . : fe80::9c4b:c950:15ff:ff1c%16(首选)
   IPv4 地址 . . . . . . . . . . . . : 192.168.1.6(首选)
   子网掩码 . . . . . . . . . . . . : 255.255.255.0
   获得租约的时间 . . . . . . . . . : 2017年9月28日 13:59:51
   租约过期的时间 . . . . . . . . . : 2017年9月29日 13:59:51
   默认网关. . . . . . . . . . . . . : 192.168.1.1
   DHCP 服务器 . . . . . . . . . . . : 192.168.1.1
   DHCPv6 IAID . . . . . . . . . . . : 369623079
   DHCPv6 客户端 DUID . . . . . . . : 00-01-00-01-20-D3-9B-4B-4C-CC-6A-E7-30-4

   DNS 服务器 . . . . . . . . . . . : fec0:0:0:ffff::1%1
                                       fec0:0:0:ffff::2%1
                                       fec0:0:0:ffff::3%1
   TCPIP 上的 NetBIOS . . . . . . . : 已启用
```

附图 15-3　查看 TCP/IP 参数

实训 16　中小型企业网的组建

一、实训目的

本实训使用 H3C CloudLab 模拟器实现中小型企业网的组建。

二、网络拓扑图

实训设备：两台路由器、两台交换机、两台计算机，网络拓扑如附图 16-1 所示。

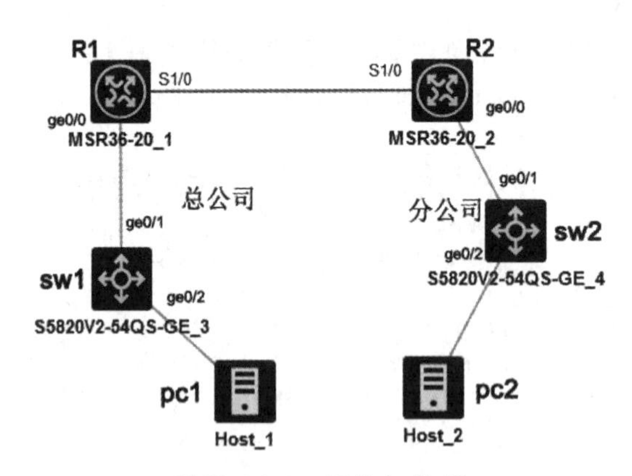

附图 16-1　网络拓扑图

三、组网要求

1. 规划 IP 地址

将 C 类网络 192.168.1.0/24 进行子网划分，根据下列要求规划各网络设备接口的 IP 地址。

（1）对于路由器 R1、R2 的 g0/0 接口，配置子网中可用的最大 IP 地址。

（2）对于交换机 sw1、sw2 的管理地址，配置该子网中可用的第二大 IP 地址。

（3）对于路由器 R1、R2 的 S0/1 接口，配置子网中可用的两个最小 IP 地址。

（4）对于图示中的每台计算机使用子网中的最小 IP 地址。

2. 配置路由器

对路由器 R1、R2 进行配置，路由协议以静态路由为例，实现全网连通。

3. 远程登录

对路由器 R1、R2 进行 Telnet 配置，密码统一为 123，实现设备的远程管理。

四、实训过程

1. 子网划分

共划分三个子网，对于 C 类网络 192.168.1.0/24 来说，需从主机位中取出两位作为子网号（此处全 0 和全 1 的子网均可用），子网掩码为 /26，即 255.255.255.192。

本例取 192.168.1.0/26、192.168.1.64/26、192.168.1.128/26 三个子网，各设备的网络配置见附表 16-1。

附表 16-1 设备的网络配置

设备	接口	IP 地址	子网掩码	默认网关
路由器 R1	g0/0	192.168.1.62	255.255.255.192	无
路由器 R1	s0/1	192.168.1.65	255.255.255.192	无
路由器 R2	g0/0	192.168.1.190	255.255.255.192	无
路由器 R2	s0/1	192.168.1.66	255.255.255.192	无
交换机 sw1	VLAN 1	192.168.1.61	255.255.255.192	192.168.1.62
交换机 sw2	VLAN 1	192.168.1.189	255.255.255.192	192.168.1.190
计算机 pc1	网卡	192.168.1.1	255.255.255.192	192.168.1.62
计算机 pc2	网卡	192.168.1.129	255.255.255.192	192.168.1.190

2. 网络连接

（1）打开 H3C CloudLab 模拟器。

（2）如附图 16-1 所示建立网络拓扑结构，添加设备并启动，连线到客户机时选择要连接的网卡，一个客户机选择一个网卡，不可重复。

（3）Host_1 配置的是“VirtualBox Host-Only Network”虚拟网卡，Host_2 配置的是“VirtualBox Host-Only Network #2”虚拟网卡。

3. 设置两台主机的网络连接属性

（1）设置 Host_1 主机。设置 Host_1 主机的 IP 地址为 192.168.1.1，子网掩码为

255.255.255.192，默认网关为 192.168.1.62。

（2）设置 Host_2 主机。设置 Host_2 主机的 IP 地址为 192.168.1.129，子网掩码为 255.255.255.192，默认网关为 192.168.1.190。

4. 路由器配置

（1）配置路由器 R1。

```
<R1>system-view
[R1]interface g0/0
[R1-GigabitEthernet 0/0]ip address 192.168.1.62
255.255.255.192
[R1-GigabitEthernet 0/0] undo shutdown
[R1-GigabitEthernet 0/0]interface s1/0
 [R1-Serial1/0]ip address 192.168.1.65 255.255.255.192
[R1-Serial1/0]undo shutdown
[R1]ip route-static 192.168.1.128  255.255.255.192  192.168.1.66
```

（2）配置路由器 R2。

```
<R2>system-view
[R2]interface g0/0
[R2-GigabitEthernet 0/0]ip address 192.168.1.190
255.255.255.192
[R2.GigabitEthernet 0/0] undo shutdown
[R2-GigabitEthernet 0/0]interface s1/0
[R2-Serial1/0]ip address 192.168.1.66 255.255.255.192
[R2-Serial1/0]undo shutdown
[R2]ip route.static 192.168.1.0 255.255.255.192 192.168.1.65
```

5. 远程登录路由器

（1）路由器 R1 设置 Telnet。

```
<R1>system-view
[R1]telnet server enable
[R1]user-interface vty 0 4
[R1-ui-vty0-4]authentication.mode password
[R1-ui-vty0-4]set authentication password simple 123
[R1-ui-vty0-4]user level-3
```

（2）路由器 R2 设置 Telnet。

```
<R2>system-view
[R2]telnet server enable
[R2]user-interface vty 0 4
[R2-ui-vty0-4]authentication.mode password
[R2-ui-vty0-4]set authentication password simple 123
[R2-ui-vty0-4]user  level-3
```

6. 网络连通测试

此时，全网连通。

（1）在计算机 pc1 上测试。测试结果见附表 6-2。

附表 6-2　测试验证

以计算机 pc1 为例进行测试			
设备接口	相应 IP 地址及子网掩码	动作	结果
R1 的 g0/0	192.168.1.62/26	192.168.1.1 ping 192.168.1.62	通
R1 的 s0/1	192.168.1.65/26	192.168.1.1 ping 192.168.1.65	通
R2 的 g0/0	192.168.1.190/26	192.168.1.1 ping 192.168.1.190	通
R2 的 s0/1	192.168.1.66/26	192.168.1.1 ping 192.168.1.66	通
计算机 pc2 网卡	192.168.1.129/26	192.168.1.1 ping 192.168.1.129	通
远程登录路由器 R1：telnet 192.168.1.62 或 telnet 192.168.1.65			
远程登录路由器 R2：telnet 192.168.1.190 或 telnet 192.168.1.66			

附图 16-2 为在 pc1 上 ping 通 pc2 的界面。

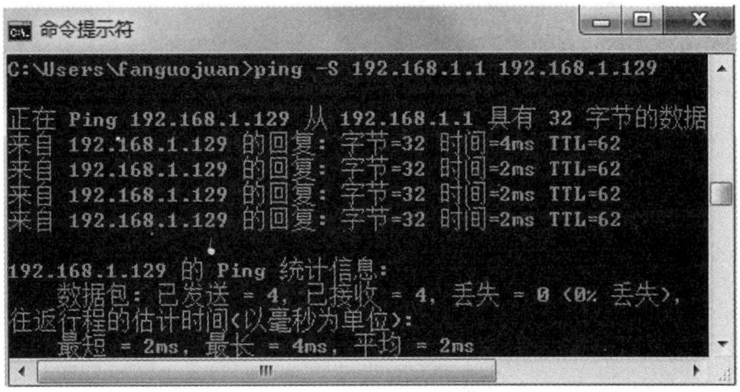

```
命令提示符
C:\Users\fanguojuan>ping -S 192.168.1.1 192.168.1.129

正在 Ping 192.168.1.129 从 192.168.1.1 具有 32 字节的数据
来自 192.168.1.129 的回复: 字节=32 时间=4ms TTL=62
来自 192.168.1.129 的回复: 字节=32 时间=2ms TTL=62
来自 192.168.1.129 的回复: 字节=32 时间=2ms TTL=62
来自 192.168.1.129 的回复: 字节=32 时间=2ms TTL=62

192.168.1.129 的 Ping 统计信息:
    数据包: 已发送 = 4，已接收 = 4，丢失 = 0 (0% 丢失)，
往返行程的估计时间(以毫秒为单位):
    最短 = 2ms，最长 = 4ms，平均 = 2ms
```

附图 16-2　在 pc1 上 ping 通 pc2 的界面

（2）在路由器上测试。在路由器 R1、R2 上，使用 ping 命令测试每个节点的连通性，测试结果应均能连通。附图 16-3 为在 H3C 路由器 R1 上 ping 通 pc2 的界面。

```
[R1]ping 192.168.1.129
Ping 192.168.1.129 (192.168.1.129): 56 data bytes, press CTRL_C to br
56 bytes from 192.168.1.129: icmp_seq=0 ttl=63 time=5.110 ms
56 bytes from 192.168.1.129: icmp_seq=1 ttl=63 time=1.299 ms
56 bytes from 192.168.1.129: icmp_seq=2 ttl=63 time=1.867 ms
56 bytes from 192.168.1.129: icmp_seq=3 ttl=63 time=1.087 ms
56 bytes from 192.168.1.129: icmp_seq=4 ttl=63 time=1.455 ms

--- Ping statistics for 192.168.1.129 ---
5 packets transmitted, 5 packets received, 0.0% packet loss
round-trip min/avg/max/std-dev = 1.087/2.164/5.110/1.495 ms
[R1]%Sep 28 06:35:58:492 2017 R1 PING/6/PING_STATISTICS: Ping statist
ted, 5 packets received, 0.0% packet loss, round-trip min/avg/max/std
```

附图 16-3　在路由器 R1 上 ping 通 pc2 的界面

附录 2　工作任务单样例

________级软件技术专业
《交换路由项目实战》课程工作任务单

编号：01号

姓　　名		班　级		学　号	
组　　别				项目负责人	
成员名单				责任教师	
项　　目	项目1：双机互联			建议工作时间	
工作任务	任务1：双绞线的制作与测试			建议工作时间	
学习要求	1、学生分组、分工、合作完成任务。 2、要求每个学生都要做好记录。 3、任务完成后，以小组为单位，展示学习结果，展示方式不限。（展示内容：制作的双绞线、制作步骤、操作注意事项） 4、提出学习中遇到的问题。 5、学生互评学习结果。				
学习材料	教材：《路由交换技术项目化教程》 补充资料：教案、案例资料、多媒体课件、双绞线样本、T568A标准、T568B标准等				
引导问题	1、T568A标准、T568B标准是什么？ 2、双绞线制作步骤分哪几步？ 3、直通双绞线和交叉双绞线适用范围是什么？				
工具设备	五类或超五类非屏蔽双绞线、RJ-45连接器（水晶头）、压线钳、线缆测试仪。				
学习步骤	资料学习：通过学习，掌握双绞线的制作过程及对不同设备连接时的适用范围。 熟悉线序：掌握T568A标准、T568B标准。 制作双绞线：按要求制作直通双绞线和交叉双绞线。 测试：按标准检验制作的双绞线。				
交流展示	学生互评，老师点评，课程思政教学活动，讨论总结。				
反思题	制作双绞线，将线剪齐时保留多长合适？为什么？				
注意事项	1、操作规程：①正确使用工具；②工具、材料应摆放有序；③操作顺序符合规范要求。 2、行为规范：①注意操作安全（人身）；②保证工作环境清洁。				

<table>
<tr><td rowspan="4">工作过程
记　　录</td><td colspan="4">资讯获取与分析：</td></tr>
<tr><td colspan="4">熟悉线序：</td></tr>
<tr><td colspan="4">制作直通双绞线过程：</td></tr>
<tr><td colspan="4">测试：</td></tr>
<tr><td>工作总结</td><td colspan="4">工作过程中的得失：

学习体会：

遗留的问题与改进方案：</td></tr>
<tr><td>工作时段
记　　录</td><td colspan="4"></td></tr>
<tr><td rowspan="2">工作评价</td><td>教师评价</td><td></td><td>完成时间</td><td></td></tr>
<tr><td>同学评价</td><td></td><td>本人签名</td><td></td></tr>
</table>

参考答案

项目 1　双机互联

一、选择题

1．B	2．B	3．A	4．A	5．C
6．C	7．C	8．B	9．D	10．A
11．C	12．B	13．C	14．B	15．A

二、填空题

1．通信子网　资源子网
2．48　24
3．8
4．255.255.255.0
5．C
6．ping
7．网间控制报文协议（Internet Control Messages Protocol）
　地址解析协议（Address Resolution Protocol）
8．TCP/IP
9．比特
10．应用

项目 2　交换式局域网的组建

一、选择题

1．C	2．B	3．C	4．D	5．C
6．D	7．A	8．C	9．D	10．D

二、填空题

1．NIC
2．网桥或 LAN 交换机
3．存储转发交换　改进的直接交换
4．虚拟局域网
5．源 MAC 地址

项目 3　中小企业网的组建

一、选择题

1．B	2．B	3．D	4．A	5．C
6．C	7．D	8．B	9．C	10．B

二、填空题

1．网络

2．开放最短路径优先协议（Open Shortest Path First Protocol）

路由信息协议（Route Information Protocol）

数据终端设备（Data Terminal Equipment） 数据通信设备（Data Communication Equipment）

3．10.10.10.4 10.10.10.5 10.10.10.6

4．520

5．15

项目 4 网络安全与管理

一、选择题

1．D 2．D

二、填空题

1．包过滤 状态检测 应用代理网关 复合型

2．访问控制列表（ACL）

项目 5 网络工程项目

一、选择题

1．AB 2．CD 3．D 4．B 5．AB

6．B 7．C 8．ABC

二、填空题

1．链路控制协议 LCP 网络控制协议 NCP 验证协议 PAP 和 CHAP

2．发现阶段 提供阶段 选择阶段 确认阶段

3．静态 NAT 动态 NAT

4．双协议 栈隧道技术 NAT-PT 技术

参考文献

[1] 卢晓丽．计算机网络技术 [M]．北京：机械工业出版社，2012．
[2] 鲁顶柱，刘邦桂．网络互联技术与实训 [M]．北京：中国水利水电出版社，2011．